ZERSTÖRER, FREGATTEN UND KORVETTEN

ROBERT JACKSON

ZERSTÖRER, FREGATTEN UND KORVETTEN

GONDROM

Lizenzausgabe für Gondrom Verlag GmbH, Bindlach 2001

Bearbeitung und Koordination der deutschen Ausgabe:
akapit Verlagsservice, Berlin – Saarbrücken
Übersetzung: Jörn Ohlms (akapit Verlagsservice)

ISBN 3-8112-1873-5

Bildnachweise:
Alle Bilder von TRH Pictures und Instituto Geografico De Agostini S.p.A., außer die von Mainline Design (Guy Smith) auf den Seiten: 14, 15, 19, 20, 21, 22, 25, 32, 43, 46, 50, 63, 65, 73, 76, 125, 140, 149, 155, 156, 163, 184, 190, 216, 220, 222, 226, 228, 231, 232, 234, 235, 239, 241, 242, 248, 249, 250, 258, 259, 262, 264, 265, 271, 273, 277, 286, 287, 296, 298

Covervorderseite: Fletcher, Broadsword, Boudeuse, Flower-Klasse, Udaloj
Coverrückseite: Oliver Hazard Perry

Inhalt

Einführung

Am Ende des 19. Jahrhunderts maß man die politische Stärke von Großmächten vor allem an der Größe ihrer Marine und vor allem an der Kampfkraft ihrer Schlachtschiffflotten. Dennoch führte erst die Erfindung eines viel kleineren Kriegsinstruments – des Torpedos – zum Bau der ersten speziell zur Bekämpfung dieser neuen Waffe konstruierten Zerstörer.

Bis in die 1880er Jahre hatte jede größere Marine selbstangetriebene Torpedos. Die modernsten Modelle hatten eine Reichweite von ca. 500 m bei einer Geschwindigkeit von 18 Knoten. Die ursprüngliche Antriebsmethode – Druckluft – wich allmählich elektrischen Motoren. Großkampfschiffe und speziell entwickelte Torpedoboote – das Erste war die HMS *Lightning* – schossen Torpedos aus Rohren oder über Abschussrampen aus geringer Entfernung, was Torpedoboote für Gegenfeuer äußerst verwundbar machte. Bei einem 1885 von der britischen Marine durchgeführten Übungsmanöver kamen trotz „Versenkung“ der angreifenden Schiffe einige Übungstorpedos durch. So fing man Torpedoboote durch von den Großkampfschiffen entsandte kanonenbestückte „Fänger“. Bis in die 1890er Jahre hatten sich diese zur Begleitung größerer Einheiten entwickelten Torpedobootzerstörer zu größeren, unabhän-

Oben: Die HMS Boxer, *eine der verbesserten* Batch II Broadswords *mit (neben anderen Veränderungen) Verlängerung zum Einsatz des Feldsonars vom Typ 2031Z.*

Oben: Die HMS Inconstant, *die am 12. November 1868 vom Stapel lief und sich bei ihrer Fertigstellung als das schnellste Kriegsschiff zu Wasser erwies.*

gigen Schiffen entwickelt. Zwischen 1892 und 1893 wurden die, später Zerstörer genannten, ersten sechs Schiffe für die britische Marine bestellt.

Bis 1895 waren, angeführt von der HMS *Gossamer* und der HMS *Rattlesnake*, 36 Zerstörer vom Stapel gelaufen. Sie waren bis zu 27 Knoten schnell, während die geringfügig langsameren Torpedoboote 24 Knoten erreichten. Ihnen folgte mit der HMS *Havoc* und der HMS *Hornet* an der Spitze eine verbesserte Klasse, die bis zu 30 Knoten erreichten, zwei Torpedorohre auf der Mittellinie hatten und mit einer 12-Pfünder- und fünf 6-Pfünder-Kanonen bewaffnet waren. Die Verdrängung der 68 Schiffe aus dieser Reihe stieg allmählich von 285 auf 365 Tonnen.

Andere Seemächte, besonders Italien, folgten schnell dem britischen Vorbild. In Deutschland war es der Architekt Admiral von Tirpitz, ein Torpedospezialist, der großen Wert darauf legte, in den Jahren vor dem 1. Weltkrieg die deutsche Zerstörer- und Torpedoflotte aufzubauen. Die deutsche Zerstörertaktik sah massive Angriffe auf Großkampfschiffe vor, weshalb die deutschen Zerstörer stärker bewaffnet waren als ihre britischen Zeitgenossen. Es wurde auch weniger zwischen Torpedobooten und Zerstörern unterschieden, denn letztere wurden ursprünglich „Große Torpedoboote" genannt. In Deutschland wurde die Bezeichnung „Zerstörer" erst zwischen 1914 und 1915 beim Stapellauf der *B97*-Klasse übernommen. Andererseits gab es die als Flottillen-Flaggschiffe entwickelten und mit vier 150-mm-Kanonen bewaffneten Zerstörer der *S113*-Klasse, die größten ihrer Art, die im 1. Weltkrieg gebaut wurden.

In den Jahren zwischen den Weltkriegen kam den Zerstörern eine Schlüsselrolle beim Wettrüsten zur See zu, das sich nach dem Scheitern verschiedener Seeverträge zur Begrenzung von Anzahl, Tonnage und Bewaffnung der Kriegsschiffe entwickelte. Um mit dem weltweiten Bau von Zerstörern Schritt zu halten, legte Großbritannien 16 große Schiffe der *Tribal*-Klasse (1.900 t) auf Kiel, der die *J*- und die *K*-Klasse (1.700 t) folgten. Zudem wurde die *Hunt*-Klasse völlig neu entwickelter schneller, kleiner Zerstörer (915 t/32 kn) eingeführt, von denen bei Kriegsbeginn 20 in Bau waren. Trotz eingeschränkter Reichweite sollten sie in heimischen Gewässern einen ausgezeichneten Dienst leisten.

Zur Verstärkung des Handelsschutzes orderte die Admiralität mehr Schaluppen mit einer Tonnage zwischen 1.100 und 1.270 t, die – obwohl langsam – eine gute Dauerbeanspruchbarkeit hatten. Bis 1939 waren 53 in Dienst gestellt. Zudem wurde 1939 ein völlig neuer Typ eines kleinen Schiffes mit großer Reichweite, Korvette genannt, eingeführt, das auf dem Walfänger basierte .

Eine der wichtigsten und vielseitigsten Schiffsklassen der deutschen Marine im 2. Weltkrieg war das Torpedoboot. Der Grundstein zu dessen Einsatz war lange vor dem 1. Weltkrieg durch Admiral von Tirpitz gelegt worden. Die ersten 12 zwischen den Kriegen gebauten Torpedoboote gehörten zur *Wolf*- und *Möwe*-Klasse und wurden zwischen 1926 und 1929 fertig gestellt. Die Schiffe mit einer Verdrängung von ca. 950 t wurden von Turbinen mit zwei Getriebewellen angetrieben und waren bis zu 61 km/h (33 kn) schnell. Zwischen 1939 und 1942 wurden 21 Torpedoboote mit ähnlicher Verdrängung, jedoch stärkerer Bewaffnung – besonders zur Flugabwehr – geordert und in Dienst gestellt.

Die deutsche Marine begann den 2. Weltkrieg mit zwei Klassen von Zerstörern, der aus 16 Schiffen bestehenden *Leberecht-Maaß*-Klasse und der letzten Vorkriegsklasse, der *Diether-von-Roeder*-Klasse mit 6 Schiffen, die in Geschwindigkeit und Reichweite überlegen war. Beide Klassen hatten eine Bewaffnung von fünf 127-mm-, vier bzw. sechs 37-mm-Luftabwehr-Kanonen, acht bzw. zwölf 20-mm-Luftabwehr-Kanonen, acht 533-mm-Torpedorohren und 60 Minen. Viele dieser Schiffe gingen im Norwegen-Feldzug vom April 1940 verloren. Damit war die deutsche Zerstörerstärke stark dezimiert, denn auch der Zerstörerbau hatte zugunsten der U-Boote nachgelassen. Obwohl Deutschland nach Kriegsausbruch fortschrittlichere Zerstörer mit stärkerer Bewaffnung (besonders zur Luftabwehr) und größerem Aktionsradius auf Kiel legte, kamen diese zu spät und wurden in der Arktis oder in französischen Küstengewässern verschlissen.

Die französische Marine besaß 1939 sehr viele gute Zerstörer, hatte aber nie die Chance, diese vor dem Waffenstillstand effektiv einzusetzen. Viele wurden absichtlich versenkt, als die Deutschen französische Mittelmeerhäfen besetzten. Andere leisteten den Alliierten wertvolle Dienste. Die französische und die italienische Vorkriegsentwicklung bei den Zerstörern waren eng miteinander verbunden, da beide ein Mächtegleichgewicht zur See halten wollten. Italiens Zerstörer waren gute und durchdachte Schiffe, die aber im Krieg schwer leiden mussten. 74 gingen im Einsatz gegen die Briten verloren, etwa 30 weitere wurden versenkt oder von den Deutschen nach dem Waffenstillstand erbeutet. Von den bei Kriegseintritt Italiens 50 auf Kiel gelegten Zerstörern waren beim Waffenstillstand 1943 erst 6 fertig gestellt.

Japan, dessen Zerstörerentwürfe immer einen britischen Einfluss widerspiegelten, baute in den 1920er Jahren eigene Modelle. Von diesen erwies sich die *Momi*-Klasse in Küstengewässern und bei der Landung von Amphibienfahrzeugen als exzellent. Japans Zerstörerflotte hatte im 2. Weltkrieg große Verluste hinzunehmen.

Beim Bau von Zerstörern übertrafen die USA alle anderen Mitstreiter. Die *Craven*- und *Sims*-Klassen wurden noch vor Pearl Harbor fertig gestellt, und größere, besser bewaffnete Schiffe wie die *Benson-Livermore*- und die *Fletcher*-Klasse folgten schnell. Die USA besaßen bei Kriegsende 850 Zerstörer, 105 weitere befanden sich im Bau.

Ein moderner Zerstörer ist kaum vergleichbar mit den kanonen- und torpedobestückten Schiffen des 2. Weltkriegs. Selbst die Bezeichnung „Zerstörer“ ist weit gefasst, deckt sie doch alles von der kleinen, kanonenbestückten *Kotlin*-Klasse der ehemaligen Sowjetmarine bis hin zur russischen *Sowremenny*- und den amerikanischen *Spruance*- und *Kidd*-Klassen ab, die jeweils so groß sind wie ein leichter Kreuzer der 1940er Jahre.

Oben: Britische und amerikanische Seeleute tauschen sich vor drei Zerstörern aus, die Großbritannien unter dem Lend-Lease-Abkommens des 2. Weltkriegs erhielt.

Seit dem 2. Weltkrieg hat sich der Zerstörer von einem torpedo- und kanonenbestückten Kriegsschiff zu einem Luft- oder U-Bootabwehrschiff entwickelt, das kurzfristig allein oder als Eskorte in einem Kampfverband operiert. Die Zerstörerverluste der britischen Marine im Falklandkrieg zeigten der NATO, dass die aus Kostengründen spartanisch bewaffneten britischen Kriegsschiffe in einem konventionellen Krieg – völlig abgesehen von einer potentiellen nuklearen Auseinandersetzung im Nordatlantik – extrem verwundbar waren. Kurzfristige Maßnahmen zur Fehlerkorrektur wurden in Kraft gesetzt und Pläne für eine Neuaufrüstung in den Docks gelegt, bei denen der Einbau von Nahkampfwaffen hohe Priorität bekam.

Der vermutlich beste moderne Zerstörertyp ist die zur U-Bootabwehr optimierte *Spruance*-Klasse. Eine Veränderung dieser Bauart zur Luftabwehr führte zur *Kidd*-Klasse. Sie waren zur Zeit ihrer Indienststellung die am stärksten bewaffneten Allzweckzerstörer. Einige Schiffe der *Spruance*-Klasse wurden mit Tomahawk-Marschflugkörpern aufgerüstet, die von vertikalen Rampen abgeschossen werden. Jedoch erhielten aus Kostengründen nicht alle der 31 Schiffe die notwendigen Umbauten.

FREGATTEN

Seit ihrer Erfindung im 18. Jahrhundert, als die Fregatte meist zur Aufklärungs- und Kaperfahrt verwendet wurde, bildete sie immer ein wichtiges Element jeder Marine. Heute bezeichnet man eine Vielzahl von Schiffen mit diesem Namen – von sehr teuren und hochspezialisierten Schiffen zur U-Bootabwehr wie dem Typ 22 der britischen Marine bis zu einfacheren Schiffen wie der *Knox*-Klasse der US-Marine, die als Begleitschiff oder Teil eines Kampfverbands zur amphibischen Kampfführung entwickelt wurde.

Die Fregatte war während des Kalten Kriegs in Ost und West ein wichtiger Teil des Kriegsschiffinventars. So leisteten z. B. die in den 1960er Jahren in Dienst gestellten 26 britischen Allzweckfregatten der *Leander*-Klasse über viele Jahre gute Dienste. Ihnen folgten 14 Exemplare zur U-Boot-Abwehr auf der Strecke Grönland–Island–Großbritannien gegen sowjetische Hochleistungs-Atom-U-Boote entwickelte *Typ-22-Broadsword*-Klasse. Die andere wichtige Fregatte war die *Typ-21-Amazon*-Klasse, von der acht Schiffe gebaut wurden.

Um gegen atomgetriebene U-Boote mit ihrer hohen Unterwassergeschwindigkeit Stand zu halten, haben die meisten heutigen Fregatten Gasturbinenmotoren mit Zwillingswellen und verstellbaren Neigungsschrauben. Sie müssen auf dem neuesten Stand der Technik sein, was sie für kleinere Marinen zu teuer macht. Diese ziehen es daher vor, sie später den führenden Seestreitkräften abzukaufen.

Frankreich setzt seine als Schaluppen eingestuften Fregatten meist als Kanonenboote zum Schutz seiner überseeischen Interessen ein, z. B. um eine Annäherung an das französische Atomtestzentrum auf dem Mururoa-Atoll im Pazifik zu verhindern.

Im Kalten Krieg kooperierten einige europäische Länder, z.B. die Niederlande und die Bundesrepublik Deutschland bei der Entwicklung und dem Bau von Fregatten und produzierten Schiffe, die gemeinsame Anforderungen erfüllten. Zur Jahrtausendwende planten Großbritannien, Frankreich und Italien gemeinsam den Bau einer Luftabwehr-Fregatte, der *Horizon*-Klasse.

Von den führenden Seemächten werden Fregatten zur U-Boot-Abwehr optimiert, während kleinere Marinen sie eher als „Arbeitstiere" einsetzen. Nur die Schiffe im Dienst reicherer Länder werden auf spezielle Bedürfnisse zugeschnitten. So kaufte z. B. Saudi-Arabien in den 1980er Jahren französische Fregatten der *F2000*-Klasse, die zur Zeit ihrer Auslieferung mit ihrer Leistungsfähigkeit und elektronischen Ausrüstung viele Fregatten des Warschauer Pakts und der NATO in den Schatten stellten.

Einige kleinere Marinen entscheiden sich für kleine, mit Raketen bewaffnete leichte Fregatten. Seit Ende des Kalten Kriegs bietet die auf diesen Schiffstyp spezialisierte ehemalige Sowjetunion viele Schiffe auf dem internationalen Waffenmarkt zum Verkauf an. Obwohl die russische Marinetechnologie auf vielen Gebieten nicht so weit entwickelt ist wie die westliche, finden die Schiffe hauptsächlich Käufer in Ländern der Dritten Welt.

Oben: Die USS McFaul, *einer der modernsten Zerstörer der Arleigh-Burke-Klasse von Begleitschiffen.*

KANONENBOOTE

Dieser Schiffstyp wurde aufgenommen, weil das Kanonenboot des 19. Jahrhunderts in vielfacher Hinsicht der Vorfahre der Zerstörer, Korvetten, Schaluppen und Fregatten ist – also der kleineren Schiffe, die eine durchaus wichtige Rolle in der Seegeschichte des 20. Jahrhunderts spielten. In viktorianischer Zeit war das Kanonenboot ein Hauptinstrument zur Seeüberwachung. Die Besatzung von 30–40 Mann wurde für gewöhnlich von einem Leutnant kommandiert. Anstelle der Kanonenboote patrouillieren anderthalb Jahrhunderte später nun Zerstörer und Fregatten in den Weltmeeren.

Abukuma

Die ursprüngliche *Abukuma* dieser Klasse war ein in den Kämpfen im Golf von Leyte im Oktober 1944 versenkter japanischer Kreuzer des 2. Weltkriegs. Ihr Namensvetter wird von der japanischen Marine als Zerstörereskorte (ZE) eingestuft, muss jedoch korrekterweise als Fregatte klassifiziert werden. Es gibt fünf weitere Schiffe dieser Klasse: die *Jintsu*, *Ohyodo*, *Sendai*, *Chikuma* und die *Tone*. Die ersten beiden Schiffe wurden mit dem Verteidigungsetat von 1986 genehmigt, die letzten beiden mit dem von 1989. Ihr Hauptgeschütz hat einen Elevationswinkel von 85 Grad und kann ein 6-kg-Projektil über eine Entfernung von 16 km (8,6 sm) bei Auseinandersetzungen an der Oberfläche oder über 12 km (6,5 sm) bei der Flugabwehr feuern. Zur U-Boot-Abwehr werden Honeywell-Mk46-Mod-5-Neartip-Torpedos eingesetzt, die eine Reichweite von 11 km (5,9 sm) bei 40 Knoten besitzen.

Herkunftsland:	Japan
Typ:	Fregatte (Zerstörereskorte)
Stapellauf:	21. Dezember 1988
Besatzung:	120
Verdrängung:	2.591 t
Maße:	109 m x 13,4 m x 4 m
Reichweite:	6.485 km (3.500 nm)
Hauptbewaffnung:	Eine 76-mm-Kanone; Phalanx CIWS; ASROC-A/S-System; sechs 324-mm-Torpedorohre
Motorisierung:	zwei Getriebewellen, zwei Gasturbinen, zwei Diesel
Leistung:	27 Knoten

Adelaide

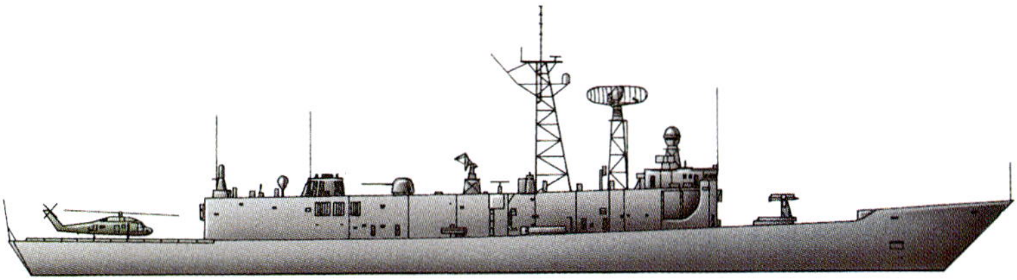

Die Lenkraketenfregatten HMAS *Adelaide* und ihre Schwesterschiffe *Canberra*, *Sydney*, *Darwin*, *Melbourne* und *Newcastle* sind Varianten der Oliver-Hazard-Perry-Klasse der königlich-australischen Marine. Alle sechs Schiffe bekamen bei ihrer Modernisierung einen Sikorsky-Seahawk-ASW-Hubschrauber. Das Waffensystem wird unter Berücksichtigung verschiedener Optionen, z.B. dem Einbau eines Kurzstrecken-Raketensystems – eventuell der Evolved Sea Sparrow – oder einem verbesserten elektronischen Minenvermeidungs- und Torpedoabwehrsystem weiter entwickelt. Die HMAS *Adelaide*, *Darwin* und *Canberra* sind in der Flottenbasis West stationiert, die übrigen in der Flottenbasis Ost. Die Schiffe sind mit einer fortschrittlichen Funk- und anderer Ausrüstung wie elektro-optischen Suchgeräten ausgestattet und sind alle in der Lage, Flugzeuge zu dirigieren.

Herkunftsland:	Australien
Typ:	Lenkraketenfregatte
Stapellauf:	21. Juni 1978
Besatzung:	184
Verdrängung:	4.165 t
Maße:	138,1 m x 13,7 m x 7,5 m
Reichweite:	7.783 km (4.200 sm)
Hauptbewaffnung:	eine 76-mm-Kanone; Phalanx CIWS; Harpoon-SSMs und Standard-SAMs; sechs 324-mm-Torpedorohre
Motorisierung:	eine Getriebewelle, zwei Gasturbinen
Leistung:	29 Knoten

Akitsuki

Bei weitem die größten von Japan in Serie gebauten Zerstörer waren die Schiffe der *Akitsuki*-Klasse, die als Flugabwehrbegleiter gedacht waren. Sie waren die einzigen Zerstörer in der japanischen Flotte mit acht Geschützen, die vierfachen Torpedorohre waren wohl eine spätere Montage. Die Flugabwehreinrichtungen wurden kontinuierlich während des Kriegs verstärkt. Das hervorstechendste Merkmal der Klasse waren die komplexen Gehäuse der einzelnen Aufbauten. Ausleger ermöglichten es, den Schornstein weit genug hinter die Brücke zu legen, was sowohl das Rauchproblem reduzierte als auch eine bessere Sicht ergab. Dadurch lag die Brücke weit genug hinten, um zusätzliche Flugabwehr einzurichten. Zwölf Schiffe dieser Klasse wurden gebaut, sechs davon wurden versenkt. Die *Akitsuki* selbst ging am 25. Oktober 1944 verloren.

Herkunftsland:	Japan
Typ:	Zerstörer
Stapellauf:	2. Juli 1941
Besatzung:	285
Verdrängung:	2.743 t
Maße:	134,1 m x 11,6 m x 4,11 m
Reichweite:	14.797 km (7.990 sm)
Hauptbewaffnung:	vier Zwillings-100-mm- und zwei Zwillings-25-mm-AA-Kanonen; ein vierfach-610-mm-Torpedorohraufbau
Motorisierung:	zwei Dampfturbinen mit Getrieben
Leistung:	33 Knoten

Alecto

In den 1840er Jahren schrieb der Ingenieur Isambard Kingdom Brunel einen längeren Bericht über den Schraubenpropeller. Die Admiralität hatte erkannt, dass ein Propeller eines der Hauptargumente gegen dampfbetriebene Kriegsschiffe beseitigen würde: Bei diesen war ein Schaufelrad den Geschützen für eine Breitseite im Weg. Mit dem Rat von Brunel gab die Admiralität den Bau eines kleinen, schraubenbetriebenen Dampfschlups, der *Rattler*, als Versuchsschiff in Auftrag. 1845 trat sie gegen einen Raddampfer ähnlicher Größe, die *Alecto*, an und gewann leicht, als sie am Ende des Tests den Raddampfer zurückzog. Danach wurden neue Kriegsschiffe mit Motoren und Propellern entworfen, und einige ältere Schiffe wurden neu ausgerüstet, aber die Motoren waren nur Hilfsmaschinen. Es sollte noch dauern, bevor der Dampfantrieb sich gänzlich durchsetzen konnte.

Herkunftsland:	Großbritannien
Typ:	Raddampfer-Fregatte
Stapellauf:	nicht bekannt
Besatzung:	66
Verdrängung:	816 t
Maße:	unbekannt
Reichweite:	unbekannt
Hauptbewaffnung:	zwei 6-Pfünder-Kanonen
Motorisierung:	eine 200-PS-Maschine betreibt zwei Räder
Leistung:	unbekannt

Almirante-Klasse

Die chilenische Marine betrieb von Anbeginn traditionell eine Mischung aus britischen und amerikanischen Kriegsschiffen. Die zwei *Almirante*-Klasse Zerstörer – die *Riveros* und die *Williams* – gehören zu den ältesten in Dienst stehenden in der Welt. Sie wurden von Vickers-Armstrong 1960 fertig gestellt. Die Schiffe wurden mit Doppelrudern ausgerüstet, die eine außerordentliche Manövrierbarkeit boten. Die Lüftungs- und Heizungssysteme wurden für das chilenische Klima angepasst, das entlang der Küstenlinie von den Tropen bis nach Kap Horn stark schwankt. Jedes Schiff ist mit vier Exocet-SSM und Seacat-vierfach-SAM-Rampen bestückt. Die Hauptbewaffnung ist auf vier einzelnen Sockeln angebracht. Die Geschütze sind vollautomatisch mit einer Reichweite von 11.430 m und einem Höhenwinkel von 75 Grad.

Herkunftsland:	Chile
Typ:	Zerstörer
Stapellauf:	12. Dezember 1958 (erste Einheit: *Riveros)*
Besatzung:	266
Verdrängung:	3.353 t
Maße:	122,5 m x 13,1 m x 4,0 m
Reichweite:	9.650 km (5.208 sm)
Hauptbewaffnung:	vier 102-mm-Kanonen; vier 40-mm-; sechs 324-mm-Torpedorohre; Squid-A/S-Mörser
Motorisierung:	zwei Getriebewellen, Turbinen mit Getrieben
Leistung:	34,5 Knoten

Almirante Brown

Ursprünglich war sie Teil einer Klasse von sechs Schiffen, von denen vier in Argentinien gebaut worden waren. Die Bauart der *Meko-360H2-Almirante-Brown*-Klasse basiert auf einem Modulsystem, bei dem jedes Waffen- oder Sensorensystem eine eigene Einheit bildet und mit einem Ersatz oder einem neueren System ohne den üblichen Neuaufbau getauscht werden kann. Die vier Schiffe *(Almirante Brown*, *La Argentina*, *Heroina* und *Sarandi)* wurden alle von den deutschen Firmen Thyssen Rheinstahl und Blohm & Voss gebaut und zwischen 1983 und 1984 in Auftrag gegeben. 1990 nahm die *Almirante Brown* am alliierten Golfeinsatz teil. Fennec-Helikopter wurden 1996 geliefert, um den SSMs ein Zielen über den Horizont zu ermöglichen. Alle Einheiten waren 1999 bei Puerto Belgrano im Einsatz.

Herkunftsland:	Argentinien
Typ:	Zerstörer
Stapellauf:	28. März 1981
Besatzung:	200
Verdrängung:	3.414 t
Maße:	125,9 m x 14 m x 5,8 m
Reichweite:	7.783 km (4.200 sm)
Hauptbewaffnung:	vier doppelte Exocet-Rampen; eine achtfache SAM-Rampe; ein 127-mm-DP-Geschütz; zwei dreifache 324-mm-Torpedorohre
Motorisierung:	Zwillingsgetriebewellen, vier Gasturbinen
Leistung:	30,5 Knoten

Almirante Padillo

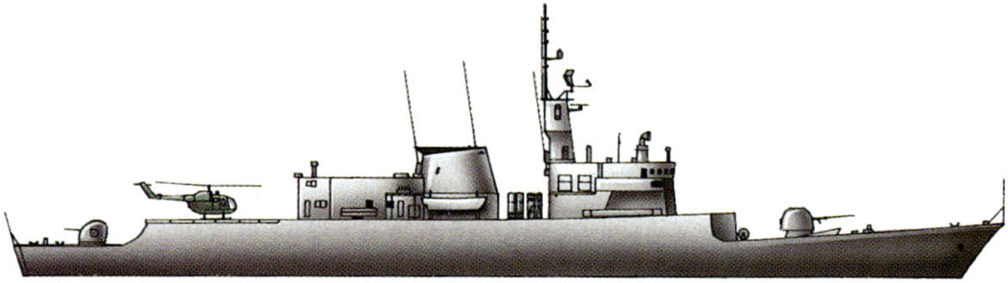

Vor der Indienststellung der *Padillo* war das schlagkräftigste Schiff in der kolumbianischen Marine ein *Holland*-Zerstörer, ebenfalls in Deutschland gebaut. 1983 in Auftrag gegeben, geben die *Almirante Padillo* und ihre drei Schwesterschiffe, die ein Jahr später in Auftrag gegeben wurden, der kolumbianischen Marine eine wesentliche Schlagkraft, obwohl die Schiffe dieser Klasse inzwischen einer Modernisierung bedürfen. Ein Aufrüstungsprogramm, zu dem Boden-Luft-Raketen gehören müssten, bleibt höchste Priorität, doch sind die nötigen Mittel nicht vorhanden. Die Schiffe wurden von den Howaldtswerken in Kiel gebaut. Jedes trägt einen MBB-105-Helikopter zur U-Bootbekämpfung und ist mit einem Thomson-CSF-Sea-Tiger-Suchradar mit einer Reichweite von 110 km (60 sm) ausgestattet. Die Schiffe haben den Atlas-Elektronik-ASO-4-2 aktiven Sonar am Rumpf. Eine gleiche Schiffsklasse wurde für die malaysische Marine gebaut.

Herkunftsland:	Kolumbien
Typ:	Korvette
Stapellauf:	6. Januar 1982
Besatzung:	94
Verdrängung:	2.134 t
Maße:	99 m x 11,3 m x 3,7 m
Reichweite:	11.112 km (6.000 sm)
Hauptbewaffnung:	ein 76-mm-, ein Oerlikon-30-mm-Geschütz; acht Exocet-SSMs; sechs 324-mm-Torpedorohre
Motorisierung:	zwei Getriebewellen, vier Dieselmotoren
Leistung:	27 Knoten

Alvand

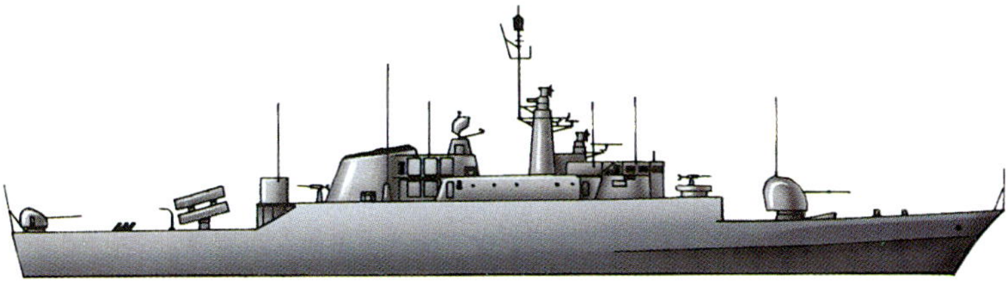

Am 25. August 1966 wurde berichtet, dass Vosper einen Auftrag für vier Zerstörer für die iranische Marine bekommen hatte. Es war der kleine Fregattentyp *Vosper* Mk5 mit einem Hauptgeschütz vorn, zwei sekundären Kanonen achtern, Anti-Luft- und Anti-U-Bootwaffen. Jedes Schiff war mit Gasturbinen für Hochgeschwindigkeit und Dieselmotoren für Langstreckenfahrten versehen. Ursprünglich bekannt als *Saam*-Klasse bekamen die Schiffe neue Identitäten nach der iranischen Revolution und wurden zur *Alvand*-Klasse. Bei der Konfrontation im Persischen Golf wurde eines von ihnen, die *Sahand*, am 18. April 1988 von der US-Marine versenkt. Einem anderen Schiff, der *Sabalan*, wurde im gleichen Konflikt von einer lasergelenkten Bombe das Heck zerstört, es wurde jedoch repariert und Ende 1991 wieder in Dienst gestellt. Die anderen zwei Schiffe sind die *Alvand* und *Alborz*.

Herkunftsland:	Iran
Typ:	Fregatte
Stapellauf:	25. Juli 1968
Besatzung:	125
Verdrängung:	1.372 t
Maße:	94,5 m x 11,1 m x 4,3 m
Reichweite:	6.485 km (3.500 sm)
Hauptbewaffnung:	eine 114 mm und zwei 35-mm-Kanonen; 5 SSMs; A/S-Mörser
Motorisierung:	zwei Getriebewellen, zwei Gasturbinen, zwei Dieselmotoren
Leistung:	39 Knoten

Amazon

Die Klasse der Typ-21-*Amazon*-Allzweckfregatte war das Design eines privaten Schiffsbauers, um die Klassen Typ-41-*Leopard*- und Typ-61-*Salisbury*-Fregatten zu ersetzen. Aufgrund zahlreicher bürokratischer Probleme wurden die privaten und offiziellen Schiffsdesigner nicht zu diesem Projekt zusammengebracht, wodurch es zu einer Klasse kam, die zwar leicht handhabbar war und von den Besatzungen geschätzt wurde, der aber das Größenpotenzial für die Aufnahme der neuen Generation von Sensoren und Waffen fehlte. Vollendet im Mai 1974, war die HMS *Amazon* das einzige Typ-21-Schiff, das 1982 im Südatlantik nicht zum Einsatz kam. 1977 zeigte ein schweres Feuer an Bord die Gefahren von Aluminiumoberflächen. Jedoch kehrte die britische Marine erst nach dem Falkland-Konflikt (in dem die *Ardent* und *Antelope* verloren gingen) zur Stahlbauweise zurück.

Herkunftsland:	Großbritannien
Typ:	Fregatte
Stapellauf:	26. April 1971
Besatzung:	177
Verdrängung:	3.404 t
Maße:	117 m x 12,7 m x 5,9 m
Reichweite:	9.265 km (5.000 sm)
Hauptbewaffnung:	einzelnes 14-mm-DP-Geschütz; vier einzelne 20-mm-AA-Kanonen; zwei dreifache 324-mm-ASW-Torpedorohre
Motorisierung:	Zwillingsgetriebewellen, vier Gasturbinen
Leistung:	32 Knoten

Alberto da Giussano

Die *Alberto da Guissano* war eines von vier Schiffen einer überaus effizienten Schiffsklasse, die den mächtigen französischen *Lion*-Klasse-Zerstörern Paroli bieten sollte. Zur Zeit ihres Stapellaufes war sie mit ihrer leichten Panzerung einer der schnellsten Zerstörer der Welt. Ein Schiff ihrer Klasse erreichte bei Versuchsfahrten eine Geschwindigkeit von 42 Knoten und hielt acht Stunden lang 40 Knoten. Vor dem Ausbruch des 2. Weltkriegs wurde sie als leichter Kreuzer eingestuft. Bei Italiens Kriegseintritt im Juni 1940 wurde die *da Giussano* Teil der 4. Division der italienischen Marine und legte hauptsächlich Minen. Sie wurde zusammen mit einem weiteren leichten Kreuzer, dem Schwesterschiff *Alberico da Barbiano*, am 13. Dezember 1941 von den britischen Zerstörern *Legion* und *Maori* versenkt. 900 Menschen kamen dabei um.

Herkunftsland:	Italien
Typ:	Zerstörer
Stapellauf:	27. April 1930
Besatzung:	220
Verdrängung:	5.170 t
Maße:	169,4 m x 15,2 m x 4,3 m
Reichweite:	7.037 km (3.800 sm)
Hauptbewaffnung:	acht 152-mm-Kanonen
Motorisierung:	zwei Dampfturbinen mit Getrieben
Leistung:	40 Knoten

Andromeda

Die HMS *Andromeda* war ein Batch-3-Schiff aus der *Leander*-Fregattenklasse. Von der 17. Leander wurde das Design durch größere Maße geändert. Die HMS *Andromeda* war das erste von fünf *Leander*-Schiffen mit erweitertem Rumpf, das mit Sea-Wolf-Kurzstrecken-Boden-Luftraketen und mit Exocet-Anti-Schiffsraketen ausgestattet wurde. Sie wurde 1980 wieder in Dienst gestellt. Nach der Neuaufrüstung waren die HMS *Andromeda* und die anderen vier Batch-3-Schiffe die mächtigsten ihrer Klasse. Die *Leander*-Klasse wurde auch an andere Seestreitkräfte verkauft. In fremden Diensten waren sie im Allgemeinen besser bewaffnet als bei der britischen Marine. Indiens *Leander*-Schiffe, bekannt als die *Godavari*-Klasse, waren mit einer Mischung westlicher und russischer Systeme ausgerüstet. Die *Leander*-Klasse wurde auch an Australien und die Niederlande verkauft, und auch diese Schiffe hatten eine bessere Kriegsstärke und Sensoren als die britischen.

Herkunftsland:	Großbritannien
Typ:	Fregatte
Stapellauf:	24. Mai 1967
Besatzung:	260
Verdrängung:	3.009 t
Maße:	113,4 m x 13,1 m x 4,5 m
Reichweite:	8.894 km (4.800 sm)
Hauptbewaffnung:	114-mm-Zwillingskanonen; zwei einfache 20-mm-AA-Kanonen; zwei dreifache 324-mm-ASW-Torpedorohre; Exocet; Sea Wolf
Motorisierung:	Dampfturbine mit zwei Getriebewellen
Leistung:	27 Knoten

Annapolis

Die 1964 vollendete *Annapolis* und ihr Schwesterschiff, die *Nipigon*, wurden aus der *St.-Laurent*-Klasse entwickelt. Sie dienten neben der *Mackenzie*- und *Restigouche*-Klasse als Zerstörereskorte. Im ursprünglichen Zustand gehörte ein Mk-10-Limbo-dreifach-ASW-Mörser zur Schiffsbewaffnung. Als sie mit einem Hangar ausgerüstet wurden und einen Sea-King-ASW-Helikopter bekamen, wurden die *Annapolis* und die *Nipigon* neu bezeichnet. Zwischen 1982 und 1985 durchliefen beide Schiffe ein volles Destroyer-Life-Extension-Programm (Delex) und wurden dabei mit neuen Luftradar-, Sonar-, Kommunikations- und Elektronikwaffensystemen ausgerüstet. Die *Annapolis* ist in der Pazifikflotte in Bereitschaft, die *Nipigon* steht in Reserve. Ihre Hauptbewaffnung und ihr Radar wurden 1994 entfernt, jedoch 1995 wieder aufgerüstet. Beide Schiffe sollen zwischen 2001 und 2002 außer Dienst gestellt werden.

Herkunftsland:	Kanada
Typ:	Fregatte
Stapellauf:	27. April 1963
Besatzung:	246
Verdrängung:	2.946 t
Maße:	111,5 m x 12,8 m x 4,1 m
Reichweite:	7.970 km (4.300 sm)
Hauptbewaffnung:	zwei 76 mm Kanonen; sechs 324 mm Torpedorohre
Motorisierung:	zwei Getriebewellen, Turbinen
Leistung:	28 Knoten

Araguaya

Die *Araguaya* und ihre fünf Schwesterschiffe wurden gebaut, um die sechs britischen *H*-Klasse-Zerstörer zu ersetzen, die im Bau für Brasilien bei Ausbruch des 2. Weltkriegs von der britischen Marine übernommen worden waren. Sie hatten die gleiche Bauart, jedoch amerikanische Ausrüstung. 1943–1946 wurden sie von der Ilha-des-Cobras-Werft gebaut. Die *Araguaya* lief 1946 vom Stapel und wurde 1974 ausrangiert. Alle Schiffe der Klasse wurden nach Flüssen benannt, wie *Acre*, *Amazonas*, *Araguari*, *Apa* und die *Ajuricaba*. Die ursprünglichen *H*-Klasse-Zerstörer für Brasilien sollten eigentlich *Jurua*, *Javary*, *Jutahy*, *Juruena*, *Jaguaribe* und *Japarua* genannt werden. Bei der britischen Marine waren sie als *Handy*, *Havant*, *Havelock*, *Hearty*, *Highlander* und *Hurricane* im Kriegseinsatz. *H*-Klasse-Zerstörer waren effiziente, fähige Schiffe. Zwei der von der britischen Marine übernommenen Schiffe, die *Handy* und die *Hurricane*, gingen im Einsatz verloren.

Herkunftsland:	Brasilien
Typ:	Zerstörer
Stapellauf:	20. November 1943
Besatzung:	190
Verdrängung:	1.829 t
Maße:	98,5 m x 10,7 m x 2,6 m
Reichweite:	9.265 km (5.000 sm)
Hauptbewaffnung:	vier 127-mm-; zwei 40-mm-Kanonen
Motorisierung:	Turbinen mit zwei Getriebewellen
Leistung:	35,5 Knoten

Ardent

Die *Ardent* gehörte zu einer Klasse von acht Einheiten, mit denen die britische Marine nach einer Pause von acht Jahren nach dem 1. Weltkrieg eine neue Ära im Zerstörerbau begann. Die Klasse leitete Vierfach-Torpedorohre ein und hatte für ihre 11,9-cm-Kanonen volle Schilde. Die *Ardent* und ihr Schwesterschiff *Acasta* wurden im Juni 1940 von den deutschen Schlachtschiffen *Scharnhorst* and *Gneisenau* bei der Eskorte des Flugzeugträgers *Glorious* versenkt, der ebenfalls den deutschen Kanonen zum Opfer fiel. Neben den oben genannten Schiffen gehörten zu dieser Klasse die *Achates* (verloren am 31. Dezember 1942), die *Acheron* (verloren am 17. Dezember 1940), die *Active*, *Antelope*, *Anthony* und die *Arrow*. Zwei weitere Schiffe dieser Bauart dienten als *Saguenay* und *Skeena* in der kanadischen Marine. Die erste wurde 1942 vor Neufundland beschädigt, die zweite lief 1944 vor der Küste Islands auf Grund.

Herkunftsland:	Großbritannien
Typ:	Zerstörer
Stapellauf:	1929
Besatzung:	138
Verdrängung:	2.022 t
Maße:	95,1 m x 9,8 m x 3,7 m
Reichweite:	4.630 km (2.500 sm)
Hauptbewaffnung:	vier 120-mm-Kanonen; acht 533-mm-Torpedorohre
Motorisierung:	Turbinen mit Zwillingsgetriebewellen
Leistung:	35 Knoten

Ariete

Die *Ariete*-Schiffsklasse war eine verbesserte Version der *Spica*-Klasse von 1936 bis 1938. Die Schiffe dieser Klasse wurden erst ab 1942 bzw. 1943 auf Kiel gelegt, als die Italiener viel Kampferfahrung bekamen. Über 40 Einheiten waren in einem erweiterten Programm geplant, aber obwohl sie auf drei Werften gebaut werden sollten, wurden nur 16 Stück fertig gestellt. Dies waren die *Alabarda*, die *Ariete*, die *Arturo*, die *Auriga*, die *Balestra*, die *Daga*, die *Dragone*, die *Eridano*, die *Fionda*, die *Gladio*, die *Lancia*, die *Pugnale*, die *Rigel*, die *Spada*, die *Spica* und die *Stella Polare*. Nur die *Ariete* diente noch ein Monat vor dem Waffenstillstand in der italienischen Marine. Der Rest fiel in verschiedenen Bauphasen in deutsche Hände, und 13 gingen in Dienst. Nur die *Ariete* und die *Balustra* überstanden den Krieg. Dass man die italienischen Kriegsschiffe im Norden des Landes baute, machte viele von ihnen den Deutschen leicht zugänglich.

Herkunftsland:	Italien
Typ:	Torpedoboot
Stapellauf:	6. März 1943
Besatzung:	155
Verdrängung:	813 t
Maße:	82,85 m x 8,6 m x 2,8 m
Reichweite:	1.852 km (1.000 sm)
Hauptbewaffnung:	zwei einfache 100-mm- und zwei einfache 37-mm-AA-Kanonen; zwei dreifache 540-mm-Torpedorohre; bis zu 28 Minen
Motorisierung:	zwei Dampfturbinen mit Getrieben
Leistung:	31 Knoten

Arleigh Burke

Diese große Klasse von Lenkraketen-Zerstörern wurde entworfen, um die alternden *Adams*- und *Coontz*-Klasse Zerstörer zu ersetzen, die in den frühen 1960er Jahren in Dienst gestellt worden waren. Die Hauptaufgabe der *Arleigh Burke*-Klasse ist eine wirksame Flugabwehr. Dazu haben sie die SPY-1D-Version des Aegis-Gebietsverteidigungsystems. Die *Arleigh Burke*s sind die ersten amerikanischen Kriegsschiffe, die vollständig für den Krieg in einer durch Atom-, biologische oder chemische Waffen verseuchten Umgebung ausgerüstet sind. Die Mannschaft findet in einem Bunker Platz, der innerhalb des Rumpfes und des Überbaus liegt. Die Schiffe werden stark geschützt; zu diesem Zweck liegen Plastik-Kevlar-Panzer über allen lebenswichtigen Maschinerie- und Operationsräumen. Die Bewaffnung beinhaltet ein 127-mm-DV-Geschütz und zwei 20-mm-Phalanx-CIWS. Zudem haben die Schiffe eine Plattform für einen ASW-Hubschrauber und ein Laserleitsystem.

Herkunftsland:	USA
Typ:	Lenkraketenzerstörer
Stapellauf:	16. September 1989
Besatzung:	303
Verdrängung:	8.534 t
Maße:	81 m x 18,3 m x 9,1 m
Reichweite:	11.118 km (6.000 sm)
Hauptbewaffnung:	Harpoon- und Tomahawk-Cruise-Missiles; ein 127 mm Geschütz
Motorisierung:	Gasturbine mit Zwillingsgetriebewellen
Leistung:	32 Knoten

Armando Diaz

Die *Armando Diaz* und ihr Schwesterschiff *Luigi Cadorna* waren Teil eines Bauprogramms der italienischen Marine 1929–1930. Sie wurden ursprünglich als leichte Kreuzer klassifiziert. Zwar hatten sie mit der vorhergehenden Gruppe der schnellen Kreuzer eine starke Ähnlichkeit, aber sie hatten einen größeren Innenraum, was im Gegenzug jedoch weniger Decksarbeiten und eine kleinere Brücke zuließ. Diese Verbesserungen hielten die Stabilität des Schiffes in schwerer See aufrecht. Beide Schiffe hatten ein Katapult für Wasserflugzeuge auf der hinteren Oberfläche. Sie konnten je nach Typ bis zu 138 Minen aufnehmen. Beide wurden als Zerstörer neu klassifiziert und operierten während des 2. Weltkriegs hauptsächlich im Mittelmeer, aber die *Armando Diaz* wurde im Februar 1941 vom britischen U-Boot HMS *Upright* torpediert und versenkt.

Herkunftsland:	Italien
Typ:	Zerstörer
Stapellauf:	10. Oktober 1932
Besatzung:	220
Verdrängung:	5.406 t
Maße:	169,3 m x 15,5 m x 5,5 m
Reichweite:	5.185 km (2.800 sm)
Hauptbewaffnung:	acht 152-mm-Kanonen
Motorisierung:	Turbinen mit Zwillingsgetriebewellen
Leistung:	36,5 Knoten

Artigliere

Italien entwickelte 1936 einen erfolgreichen Zerstörer, der 1937 auf Stapel gelegt wurde und zu einer der größten Einzelklasse von Zerstörern wurde, die für die italienische Marine gebaut wurde. 21 Einheiten leisteten einen intensiven Dienst als Begleitschutz. Sie waren sehr robust, obwohl sich, wie bei allen Vorkriegszerstörern, die Flugabwehrausrüstung als untauglich erwies und bald verbessert wurde. In der Nacht vom 11. auf den 12. Oktober 1940 war die *Artigliere* bei der 12. DD-Flottille in einen Kampf mit dem britischen Kreuzer HMS *Ajax* verwickelt und erhielt schwere Treffer. Sie wurde in Schlepp genommen. Als aber einem Bericht zufolge der britische Kreuzer HMS *York* näher kam, wurde sie von der Mannschaft aufgegeben, das Schiff wurde treiben gelassen und versenkt.

Herkunftsland:	Italien
Typ:	Zerstörer
Stapellauf:	12. Dezember 1937
Besatzung:	230
Verdrängung:	2.540 t
Maße:	106,7 m x 10,2 m x 3,5 m
Reichweite:	4.447 km (2.400 sm)
Hauptbewaffnung:	vier 120-mm-Kanonen
Motorisierung:	Turbinen mit Zwillingsschrauben
Leistung:	38 Knoten

Asagiri

Der schnelle Lenkwaffenzerstörer *Asagiri* und die sieben Schwesterschiffe *(Yamagiri, Yuugiri, Amagiri, Hamagiri, Setogiri, Sawagiri* und *Umigiri)* wurden alle 1985–1988 auf Stapel gelegt und 1989–1991 in Dienst gestellt. Die letzten vier oben genannten Schiffe wurden während des Baus mit verbessertem Luftsuchradar, „undatiertem“ Feuerkontrollradar und einer Helikopter-Datenverbindung ausgerüstet. Alle acht sind jetzt mit einem Schleppsonar versehen. Im Einsatz zeigten die ersten Schiffe eine hohe Infrarotsignatur, und folglich wurden am Hauptmast und am vorderen Schornstein Veränderungen vorgenommen, um das Problem zu verringern. Der Schornstein ist leicht nach Backbord, der hintere Schornstein zur Steuerbordseite des Rumpfes versetzt. Der große Hangaraufbau ist asymmetrisch und reicht vom hinteren Schornstein auf der Steuerbordseite nur bis zum Hauptmast an Backbord.

Herkunftsland:	Japan
Typ:	Zerstörer
Stapellauf:	19. September 1966
Besatzung:	220
Verdrängung:	3.556 t
Maße:	137 m x 14,6 m x 4,5 m
Reichweite:	8.153 km (4.400 sm)
Hauptbewaffnung:	ein 76-mm-Geschütz; Harpoon-SSMs; Sea-Sparrow-SAMs; sechs 324-mm-Torpedorohre
Motorisierung:	zwei Getriebewellen, vier Gasturbinen
Leistung:	über 30 Knoten

Asagumo

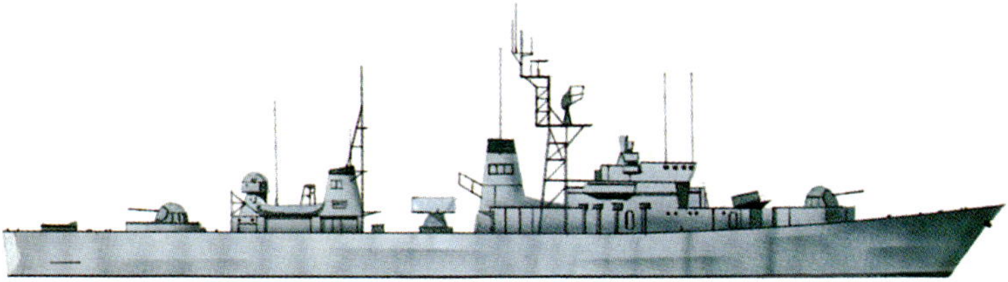

Die *Asagumo* und ihre sechs Schwesterschiffe – *Makigumo*, *Minegumo*, *Murakumo*, *Natsugumo*, *Yamagumo* und *Aokumo* – waren Teil eines japanischen Marinemodernisierungsprogramms, das in den frühen 1960er Jahren begonnen wurde. Die *Yamagumo* wurde 1962 im Neubauprogramm bestellt, die *Makigumo* 1963 und die *Asagumo* unter dem Programm 1964. Alle Schiffe haben das japanische Wort für „Wolke" in ihren Namen: *Makigumo* bedeutet zum Beispiel „Rollende Wolke", während *Yamagumo* „Bergwolke" heißt. *Asagumo* war der zweite japanische Zerstörer, der diesen Namen trug; der erste war vom amerikanischen Kreuzer *Denver* bei der Schlacht von Leyte am 25. Oktober 1944 versenkt worden. Die Japaner tendieren dazu, ihre Kriegsschiffe nach Naturerscheinungen und Elementen zu benennen.

Herkunftsland:	Japan
Typ:	Zerstörer
Stapellauf:	25. November 1966
Besatzung:	210
Verdrängung:	2.083 t
Maße:	114 m x 11,8 m x 4 m
Reichweite:	11.380 km (6.145 sm)
Hauptbewaffnung:	Vier 76-mm Kanonen, sechs Torpedorohre
Motorisierung:	Dieselmotoren mit Zwillingsgetriebewellen
Leistung:	28 Knoten

Asashio

Die *Asashio*-Klasse mit 10 Schiffen war eine größere Version der zwei vorhergehenden Zerstörerklassen. Ihr Bau kennzeichnete Japans Bruch aller Restriktionen, welche die Verträge vor dem 2. Weltkrieg vorsahen. Zuerst erwiesen sich die neuen Dampfturbinen als nicht verlässlich, und bis Dezember 1941 wurden Probleme mit der Steuerung nicht behoben. Schließlich aber hatte diese Bauart nicht die Fehler der früheren Klassen und wurde zur Basis für die nächsten beiden Zerstörerklassen, *Kagero* und *Yugumo*. Während des Kriegs wurde die *Asashi*-Klasse besonders zum Schutz der japanischen Flotte eingesetzt. *Asashio* und *Arashio* wurden 1943 in der Bismarksee versenkt, als ein Transportverbund, den sie begleiteten, durch einen Luftangriff vernichtet wurde. Drei weitere Schiffe – *Michishio*, *Asagumo* und *Yamagumo* – wurden in der Schlacht von Leyte versenkt.

Herkunftsland:	Japan
Typ:	Zerstörer
Stapellauf:	16. Dezember 1936
Besatzung:	200
Verdrängung:	2.367 t
Maße:	118,2 m x 10,4 m x 3,7 m
Reichweite:	7.408 km (4.000 sm)
Hauptbewaffnung:	sechs 127-mm-Kanonen
Motorisierung:	Turbinen mit Zwillingsgetriebewellen
Leistung:	35 Knoten

Astore

Die im Juni 1907 vom Stapel gelaufene *Astore* war Teil einer Gruppe von sechs Torpedobooten, die 1907–1909 vollendet wurden. Sie folgten in der Bauart der *Cigno*-Klasse. Die *Astore* wurde als Hochsee-Torpedoboot klassifiziert und war für den Dienst im Atlantik bestimmt. Außer ihren drei Torpedorohren war sie nur leicht bewaffnet, und ihr Aktionsradius war bei voller Fahrt auf 590 km begrenzt. Die italienische Marine besaß 19 solcher Schiffe, alle von 1905 an aufgelegt. Sie alle hatten unterschiedliche Werdegänge während des 1. Weltkriegs. Die *Astore* und ihre fünf Schwesterschiffe befuhren als Konvoieskorte hauptsächlich den Atlantik. Zwei der Schiffe wurden später in schnelle Minensucher umgebaut, die restlichen blieben im Wesentlichen im gleichen Aufbau. Alle überstanden den Krieg und wurden 1923 ausrangiert.

Herkunftsland:	Italien
Typ:	Torpedoboot
Stapellauf:	22. Juni 1907
Besatzung:	150
Verdrängung:	220 t
Maße:	50,3 m x 5,3 m x 1,75 m
Reichweite:	3.335 km (1.800 sm)
Hauptbewaffnung:	drei 47-mm Geschütze; drei 450-mm-Torpedorohre
Motorisierung:	Zwillingsschrauben, Dreifach-Expansionsmaschinen
Leistung:	25,8 Knoten

Athabaskan

Die *Athabaskan* und ihre drei Schwesterschiffe *(Algonquin*, *Huron* und *Iroquois)* liefen 1970 und 1971 vom Stapel. Sie waren für den Einsatz gegen U-Boote gebaut worden. Der Rumpf der Schiffe hat die gleichen Ausmaße und Eigenschaften wie eine frühere Klasse einer großen Allzweckfregatte, die in den frühen 1960er Jahren eingestellt worden war. Sie tragen zwei Sea-King-ASW-Helikopter und werden korrekt als Destroyer Helicopter Escorts (DDH) bezeichnet. Zur Ausrüstung gehören Schlingertanks gegen Rollbewegungen auch bei langsamer Fahrt, ein Dekontaminierungssystem gegen radioaktiven Niederschlag und ein abgeschlossener Bunker, von dem aus das Schiff kontrolliert wird. Ein umfassendes elektronisches System schließt ein Radarwarnsystem mit großer Reichweite ein, das gerade während des Kalten Krieges für die NATO gute Dienste leistete.

Herkunftsland:	Kanada
Typ:	Zerstörer
Stapellauf:	27. November 1970
Besatzung:	246
Verdrängung:	4.267 t
Maße:	129,8 m x 15,5 m x 4,5 m
Reichweite:	8.334 km (4.500 sm)
Hauptbewaffnung:	ein 127-mm-Geschütz; ein Dreifach-A/S-Mörser
Motorisierung:	Zwillingsschrauben, Gasturbinen
Leistung:	30 Knoten

Audace

Der Zerstörer *Kawakaze* wurde von der japanischen Marine bei Yarrow bestellt und 1913 auf Stapel gelegt. Noch im Bau wurde das Schiff mit Namen *Intrepido* von Japan nach Italien überführt. 1916 wurde es vom Stapel gelassen und 1917 fertig gestellt. 1929 wurde es vom Zerstörer zum Torpedoboot umgebaut. Während des 2. Weltkriegs wurde es hauptsächlich in der Adria zum Minenlegen eingesetzt. Nach dem Waffenstillstand Italiens mit den Alliierten wurde es am 9. September in Venedig von den Deutschen gekapert und in *TA20* umbenannt. Es setzte das Minenlegen fort und entging am 18. März 1944 nur knapp einem Angriff der großen französischen Zerstörer *Le Terrible* und *Le Fantasque*. Am 1. November 1944 wurde es im Gefecht von den britischen Zerstörern *Avon, Vale* und *Wheatland* versenkt.

Herkunftsland:	Italien
Typ:	Torpedoboot
Stapellauf:	4. Mai 1913
Besatzung:	120
Verdrängung:	1.016 t
Maße:	86 m x 8,3 m x 2,8 m
Reichweite:	2.779 km (1.500 sm)
Hauptbewaffnung:	sieben 102 mm-Kanonen
Motorisierung:	Turbinen mit Zwillingsschrauben
Leistung:	27 Knoten

Audace

Die *Audace* und ihr Schwesterschiff *Ardito* sind beide wesentlich vergrößerte Versionen der früheren *Impavido*-Klasse und gute Beispiele für Multifunktionsflottenbegleiter mit der Hauptaufgabe, U-Boote zu zerstören. Zwei Hubschrauber mit umfassendem Waffensatz und Sensoren gehören zu jedem Schiff. Die *Audace* hat ein bündiges Deck mit hohem Freibord und eine nicht sehr überladene Oberfläche, aber einige ihrer Waffen weisen eine schlechte Ballistik aufgrund der Höhe der Oberfläche auf. Der Doppelhangar liegt achtern, die Kommunikations- und Sensoreneinrichtungen auf der Brücke vorn. Die mitgeführten Helikopter (zwei AB212s oder ein Sea King) nehmen beide Mk44- und Mk46-Torpedos, Mk54-Wasserbomben und Anti-Schiffsraketen auf. Beide *Audace*-Klasse Schiffe erwiesen sich als so ausgezeichnet, dass zwei Einheiten einer verbesserten *Audace*-Bauart bestellt wurden, um die *Impavido*-Klasse Zerstörer zu ersetzen.

Herkunftsland:	Italien
Typ:	Zerstörer
Stapellauf:	2. Oktober 1971
Besatzung:	381
Verdrängung:	4.470 t
Maße:	135,9 m x 14,6 m x 4,5 m
Reichweite:	6.482 km (3.500 sm)
Hauptbewaffnung:	zwei 127-mm-Kanonen; ein SAM-Werfer
Motorisierung:	Turbinen mit zwei Getriebewellen
Leistung:	33 Knoten

Augusto Riboty

Die *Augusto Riboty* und ihre zwei Schwesterschiffe waren eigentlich als wenig gepanzerte, leichte Kreuzer geplant und wurden 1913 auf Stapel gelegt. Dennoch kamen sie als Flottillenführer mit schwerer Panzerung heraus. Die *Carlo Alberto Racchia* und die *Carlo Mirabello* wurden beide durch Minen versenkt, die *Augusto Riboty* überstand den 2. Weltkrieg. Gemäß den Bestimmungen des Friedensvertrages sollte das Schiff in die Sowjetunion überführt werden, doch es blieb in Italien und wurde 1951 verschrottet. Die Hauptaufgabe der *Riboty* war das Minenlegen, obwohl sie im Oktober 1940 auch am Transport italienischer Truppen nach Albanien beteiligt war. Im Frühjahr 1943 brachte sie Truppen und Versorgungsgüter zu den in Tunesien kämpfenden Achsenmächten. Nach den hohen Verlusten 1943 mussten die Achsenmächte ihre Versorgung vornehmlich von U-Booten durchführen lassen.

Herkunftsland:	Italien
Typ:	Flottillenführer
Stapellauf:	24. September 1916
Besatzung:	150
Verdrängung:	2.003 t
Maße:	103,7 m x 9,7 m x 3,6 m
Reichweite:	4.259 km (2.300 sm)
Hauptbewaffnung:	acht 102-mm-Kanonen
Motorisierung:	Turbinen mit Zwillingsgetriebewellen
Leistung:	22 Knoten

Avon

Vor dem 2. Weltkrieg erhielt die britische Marine Mittel zum Bau von Fregatten, die Großbritanniens lebenswichtige Seekonvois begleiten konnten. Die *Avon* war eines von über 90 Schiffen der *River*-Klasse, die zwischen 1941 und 1943 auf Stapel gelegt und zwischen 1942 und 1944 fertig gestellt wurden. Sie waren seetüchtige Anti-U-Boot-Eskorten und für diese Rolle besser geeignet als die kleineren *Flower*-Klasse-Korvetten. Zwei verschiedene Motoren wurden eingebaut, und in späteren Schiffen wurde das Tankvolumen von 447 auf 656 Tonnen erhöht. Ebenso wurde die ursprüngliche leichte Bewaffnung erhöht. Nach dem 2. Weltkrieg gingen viele dieser Schiffe an andere Marinen, wo sie bis in die 1960er Jahre gute Dienste leisteten. Die *Avon* selbst und das Schwesterschiff *Awe* gingen 1949 an die portugiesische Marine.

Herkunftsland:	Großbritannien
Typ:	Fregatte
Stapellauf:	19. Juni 1943
Besatzung:	140
Verdrängung:	2.133 t
Maße:	91,8 m x 11 m x 3,8 m
Reichweite:	5.556 km (3.000 sm)
Hauptbewaffnung:	zwei 102-mm-Kanonen
Motorisierung:	Zwillingsschrauben, vertikale Dreifach-Expansionsmaschine
Leistung:	20 Knoten

Avvoltoio

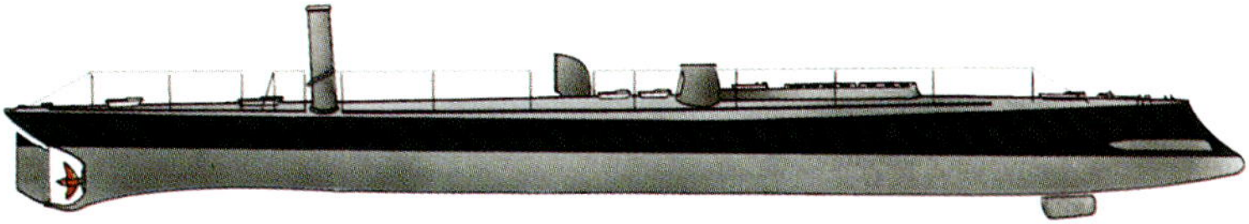

Die 1881 in Auftrag gegebene *Avvoltoio* wurde als ein Torpedoboot zweiter Klasse eingeordnet. Von 1886 an wurde sie als 2Y bezeichnet, wobei das „Y" für die Werft Yarrow stand. Die *Avvoltoio* war 1889 vom Stapel gelaufen und typisch für die Torpedoboote dieser Zeit. Da der Überraschungsmoment die wichtigste Waffe eines solchen Schiffes war, waren die frühen Typen schnell und klein, leicht gebaut und ungeschützt. Ihr alleiniger Zweck war es, den feindlichen Hauptschiffen nahe genug zu kommen, um ihre Torpedos effektiv einzusetzen. *Avvoltoio* war das zweite Schiff dieses Typs, das von den Italienern übernommen wurde. Sie wurde 1904 ausrangiert. Als die *Avvoltoio* in Dienst gestellt wurde, litt Italien immer noch unter den Folgen des Kriegs gegen Österreich, der mit der Niederlage in der Schlacht von Lissa ein Jahrzehnt zuvor endete. Zwei italienische Schiffe wurden versenkt, ein anderes beschädigt.

Herkunftsland:	Italien
Typ:	Torpedoboot
Stapellauf:	1889
Besatzung:	20
Verdrängung:	25 t
Maße:	26 m x 3,3 m x 1,3 m
Reichweite:	unbekannt
Hauptbewaffnung:	zwei 356-mm-Torpedorohre; eine 1-Pfünder-Drehkanone
Motorisierung:	eine Schraube, vertikale Dreifach-Expansionsmaschine
Leistung:	21,3 Knoten

Avvoltoio

Mitte der 1880er Jahre hatte sich das kleine Torpedoboot des vorherigen Jahrzehnts zu einem großen, hochseetüchtigen Schiff entwickelt. Diese Klasse war ursprünglich als Dreimastschoner aufgetakelt. Die *Avvoltoio* und ihre vier Schwesterschiffe – die *Falco*, die *Sparviero*, die *Aquila* und die *Nibbio* – waren die ersten Boote einer Klasse, die mit den schnellsten Schiffen in der Flotte Schritt halten konnten und einen adäquaten Aktionsradius besaßen. Im Balkankrieg 1911/12 operierten sie in den Dardanellen gegen die unterlegene türkische Marine, aber soweit bekannt ist, konnten sie keinen Erfolg verbuchen. Das Konzept von Torpedobooten rechtfertigte sich während des Konflikts jedoch, als das griechische Torpedoboot *Nr. 11* das türkische Hauptbatterieschiff *Feth-i-Bulend* bei Saloniki am 31. Oktober 1912 versenkte. Alle Schiffe der *Avvoltoio*-Klasse wurden zwischen 1912 und 1914 ausrangiert.

Herkunftsland:	Italien
Typ:	Torpedoboot
Stapellauf:	1889
Besatzung:	65
Verdrängung:	132 t
Maße:	46,3 m x 5,2 m x 2,3 m
Reichweite:	2.222 km (1.200 sm)
Hauptbewaffnung:	drei 356-mm-Torpedorohre; zwei 3-Pfünder-Kanonen
Motorisierung:	Zwillingsschrauben, vertikale Dreifach-Expansionsmaschine
Leistung:	26,6 Knoten

Badr

Obwohl besser als schnelles Angriffsschiff bezeichnet, ist die *Badr* eine kleine Fregatte und besitzt genauso viel Schlagkraft wie größere Schiffe. Durch die Anbringung von leichten Otomat- oder Harpon-Geschützen sollten die SSM-Fähigkeiten verdoppelt werden. Sie ist eine von sechs *Ramadan*-Klasse-Schiffen, die alle seit 1981 und 1982 im Dienst der ägyptischen Marine stehen. Die Schiffe wurden auf der Werft von Vosper Thorneycroft in Portchester gebaut. Einige Rümpfe wurden bei Old Yard in Portsmouth hergestellt und für den Aufbau nach Portchester geschleppt. Die Boote wurden einem Aufrüstungsprogramm zur elektronischen Kriegsführung zwischen 1995 und 1996 unterzogen. Sie sind mit dem Marconi-Saphir-Waffenkontrollsystem, mit zwei Radar-/TV-Anlagen und zwei optischen Richteinrichtungen ausgestattet. Die britische Ursprünge der *Badr* stehen in der langen Tradition der ägyptischen Marine.

Herkunftsland:	Ägypten
Typ:	Fregatte
Stapellauf:	25. November 1980
Besatzung:	30
Verdrängung:	312 t
Maße:	52 m x 7,6 m x 2,3 m
Reichweite:	2.570 km (1.388 sm)
Hauptbewaffnung:	ein 76-mm-Geschütz; zwei 40-mm-Geschütze; OTO Melara SSM; mobiler SA N-5-SAM
Motorisierung:	vier Getriebewellen, vier Dieselmotoren
Leistung:	40 Knoten

Baleno

Die *Baleno* war einer aus einer Klasse von vier schnellen Zerstörern – der *Folgore*-Klasse – , die in der frühen 1930er Jahren für die italienische Marine gebaut worden war. Im Mittelmeer wurden sie mit zunehmend schwererer Flugabwehrbewaffnung ausgestattet. Keines der Schiffe überlebte den Krieg, alle wurden in Gefechten versenkt. Am 16. April 1941 begleiteten die *Baleno* und ein weiterer Zerstörer, die *Luca Tarigo*, fünf Handelsschiffe von Sizilien nach Tripolis. Der Konvoi wurde von vier britischen Zerstörern gesichtet, die sofort angriffen. Trotz eines ehrenhaften Kampfes wurden die *Luca Tarigo* und die Handelsschiffe unter schweren Verlusten versenkt. Der *Baleno* gelang es, schwer beschädigt und mit Wassereinbrüchen zu entkommen. Ihre Mannschaft konnte die nötigen Reparaturen jedoch nicht ausführen, sie kenterte und sank am nächsten Tag.

Herkunftsland:	Italien
Typ:	Zerstörer
Besatzung:	450
Stapellauf:	22. März 1931
Verdrängung:	10.156 t
Maße:	105 m x 21 m x 7,6 m
Reichweite:	3.200 km (2.000 sm)
Hauptbewaffnung:	vier 254-mm-Kanonen; acht 152-mm-Kanonen
Motorisierung:	ein Ford-GAA-V-8-Verbrennungsmotor mit 335,6 bis 373 kW (450 bis 500 PS)
Leistung:	18 Knoten

Balny

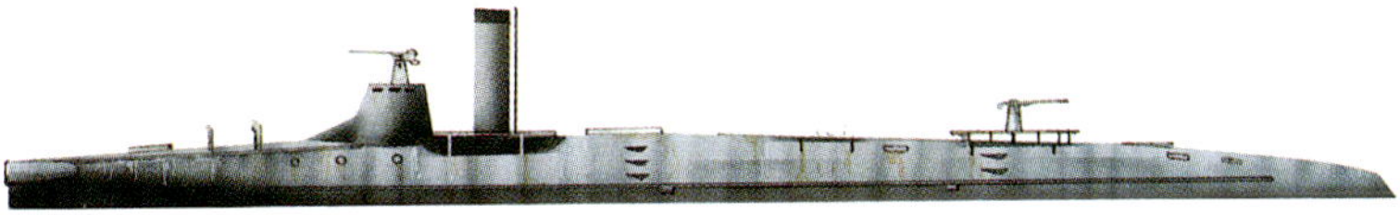

Die *Balny*, die 1886 vom Stapel lief, war eines von zehn hochseetüchtigen Torpedo-Booten. Die Entwürfe von Normand waren Entwicklungen von bestehenden Booten; insbesondere die *Balny* basierte auf der *Poti*, die diese Werft für die russische Marine gebaut hatte. Jedoch waren die Schiffe nicht wirklich groß genug für ihre Aufgabe und liefen schlecht in schwerer See. Dies bedeutete, dass sie absolut ungeeignet für die Arbeit in ihrem Hauptgebiet, der Bucht von Biskaya, waren. Alle französischen Torpedoboote dieser Zeit wurden mit dem Gedanken an Operationen gegen italienische Marinebasen entworfen, und wahrscheinlich auch gegen britische Häfen, da die Beziehungen zwischen Frankreich und Großbritannien in den letzten Jahren des 19. Jahrhunderts oft angespannt waren.

Herkunftsland:	Frankreich
Typ:	Torpedoboot
Stapellauf:	Januar 1886
Besatzung:	22
Verdrängung:	66 t
Maße:	40,8 m x 3,4 m x 1 m
Reichweite:	unbekannt
Hauptbewaffnung:	zwei 355-mm-Torpedorohre im Bug
Motorisierung:	einfache Schraube, Verbundmotor
Leistung:	19 Knoten

Baptista de Andrade

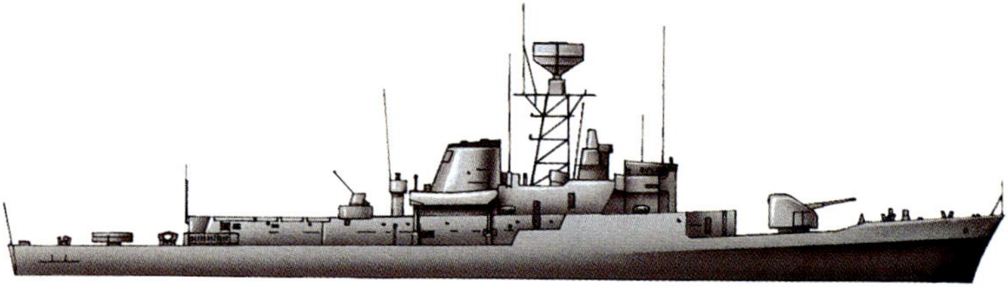

Die *Baptista de Andrade* und ihre drei Schwesterschiffe *(Joao Roby, Afonso Cerquiera* und *Oliveiro E. Carmo)* standen seit Mitte der 1970er Jahre in Diensten der portugiesischen Marine. Ein geplantes Modernisierungsprogramm, das Boden-Boden-Raketen und SAMs einschloss, war mehrere Male verschoben worden. Die ursprünglich für Südafrika bestimmten Schiffe wurden alle von Empresa Nacional Bazan in Cartagena gebaut. Ihr Creusot-Loire-100-mm-Hauptgeschütz hat eine Feuerrate von 80 Schuss in der Minute und eine Reichweite von 17 km (9 sm) im Oberflächeneinsatz oder 8 km (4,4 sm) bei der Flugabwehr, wofür es bis zu einem Winkel von 80 Grad erhöht werden kann. Die Torpedos sind die leichten Anti-U-Boot-Honeywell Mk46, die eine Geschwindigkeit von 40 Knoten und bis zu 11 km (5,9 sm) Reichweite haben.

Herkunftsland:	Portugal
Typ:	Fregatte
Stapellauf:	März 1973
Besatzung:	122
Verdrängung:	1.402 t
Maße:	84,6 m x 10,3 m x 3,1 m
Reichweite:	1.019 km (5.500 sm)
Hauptbewaffnung:	ein 100-mm-Geschütz; zwei 40-mm-Bofors; sechs 324-mm-Torpedos
Motorisierung:	zwei Getriebewellen, zwei Dieselmotoren
Leistung:	22 Knoten

Battle-Klasse

Die *Battle*-Klasse Zerstörer entstanden in der Zeit von Matapan, als die britische Marine nach Wegen suchte, der in der 1930er Jahren unterschätzten Bedrohung aus der Luft zu begegnen. Erfahrungen hatten gezeigt, dass dem Sturzkampfbomber sehr viel Metall entgegengesetzt werden musste. Aber obwohl das Pom-Pom-Geschütz eine ausgezeichnete Waffe war, besaßen die Geschütze der Hauptbatterie nur einen Elevationswinkel von 40 bzw. maximalen 55 Grad. Die Möglichkeiten des neuen Zerstörers sollten bei 85 Grad und einer hohen Feuerrate liegen. Das Ergebnis war ein sehr großes Schiff mit beträchtlichen Möglichkeiten und doppelten Geschützständen, beide auf dem Vorschiff. Nur fünf Einheiten wurden vor dem Ende der Auseinandersetzungen in Europa vollendet und 1945 in den Pazifik entsandt. Dort gehörten sie zur britischen Task Force 57, die einen Teil der fünften US-Flotte bildete und auf dem Ulithi-Atoll stationiert war.

Herkunftsland:	Großbritannien
Typ:	Zerstörer
Stapellauf:	Dezember 1943 (erste Einheit)
Besatzung:	232
Verdrängung:	2.418 t
Maße:	115,52 m x 12,26 m x 3,28 m
Reichweite:	8.032 km (4.337 sm)
Hauptbewaffnung:	zwei Doppel- und ein einfaches 114-mm-DP plus zwei Doppel- und zwei einfache 40-mm-AA-Kanonen, zwei fünffache 533-mm-Torpedorohre
Motorisierung:	zwei Dampfturbinen mit Getrieben
Leistung:	35,5 Knoten

Benson

Die *Benson-Livermore*-Zerstörerklasse hatte den gleichen Rumpf und die gleiche Maschinerie wie die frühere *Sims*-Klasse. Bei ihr aber waren zur besseren Schadenskontrolle die Kesselräume unterteilt, was eine Rückkehr zu zwei Schornsteinen zur Folge hatte. Nur die ersten 24 Rümpfe wurden mit der vollständigen Bewaffnung vollendet. 96 Bensons wurden zwischen 1939 und 1943 gebaut. Obwohl die letzten 64 offiziell die separate *Livermore*-Klasse bildeten, gab es nur geringfügige Unterschiede; die *Livermores* waren etwas größer. Am 10. April 1941 war ein Schiff der *Benson*-Klasse, die USS *Niblack*, der erste amerikanische Zerstörer im 2. Weltkrieg, der einen Seebomben-Angriff auf ein U-Boot vor Island durchführte. Sie war mit anderen Schiffen ihrer Klasse auf einer so genannten Neutralitätspatrouille und hatte den Befehl, jedes U-Boot anzugreifen, das die amerikanische Schifffahrt bedrohte.

Herkunftsland:	USA
Typ:	Zerstörer
Stapellauf:	15. November 1939
Besatzung:	250
Verdrängung:	1.646 t
Maße:	106 m x 11 m x 3 m
Reichweite:	9.265 km (5.000 sm)
Hauptbewaffnung:	fünf einfache 127-mm-DP-Kanonen; zwei fünffache 533-mm-Torpedorohre
Motorisierung:	zwei Dampfturbinen mit Getrieben
Leistung:	37 Knoten

Berlin

Die *Berlin* war eine *Brandenburg*-Fregatte mittlerer Größe, die aus den größeren und langsameren Schiffen der Reihe entwickelt worden war. Sie wurden aufgrund des Bedarfs nach speziellen Schiffen zur schnellen Überwachungsarbeit mit genügend Geschwindigkeit gebaut, um die Schleifen zum Auffinden der Hauptkampfflotte ausführen zu können. Fregatten dienten nicht dazu, die Standardschiffe der Flotte zu bekämpfen, sondern die Weltmeere zu durchkreuzen, den Handel des eigenen Landes zu beschützen und den des Gegners anzugreifen. Die *Berlin* war ein gutes Seeschiff, und die Erfahrung aus ihrem Einsatz ließ andere Länder ihre eigenen Fregatten in ähnlicher Linie entwickeln. Diese entstanden aus Schiffen mit ungefähr 20 Kanonen bis hin zu größeren Typen mit 40 Geschützen über einem einzigen Deck. Die Bezeichnung „Fregatte" stammte aus der Marinesprache des 19. Jahrhunderts und tauchte erst im 2. Weltkrieg wieder auf.

Herkunftsland:	Deutschland
Typ:	Fregatte
Stapellauf:	22. September 1903
Besatzung:	375
Verdrängung:	1.016 t
Maße:	48,7 m x 11,5 m
Reichweite:	unbegrenzt, je nach Vorrat
Hauptbewaffnung:	zwanzig 24-Pfünder-Kanonen
Motorisierung:	Segel
Leistung:	4 Knoten

Beskytteren

Die kleine dänische Marine besitzt eine wirksame Kriegsschiffmacht und viel Erfahrung bei Operationen in nördlichen Gewässern. Die *Beskytteren* ist eine modifizierte *Hvidbjornen*-Klasse-Fregatte mit einer verstärkten Struktur für Eisgang und wird von der Marine für den Schutz der Fischereizonen genutzt. Das Schiff hat einen Westland-Lynx-Mk-91-Hubschrauber zu Aufklärungszwecken an Bord und ist mit zwei Thorn-EMI-Sea-Gnat mit je sechs Schächten bewaffnet. Die dänische Marine hat mehrere Fregatten, besitzt aber hauptsächlich Schnellboote mit Raketen oder Torpedos und kleine Patrouillenboote. Die *Beskytteren* wurde von Aalborg in Dänemark gebaut, im Dezember 1974 auf Kiel gelegt und im Februar 1976 in Dienst gestellt. Dänemark nutzt zum Fischereischutz auch eine modernere Gruppe von Fregatten, die *Thetis*-Klasse.

Herkunftsland:	Dänemark
Typ:	Fregatte
Stapellauf:	27. Mai 1975
Besatzung:	56
Verdrängung:	2.002 t
Maße:	74,7 m x 12,2 m x 5,3 m
Reichweite:	7.222 km (3.900 sm)
Hauptbewaffnung:	eine 76-mm-DP-Kanone
Motorisierung:	einzelne Getriebewelle, drei Dieselmotoren
Leistung:	18 Knoten

Bettino Ricasoli

Die *Bettino Ricasoli* war Teil einer Gruppe von vier Schiffen, die die *Palestro*-Klasse des 1. Weltkriegs ersetzten. Die Bewaffnung war ungewöhnlich, da es zwei Kanonen gab, die sich achtern auf einer Plattform befanden, und eine dritte auf dem Vorschiff. Die normale Mannschaftsstärke lag bei 120 und konnte im Krieg auf 152 erhöht werden. Die Maschine der *Bettino Ricasoli* erwies sich im Dienst als unzuverlässig und konnte zu besten Zeiten 33 Knoten kaum erreichen. Sie wurde an Schweden verkauft und in *Puke* umbenannt, aber ihre Motoren bereiteten weiterhin Schwierigkeiten. Sie wurde 1947 ausgemustert. Der Verkauf an Schweden war ungewöhnlich, denn die meisten schwedischen Kriegsschiffe waren auch in Schweden gebaut. Die Küstenverteidigung des Landes sollte zu Beginn des 2. Weltkriegs gestärkt werden.

Herkunftsland:	Italien
Typ:	Zerstörer
Stapellauf:	29. Januar 1926
Besatzung:	120
Verdrängung:	1.480 t
Maße:	85 m x 8,5 m x 2,8 m
Reichweite:	3.704 km (2.000 sm)
Hauptbewaffnung:	drei 120-mm-Kanonen
Motorisierung:	Zwillingsschraube, Turbinen mit Getriebewellen
Leistung:	33 Knoten

Blitz

Die *Blitz* und ihr Schwesterschiff *Komet* wurden entworfen, um die zu der Zeit stark verbesserten Torpedoboote zu bekämpfen. Normale Kanonenboote waren zu langsam, um mit der Flotte Schritt zu halten. Deshalb schien das Torpedokanonenboot mit seiner hohen Geschwindigkeit und der großen Anzahl leichter Kanonen ideal. Die Schiffe waren praktisch Prototypen von Zerstörern. Ein Torpedorohr lag im Bug, eines achtern und zwei auf Drehgestellen mittschiffs. Die anderen Schiffe in der *Blitz*-Klasse hießen *Meteor*, *Planet*, *Trabant*, *Satellit*, *Magnet* und *Husar*, die im Dezember 1908 sank. Die restlichen Schiffe gingen nach dem 1. Weltkrieg an Italien, mit Ausnahme der *Satellit*, die an Frankreich abgetreten wurde. Sie wurden 1920 abgewrackt. Alle Zerstörer außer der *Blitz* und der *Komet* wurden zu Testzwecken auch in anderen Designs gebaut.

Herkunftsland:	Österreich
Typ:	Zerstörer
Stapellauf:	7. Juli 1888
Besatzung:	56
Verdrängung:	433 t
Maße:	59 m x 7 m x 2 m
Reichweite:	nicht bekannt
Hauptbewaffnung:	neun 3-Pfünder-Kanonen; vier 355-mm-Torpedorohre
Motorisierung:	einzelne Schraube, drei vertikale Expansionsmotoren
Leistung:	26 Knoten

Bodrji

In den frühen 1930er Jahren war die Schwäche der russischen Zerstörer offensichtlich. 1932 wurde eine neue Art von Zerstörer mit Hilfe Italiens entworfen, aber erst 1935 wurde das erste Schiff der neuen Klasse, bekannt als *Typ 7*, auf Stapel gelegt. Die *Bodrji* befand sich unter der ersten Gruppe von 28 Schiffen. Diesen mangelte es aber an Seetüchtigkeit unter den oft schweren Bedingungen in der Arktis und im nördlichen Pazifik, wo sie fahren sollten. Das Arbeitsgebiet der *Bodrji* war das Schwarze Meer, wo sie zur Zweiten Zerstörerdivision der Sowjet-Marine gehörte. Im Winter 1941–1942 transportierte sie Truppen und Vorräte zur belagerten Festung von Sewastopol. Im Juli 1942 wurde sie während einer Reparatur bei einem Luftangriff beschädigt und 1958 verschrottet. Insgesamt 20 Schiffe dieser Klasse gingen im 2. Weltkrieg verloren.

Herkunftsland:	Russland
Typ:	Zerstörer
Stapellauf:	1936
Besatzung:	180
Verdrängung:	2.072 t
Maße:	113 m x 10 m x 4 m
Reichweite:	4.630 km (2.500 sm)
Hauptbewaffnung:	vier 127-mm-Kanonen
Motorisierung:	Zwillingsschraube, Motor mit Getriebewelle
Leistung:	32 Knoten

Bombarda

Die *Bombarda* war eines von 59 *Gabbiano*-Klasse-Geleitschiffen. Die Klasse wurde unter den Besonderheiten der Kriegszeit gebaut, d. h. sie waren billige und schnell zu bauende U-Boot-Jagdschiffe für den Dienst im Mittelmeer. Zwei elektrische Hilfsmotoren von je 150 PS wurden verbaut, um Schleichfahrten bei 6 Knoten zu ermöglichen. Die *Bombarda* hatte diese jedoch nicht. Die meisten der Klasse wurden von den Deutschen kurz nach Italiens Waffenstillstand mit den Alliierten übernommen. Die *Bombarda* wurde am 11. September 1943 übernommen und als *UJ206* bezeichnet. Sie wurde bei einem Luftangriff auf Venedig am 25. April 1944 schwer beschädigt und dort ein Jahr darauf von den Deutschen versenkt. Nachdem sie später wieder flott gemacht und für den Dienst in der italienischen Marine wieder aufgebaut wurde, blieb sie bis 1975 in Verwendung.

Herkunftsland:	Italien
Typ:	Korvette
Stapellauf:	31. August 1942
Besatzung:	109
Verdrängung:	740 t
Maße:	64,3 m x 8,7 m x 2,5 m
Reichweite:	5.556 km (3.000 sm)
Hauptbewaffnung:	eine 102-mm-Kanone, Wasserbomben
Motorisierung:	Zwillingsschraube, Dieselmotoren
Leistung:	18 Knoten

Bombardiere

Im März 1942 lief die *Bombardiere* vom Stapel. Sie war Teil der zweiten Gruppe von *Soldati*-Klasse Zerstörern, der größten Zerstörerklasse der italienischen Marine. Ihre Flugabwehrbewaffnung war zwar zuerst unzulänglich, wurde aber zunehmend verbessert. Am 21. November 1942 begleitete sie mit den Zerstörern *Legionario* und *Velite* eine kleine Kolonne in der Bucht von Neapel, als sie vom britischen Unterseeboot HMS *Splendid* angegriffen wurde. Sie wich den Torpedos aus, die die *Velite* zerstörten. Am 17. Januar 1943 wurde sie, als sie zur Unterstützung von Truppen auf dem Weg nach Tunesien war, vom britischen U-Boot HMS *United* vor Marettimo versenkt. Drei Schiffe dieser Klasse, die *Legionario*, die *Mitragliere* und die *Velite*, wurden unter den Bedingungen des Friedensvertrags an Frankreich abgegeben und in *Duchaffault*, *Jurien de la Graviäre* und *Duperre* umbenannt.

Herkunftsland:	Italien
Typ:	Zerstörer
Stapellauf:	23. März 1942
Besatzung:	250
Verdrängung:	2.540 t
Maße:	107 m x 10 m x 3,5 m
Reichweite:	6.300 km (3.400 sm)
Hauptbewaffnung:	fünf 120-mm-Kanonen
Motorisierung:	Zwillingsschraube, Turbinen
Leistung:	38 Knoten

Bombe

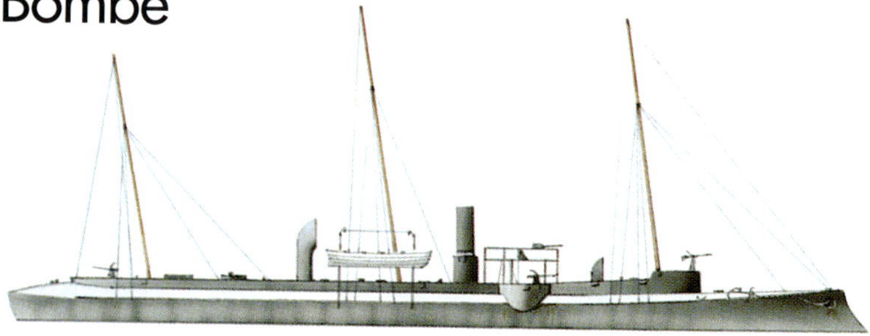

Die *Bombe* und die sieben Schwesterschiffe in dieser Klasse zeichneten sich durch ihre drei geneigten Masten aus. Ursprünglich waren sie mit einer vorderen und hinteren Takelage und einem einzelnen Schornstein hinter dem Fockmast versehen. Die Kessel, die in dieser Klasse verbaut wurden, bereiteten viele Probleme, weshalb sich die Fertigstellung verzögerte. Der Bug war leicht wie eine Ramme geformt, das Heck hatte einen Überhang, und die Seiten liefen in ein schmales Oberdeck. Sie hatten eine 12,7-mm-Panzerung, die ihre Kommandotürme schützte. Die Hauptkanonen waren vorn, achtern und auf jeder Seite, Torpedorohre waren achtern angebracht. Ein Schiff der Klasse, die *Dragonne*, wurde 1896 versuchsweise mit Haubitzen versehen. Alle Schiffe – *Bombe*, *Couleuvrine*, *Dague*, *Dragonne*, *Fleche*, *Lance*, *Sainte-Barbe* und *Salve* – wurden 1887–1890 gefertigt und 1906–1914 ausgemustert.

Herkunftsland:	Frankreich
Typ:	Torpedokanonenboot
Stapellauf:	April 1885
Besatzung:	70
Verdrängung:	375 t
Maße:	59,2 m x 6 m x 3,1 m
Reichweite:	nicht bekannt
Hauptbewaffnung:	zwei 355-mm-Torpedorohre; vier 3-Pfünder-Kanonen, drei 1-Pfünder-Drehgeschütze
Motorisierung:	Zwillingsschraube, vertikaler Verbundmotor
Leistung:	18–19 Knoten

Bonhomme Richard

Die *Bonhomme Richard* lief 1765 vom Stapel. Sie hieß ursprünglich *Duc de Duras* und war für die East India Company zum Handel zwischen Frankreich und dem Fernen Osten gebaut worden. Sie hatte eine Besatzung von 375 Mann. Zur Bewaffnung gehörten eine 12-Pfünder-, sechs 18-Pfünder- und acht 9-Pfünder-Kanonen. 1779 wurde die *Duc de Duras* dem amerikanischen Marineoffizier John Paul Jones zur Verfügung gestellt und in *Bonhomme Richard* umbenannt. Unter seinem Befehl eskortierte sie zunächst französische Truppenkonvois und begann dann die Kaperfahrt gegen den britischen Handel in der Biskaya. Am 23. September 1779 traf sie auf einen baltischen Konvoi, der von der HMS *Serapis* begleitet wurde. Im folgenden Gefecht vor Flamborough Head versenkte sie die *Serapis*, war aber selbst auch so schwer beschädigt, dass sie aufgegeben wurde und zwei Tage später unterging. Insgesamt verloren 150 Mann in diesem Kampf ihr Leben.

Herkunftsland:	USA
Typ:	Fregatte
Stapellauf:	1765
Besatzung:	375
Verdrängung:	1.014 t
Maße:	46 m x 2 m x 5,7 m
Reichweite:	unbegrenzt, abhängig von Vorräten
Hauptbewaffnung:	achtundzwanzig 12-Pfünder-Kanonen
Motorisierung:	Segel
Leistung:	5 Knoten

Borea

Die *Borea* und ihre fünf Schwesterschiffe bildeten die erste bedeutende Klasse von Torpedobooten, die in Italien gebaut wurde. Alle Schiffe wurden nachgerüstet und bekamen eine neue Bewaffnung. 1915 wurde Ausrüstung zum Minenlegen hinzugefügt. Die *Nembo* wurde 1916 vom österreichischen Unterseeboot *U16* versenkt, das dann im Gegenzug von den explodierenden Wasserbomben des untergehenden Schiffes versenkt wurde. Die *Borea* wurde von den österreichischen Zerstörern *Csepel* und *Balaton* am 14. Mai 1917 versenkt. Im 1. Weltkrieg spielten sich viele Zerstöreraktivitäten der italienischen Marine in der Adria ab, wo die Priorität beider Seiten auf der Verminung der gegnerischen Hafenzufahrten lag. Die Italiener hatten die schwierigere Aufgabe, denn die natürlichen Häfen und Meeresarme der dalmatischen Küste schützten die österreichischen Schiffe.

Herkunftsland:	Italien
Typ:	Zerstörer
Stapellauf:	12. Dezember 1902
Besatzung:	90
Verdrängung:	386 t
Maße:	64 m x 6 m x 2,3 m
Reichweite:	1.850 km (1.000 sm)
Hauptbewaffnung:	fünf 76-mm-Kanonen, vier 355-mm-Torpedorohre
Motorisierung:	Zwillingsschraube, drei vertikale Expansionsmaschinen
Leistung:	26 Knoten

Borea

Diese Klasse von acht schnellen Zerstörern waren verbesserte Versionen der früheren *Sauro*-Klasse. Sie war etwas länger und hatte stärkere Maschinen. Bei Testfahrten auf See wurde die veranschlagte Geschwindigkeit von 36 Knoten oft überstiegen. Ein Schiff der Klasse, die *Turbine*, konnte 40 Knoten vier Stunden lang beibehalten, obwohl 33 Knoten als Durchschnittswert für Operationsbedingungen galt. Nach einigen Dienstjahren wurde die *Borea* zur Aufnahme von Seeminen modifiziert; sie konnte je nach Typ und Größe bis zu 52 davon an Bord haben. Alle Schiffe dienten der italienischen Marine im 2. Weltkrieg, aber keines überlebte. Die *Borea* wurde von einem Flugzeug des britischen Flugzeugträger HMS *Illustrious* vor Benghasi am 17. September 1940 versenkt. Deutsche Bomben versenkten ein weiteres Schiff der Klasse, die *Euro*, am 1. Oktober 1943 – einige Wochen, nachdem sich Italien den Alliierten ergeben hatte.

Herkunftsland:	Italien
Typ:	Zerstörer
Stapellauf:	28. Januar 1927
Besatzung:	105
Verdrängung:	1.697 t
Maße:	93 m x 9 m x 4 m
Reichweite:	2.224 km (1.200 sm)
Hauptbewaffnung:	vier 120-mm-Kanonen
Motorisierung:	Zwillingsschraube, Turbinen mit Getriebewellen
Leistung:	36 Knoten

Boudeuse

Die *Boudeuse* lief 1763 vom Stapel. Sie war eine kleine Fregatte, die sich mit ihrer großen Leinwand auf leichten Spieren als schnell und handlich erwies. Ihr Rumpf war leicht ummantelt und mit eisernen Flachkopfnägeln übersät, die durch den Rost einen feste und doch leicht zu reparierende Schicht bildeten. Mit dem Ende des Siebenjährigen Krieges (1756–1763) gründete der Franzose Louis de Bougainville eine Kolonie auf den Falkland-Inseln. Als die Spanier die Franzosen zwangen, die Inseln zu evakuieren, machte sich Bougainville als Kommandant der *Boudeuse* über den Pazifik davon und kam schließlich in Tahiti an, das er 1767 annektierte. Bougainville auf den Salomon-Inseln, ein Schauplatz bitterer Kämpfe im 2. Weltkrieg, wurde nach ihm benannt.

Herkunftsland:	Frankreich
Typ:	Fregatte
Stapellauf:	1763
Besatzung:	175
Verdrängung:	559 t
Maße:	40 m lang auf dem Kanonendeck
Reichweite:	unbegrenzt, abhängig von Vorräten
Hauptbewaffnung:	sechsundzwanzig 18-Pfünder-Kanonen
Motorisierung:	Segel
Leistung:	11 Knoten

Bourrasque

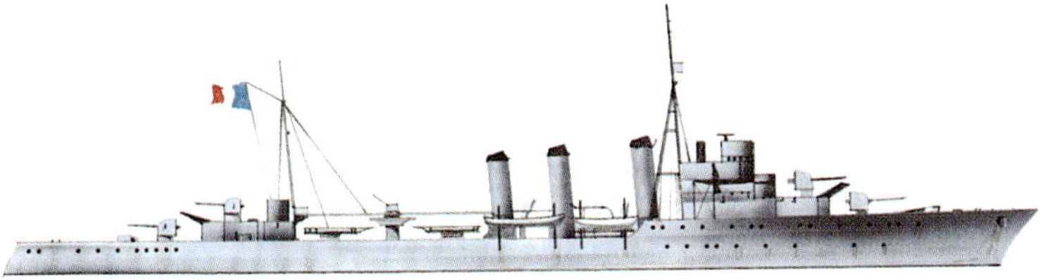

Die 12 Schiffe der *Bourrasque*-Klasse waren Teil eines Marineprogramms von 1922, um die französische Marine auf den neuesten Stand zu bringen. Die *Bourrasque* war gut bewaffnet und wurde positiv mit ihren Zeitgenossen verglichen. Aber dieser Vorteil wurde durch eine großkalibrige Kanone wieder relativiert, weil die Feuerrate nur bei vier bis fünf Schuss pro Minute lag. An allen Schiffen der Klasse wurden Veränderungen der Bewaffnung vorgenommen, und einigen wurde zur Verbesserung der Stabilität die 127-mm-Kanone achtern genommen. Die *Bourrasque* ging verloren, als sie am 30. Mai 1940 bei der Evakuierung von Truppen aus Dünkirchen vor Nieuport auf eine Mine lief. Zwei Schiffe der Klasse, die *Mistral* und die *Ouragan*, befanden sich im Juni 1940 zur Zeit des Waffenstillstands in britischen Häfen und wurden übernommen.

Herkunftsland:	Frankreich
Typ:	Zerstörer
Stapellauf:	5. August 1925
Besatzung:	104
Verdrängung:	1.930 t
Maße:	105,7 m x 10 m x 4,2 m
Reichweite:	4.630 km (2.500 sm)
Hauptbewaffnung:	vier 127-mm-Kanonen
Motorisierung:	Zwillingsschraube, Turbinen mit Getriebewellen
Leistung:	26 Knoten

Boykiy

Die *Boykiy (Bojkij)* war einer von sechs *Krupnj*-Klasse-Zerstörern, die während der 1960er Jahre ursprünglich als Raketenzerstörer gebaut wurden. Der Bau begann 1958 auf der Leningrader Werft. Die Originalbewaffnung war die SS-N-1-Anti-Schiffsrakete, als diese überflüssig wurde, stellte man die gesamte Gruppe auf Unterseebootjagd um. Weitere Schiffe der Klasse waren die *Gnewnji*, *Gordji*, *Plamjonnj* und die *Zorkji*. Sie waren die ersten sowjetischen Zerstörer, die standardmäßig mit einer Hubschrauberplattform ausgerüstet waren, wahrscheinlich weil ein Hubschrauber zu Kurskorrekturen der Anti-Schiffsraketen notwendig war. Sie waren auch die letzten gebauten Entwicklungen des ursprünglichen *Kotlin*-Zerstörerkonzepts. Spätere Entwürfe verwendeten einen Gasturbinenantrieb oder neue Hochdruckdampfmaschinen. Drei Schiffe der Klasse waren auch mit SAMs ausgestattet.

Herkunftsland:	Sowjetunion
Typ:	Zerstörer
Stapellauf:	15. Dezember 1960
Besatzung:	360
Verdrängung:	4.826 t
Maße:	140 m x 15 m x 5 m
Reichweite:	11.112 km (6.000 sm)
Hauptbewaffnung:	acht 57-mm-Kanonen, plus Raketen
Motorisierung:	Zwillingsschraube, Dampfturbinen mit Getriebewellen
Leistung:	34 Knoten

Brandenburg

Die vier *Typ-123*-Fregatten der *Brandenburg*-Klasse (die anderen Schiffe sind die *Schleswig-Holstein*, die *Bayern* und die *Mecklenburg-Vorpommern*) wurden alle 1994–1996 in Dienst gestellt. Sie gehören zum 6. Fregattengeschwader der Bundesmarine und sind in Wilhelmshaven stationiert. Sie waren zuvor als die *Deutschland*-Klasse bekannt und wurden 1989 als Ersatz der gestrichenen *Hamburg*-Klasse bestellt. Sie sind gut bewaffnet und haben eine beträchtliche elektronische Ausrüstung, einschließlich eines D-Band-Radars für Luft- und eines F-Band-Radars für Luft- und Seeüberwachung und des Atlas-Elektronik/Paramax-SATIR-Kampfdatensystems. Ihr Design von Blohm & Voss beinhaltet die Tarnkappen-Technologie. Es gibt spezielle Räume für Sonderaufträge. Die Schiffe dieser Klasse sind für Kampfeinsätze in den relativ eingeschränkten Gewässern der Ostsee optimiert.

Herkunftsland:	Deutschland
Typ:	Fregatte
Stapellauf:	28. August 1992
Besatzung:	199 plus 19 Mann Flugbesatzung
Verdrängung:	4.775 t
Maße:	138,9 m x 16,7 m x 6,8 m
Reichweite:	6.430 km (3.472 sm)
Hauptbewaffnung:	eine 76-mm-DP-Kanone, vier Exocet, 16 Sea-Sparrow-SAMs, vier 324-mm-Anti-U-Boot-Torpedorohre
Motorisierung:	zwei Getriebewellen, zwei Gasturbinen, zwei Dieselmotoren
Leistung:	29 Knoten

Bremen

Eine deutsche Version des mit Gasturbinen betriebenen niederländischen *Kortenaer*-Designs war die *Bremen*-Klasse, *Typ 122*, mit acht Schiffen. Diese Klasse ersetzte die älteren *Fletcher*-Klasse Zerstörer und *Köln*-Klasse Fregatten der Bundesmarine. Die erste Bestellung wurde 1977 aufgegeben, das erste Schiff wurde im Mai 1982 in Dienst gestellt. Die Schiffe sind mit Stabilisatoren ausgestattet, ebenso haben sie ein vollständiges NBC-Verteidigungssystem. Die acht Schiffe im Dienst sind die *Bremen* (F207), die *Niedersachsen* (F208), die *Rheinland-Pfalz* (F209), die *Emden* (F210), die *Köln* (F211), die *Karlsruhe* (F212), die *Augsburg* (F213) und die *Lübeck* (F214). Wie die *Brandenburg*-Klasse war auch die *Bremen*-Klasse für den Dienst in der Ostsee vorgesehen, aber einige Einheiten wurden auch weiter entfernt eingesetzt. Alle haben seit 1994 eine aktualisierte Ausstattung erhalten.

Herkunftsland:	Deutschland
Typ:	Fregatte
Stapellauf:	27. September 1979
Besatzung:	204
Verdrängung:	2.977 t
Maße:	130,5 m x 14,4 m x 6 m
Reichweite:	12.970 km (7.000 sm)
Hauptbewaffnung:	zwei vierfache Harpoon-Raketenwerfer, ein achtfacher NATO-Sea-Sparrow-SAM-Werfer, zwei RAM-Nahkampf-SAM-Werfer, eine 76-mm-Kanone, vier 324-mm-Torpedorohre
Motorisierung:	zwei Gasturbinen, zwei Dieselmotoren
Leistung:	32 Knoten

Broadsword

Die britische *Leander*-Klasse von Mehrzweckfregatten wurden in den 1960er Jahren in die Marine aufgenommen und leistete viele Jahre gute Dienste. 26 Schiffe wurden gebaut. Die *Leander*-Fregatten wurden von 26 Schiffen der *Typ 22-Broadsword*-Klasse abgelöst, die als ASW-Schiffe für den Einsatz auf der Linie Grönland–Island–Großbritannien gegen die starken sowjetischen Atom-U-Boote gedacht waren. Es wurden aber nur 14 gebaut. Die *Brilliant* und die *Broadsword* zeichneten sich bei Einsätzen während des Falklandkriegs 1982 aus. Die andere wichtige Klasse britischer Fregatten war die *Typ 21-Amazon*-Klasse, von der acht hergestellt wurden. Alle Schiffe der ersten Version wurden an Brasilien verkauft: die *Broadsword* am 30. Juni 1995, die *Brilliant* und die *Brazen* am 30. August 1996 und die *Battleaxe* am 30. April 1997. Die *Broadswords* der zweiten Version gehören zum Ersten Britischen Fregattengeschwader.

Herkunftsland:	Großbritannien
Typ:	Fregatte
Stapellauf:	12. Mai 1976
Besatzung:	286
Verdrängung:	4.470 t
Maße:	131 m x 14,8 m x 4,2 m
Reichweite:	7.408 km (4.000 sm)
Hauptbewaffnung:	vier MM38-Exocet-Rampen, zwei 30-mm-Kanonen, zwei sechsfache Sea-Wolf-SAM, Sting-Ray-Torpedos
Motorisierung:	Zwillingsschraube, Gasturbine
Leistung:	30 Knoten

Broadsword III

Die *Broadswords* wurden in drei Versionen gebaut, von denen die dritte eine Mehrzweckvariante war. Die vier Einheiten dieser Variante sind die HMS *Cornwall*, die *Cumberland*, die *Campbeltown* und die *Chatham*. All diese Schiffe haben ein vergrößertes Flugdeck für einen Sea-King- oder einen EH101-Merlin-Hubschrauber, obwohl zu Friedenszeiten normalerweise ein einzelner Westland Lynx stationiert ist. Die Schiffe dieser dritten Version haben zwei Rolls-Royce-Spey-SM1A- und zwei Rolls-Royce-Tyne-Gasturbinen; die stärkeren Spey-SM1C-Maschinen werden in Kürze zurückgebaut. Das Seawolf-GWS25-Kurzstrecken-SAM-System und das elektronische Waffensystem werden laufend aktualisiert. Diese *Broadswords* gehören zum 2. Fregattenschwadron. Es sind sehr leistungsfähige Schiffe, und die Bezeichnung „Fregatte“ ist bei einer Verdrängung von fast 5.000 t eher ungeeignet.

Herkunftsland:	Großbritannien
Typ:	Fregatte
Stapellauf:	14. Oktober 1985 (HMS *Cornwall)*
Besatzung:	273
Verdrängung:	4.877 t
Maße:	148,1 m x 14,8 m x 6,4 m
Reichweite:	7.238 km (3.906 sm)
Hauptbewaffnung:	vier 30-mm-; zwei 20-mm-Kanonen, Exocet-SSMs, Sea Wolf-SAMs, sechs 324-mm-Stingray-Torpedorohre
Motorisierung:	zwei Getriebewellen, vier Gasturbinen
Leistung:	30 Knoten

Bullfinch

Im späten 19. Jahrhundert stellte die Kombination von Torpedo und Torpedoboot eine wirkliche Bedrohung für die Großkampfschiffe der britischen Marine dar. Eine Lösung war, den Torpedobooten mit Kanonen bewaffneten „Fängern" entgegenzutreten, die von großen Schiffen ausgesetzt werden konnten. In den 1890er Jahren hatten sich diese zu größeren, unabhängigen Schiffen entwickelt, die „Torpedoboot-Zerstörer" genannt wurden und größere Einheiten begleiteten. 1892–93 wurden die ersten sechs Schiffe – jetzt einfach „Zerstörer" genannt – für die britische Marine bestellt. Bis 1895 waren 36 Zerstörer vom Stapel gelaufen, angeführt von der HMS *Gossamer* und der HMS *Rattlesnake*. Ihnen folgte eine verbesserte Klasse, von der die ersten die HMS *Havoc* und die HMS *Hornet* waren. Die HMS *Bullfinch* war eines von 68 Schiffen, die über diesen zwei Klassen gebaut wurde.

Herkunftsland:	Großbritannien
Typ:	Zerstörer
Stapellauf:	10. Februar 1898
Besatzung:	63
Verdrängung:	396 t
Maße:	65 m x 6 m x 2,5 m
Reichweite:	2.778 km (1.500 sm)
Hauptbewaffnung:	eine 12-Pfünder-, fünf 6-Pfünder-Kanonen, zwei 457-mm-Torpedorohre
Motorisierung:	Zwillingsschraube, Dreifach-Expansionsmaschine
Leistung:	30 Knoten

Byedowi

Die *Byedowi (Bjedowi)* war einer von 22 Zerstörern dieser Klasse, die 1900–1903 auf russischen Werften auf Kiel gelegt wurden. In ihrem allgemeinen Erscheinungsbild folgte sie der erfolgreichen *Sokol*, die 1895 von den Briten gebaut worden war. Viele Schiffe der Klasse nahmen am Russisch-Japanischen Krieg von 1904–1905 teil und leisteten gute Dienste. Nach der Schlacht von Tsushima im Mai 1905 versuchte die *Byedovi* – eines der wenigen noch unbeschädigten russischen Kampfschiffen – mit dem verwundeten Kommandanten Admiral Rozhestwenski an Bord nach Wladiwostok zu entkommen. Sie wurde jedoch von japanischen Zerstörern abgefangen und gezwungen, sich zu ergeben. Das Schiff kam in den Dienst der japanischen Marine und wurde 1922 verschrottet. Einige Schiffe der Klasse nahmen 1920 an der letzten Evakuierung der Russen teil, die vor kommunistischer Verfolgung flohen.

Herkunftsland:	Russland
Typ:	Zerstörer
Stapellauf:	1902
Besatzung:	80
Verdrängung:	355 t
Maße:	56,6 m x 6 m x 3 m
Reichweite:	2.778 km (1.500 sm)
Hauptbewaffnung:	eine 12-Pfünder- und fünf 3-Pfünder-Kanonen, drei 380-mm-Torpedorohre
Motorisierung:	Zwillingsschraube, drei vertikale Expansionsmotoren
Leistung:	26,5 Knoten

Calatafimi

Die *Calatafimi* und ihre drei Schwesterschiffe waren ursprünglich 1915 bestellt, aber aus Mangel an Material, das von der Armee benötigt wurde, verzögerte sich der Bau. Die *Calatafimi* selbst lief erst im März 1923 vom Stapel. 1938 wurden die Schiffe als Torpedoboote neu klassifiziert und ihre Bewaffnung geändert. Sie erhielten je eine 102-mm-Kanone, die Aufsätze achtern ersetzte. Nach der Kapitulation Italiens im September 1943 wurde die *Calatafimi* zusammen mit mehreren anderen Booten ihrer Klasse in den Dienst der Deutschen gestellt. Umbenannt in *TA19* nahm sie an vielen Geleitschutzaufträgen mit der 9. Torpedoboot-Flottille in der Ägäis teil, bevor sie vom griechischen Unterseeboot *Pipinos* am 9. August 1944 torpediert und versenkt wurde. Als sich der Krieg in Europa dem Ende näherte, wurde dieser Schiffstyp nicht nur von Oberflächenkräften verfolgt, sondern auch von Flugzeugen mit Raketenbewaffnung.

Herkunftsland:	Italien
Typ:	Zerstörer
Stapellauf:	17. März 1923
Besatzung:	105
Verdrängung:	894
Maße:	85 m x 8 m x 3 m
Reichweite:	3.333 km (1.800 sm)
Hauptbewaffnung:	vier 102-mm-Kanonen, sechs 444-mm-Torpedorohre
Motorisierung:	zwei Getriebewellen, Turbinen mit Getriebewellen
Leistung:	30 Knoten

Calliope

Die *Calliope* lief im August 1906 vom Stapel. Sie war eines von acht Torpedobooten, die auf einem Entwurf von Thorneycroft basierten, einer der führenden Schiffbauer für Torpedoboote. Sie wurden von Pattison in Neapel gebaut. Die letzten der Klasse liefen 1909 vom Stapel und waren für den Dienst in der Adria vorgesehen. Es waren gute, solide gebaute, seetüchtige Schiffe mit stärkeren Rumpfplatten als die der vorherigen *Perseo*-Klasse. Zwei Schiffe der Klasse wurden mit Ölbrennern versehen, was die Verdrängung etwas reduzierte und ihnen eine größere Ausdauer verlieh. Die Bewaffnung der *Calliope* wurde später zu zwei 76-mm-Kanonen und einem Maschinengewehr verändert. Alle Schiffe der Klasse leisteten gute Dienste während des 1. Weltkriegs. Die *Calliope* wurde 1924 ausgemustert. Sie war das zweite italienische Torpedoboot, das diesen Namen trug; das erste gehörte zur *Euterpe*-Klasse von 1883.

Herkunftsland:	Italien
Typ:	Torpedoboot
Stapellauf:	27. August 1906
Besatzung:	65
Verdrängung:	220 t
Maße:	53 m x 5 m x 2 m
Reichweite:	1.482 km (800 sm)
Hauptbewaffnung:	drei 47-mm-Kanonen, drei 450-mm-Torpedorohre
Motorisierung:	Zwillingsschraube, drei vertikale Expansionsmotoren
Leistung:	26,5 Knoten

Carabiniere

Die italienischen Fregatten *Alpino* und *Carabiniere*, ursprünglich *Circe* und *Climene* genannt, stammten aus dem Marineprogramm von 1959–1960. Das ursprüngliche *Circe*-Klasse-Projekt wurde 1962 hinsichtlich Bewaffnung und Antrieb verändert. Das neue Design war eine verbesserte Version aus der Kombination der *Centauro*- und der *Bergamini*-Klasse. Sie hatten ähnliche Grundeigenschaften, aber eine größere Verdrängung und eine stärkere Motorleistung. Zwei andere Schiffe gleichen Typs, die *Perseo* und die *Polluce*, stammten aus dem Plan von 1960–1961, wurden aber aus wirtschaftlichen Gründen aufgeschoben. Die *Alpino*-Klasse-Fregatten waren die ersten italienischen Kriegsschiffe mit Gasturbinen, aber sie konnten auch allein mit den Dieselmotoren konstante 22 Knoten laufen. Ein Teil ihrer Aufgabe war die Abschirmung der 6. US-Flotte vor U-Booten.

Herkunftsland:	Italien
Typ:	Fregatte
Stapellauf:	30. September 1967
Besatzung:	254
Verdrängung:	2.743 t
Maße:	113 m x 13 m x 4 m
Reichweite:	7.408 km (4.000 sm)
Hauptbewaffnung:	sechs 76-mm-Kanonen, sechs 305-mm-Torpedorohre, ein A/S-Mörser
Motorisierung:	Zwillingsschraube, Dieselmotoren, Gasturbinen
Leistung:	28 Knoten (mit allen Maschinen)

Carlo Bergamini

Drei der vier Fregatten dieser Klasse – die *Carlo Bergamini*, die *Carlo Margottini* und die *Luigi Rizzo* – wurden 1957 auf Kiel gelegt, die *Virginio Fasan* 1960. Sie waren für diesen Schiffstyp eine Neuheit, weil sie anstatt des Dampfantriebs einen Dieselmotor hatten. Später erhielt jedes Schiff eine verbesserte U-Bootjagdausstattung, nämlich einen AB204-A/S-Hubschrauber. Das Flugdeck wurde vergrößert, was die Entfernung einzelner Kanonen und Aufbauten achtern nötig machte. Die automatischen Wasserbombenwerfer haben eine Reichweite von 915 m und eine Feuerrate von 15 Bomben pro Minute. Die *Bergamini*-Klasse wurde entworfen, um als kleinste Kriegsschiffart einen Hubschrauber zur U-Bootjagd aufzunehmen, aber dies erwies sich als ein zu ehrgeiziger Plan, und im ursprünglichen Zustand waren sie enttäuschend.

Herkunftsland:	Italien
Typ:	Fregatte
Stapellauf:	16. Juni 1960
Besatzung:	160
Verdrängung:	1676 t
Maße:	94 m x 11 m x 3 m
Reichweite:	7.412 km (4.000 sm)
Hauptbewaffnung:	drei 76-mm-Kanonen, sechs 305-mm-Torpedorohre, ein A/S-Wasserbombenwerfer
Motorisierung:	Zwillingsschraube, Dieselmotor
Leistung:	26 Knoten

Cassard

Es wurden ursprünglich vier Zerstörer der *Cassard*-Klasse auf Kiel gelegt, aber zwei wurden wieder abgesagt. Die *Cassard* und ihr Schwesterschiff, die *Jean Bart*, wurden im September 1982 und im März 1986 bei der Lorient-Marinewerft auf Kiel gelegt und im Juli 1988 und September 1991 in Dienst gestellt. Das Bauprogramm erfuhr schmerzliche Verzögerungen wegen finanzieller Beschränkungen und wegen Zweifeln an dem zunehmend veralteten Standard-SM-1-Boden-Luft-Raketensystem. Es gibt Pläne, dieses bei Neuausstattung gegen das Aster-30-System auszutauschen. Die Radareinrichtungen und Ausrüstungen zum Gegenschlag der beiden Schiffe sind französischen Ursprungs. Die Schiffe haben eine Hubschrauberplattform am Heck für einen einzelnen Aerospatiale Panther, der jetzt den Lynx ersetzt, der früher an Bord war. Beide Schiffe wurden 1999 in Toulon stationiert.

Herkunftsland:	Frankreich
Typ:	Zerstörer
Stapellauf:	6. Februar 1985
Besatzung:	225
Verdrängung:	4.806 t
Maße:	139 m x 14 m x 6,5 m
Reichweite:	13.182 km (7.118 sm)
Hauptbewaffnung:	eine 100-mm-Kanone, Exocet, Mistral-Missiles, Standard-SAMs, ASW-Torpedos
Motorisierung:	zwei Getriebewellen, vier Dieselmotoren
Leistung:	29,5 Knoten

Castle-Klasse

Hinsichtlich ihrer Größe waren die U-Boot-Jagdkorvetten der *Castle*-Klasse etwas größer als die der früheren *Flower*-Klasse, der sie sehr ähnelten. Die *Castle*-Schiffe waren elegant und vereinten alle Erfahrungen ihrer Vorgänger. Sie hatten auch den neuen Squid-Anti-U-Boot-Mörser, der zu schwer war, um auf den Korvetten der *Flower*-Klasse oder den *River*-Klasse-Fregatten nachgerüstet zu werden. Der große Vorteil des Squid war, dass er bei Sonarkontakt einen Teppich aus drei schweren Bomben auf ein Unterwasserziel bis zu 502 m vor dem Schiff legen konnte. Die Leistung der *Castle*-Klasse kam nicht der von Fregatten gleich, weshalb sie auch nicht als Geleitschutz für Konvois genutzt wurden. Stattdessen wurden mit ihnen Geleitschutzgruppen gebildet, die gegen Ende des 2. Weltkriegs in großer Zahl eingesetzt wurden.

Herkunftsland:	Großbritannien
Typ:	Korvette
Stapellauf:	Juni 1943 (erste Einheit)
Besatzung:	120
Verdrängung:	1.070 t
Maße:	76,8 m x 11,2 m x 3,05 m
Reichweite:	6.910 km (3.725 sm)
Hauptbewaffnung:	eine 102-mm-Kanone, zehn 20-mm-Flugabwehrkanonen, A/S-Mörser und Wasserbomben
Motorisierung:	einzelne Getriebewelle, Dreifach-Expansionsdampfmaschine
Leistung:	16,5 Knoten

Centauro

Im April 1954 lief die *Centauro* vom Stapel. Sie war Teil einer Klasse von vier Schiffen, die nach italienischen Plänen und Spezifikationen gebaut wurden und durch das amerikanische Küstenprogramm der 1950er Jahre finanziert wurden. Alle Einheiten hatten eine automatische Anti-U-Boot- und mittlere Flugabwehrbewaffnung und eine amerikanische Sonarausrüstung. Die Kanonen waren übereinander in einem Zwillingsgeschützturm angebracht und konnten 60 Schuss pro Minute feuern. Alle vier Schiffe durchliefen 1966–1967 Modifikationen, zu denen der Einbau von drei 76-mm-Kanonen gehörte, welche die zwei 76-mm-Doppellauf- und die vier 40-mm-Flugabwehrkanonen ersetzten. Die anderen Schiffe der Klasse waren die *Canopo*, die *Cigno* und die *Castore*. 1960 erhielten die vier Schiffe, die ursprünglich als Zerstörer mit einem „D“-Wimpel versehen waren, als Fregatten einen „F“-Wimpel.

Herkunftsland:	Italien
Typ:	Zerstörer
Stapellauf:	4. April 1954
Besatzung:	255
Verdrängung:	2.255 t
Maße:	103,3 m x 11,5 m x 3,5 m
Reichweite:	4.630 km (2.500 sm)
Hauptbewaffnung:	vier 76-mm-Kanonen
Motorisierung:	Zwillingsschraube, Turbinen mit Getriebewellen
Leistung:	26 Knoten

Chao Phraya

Die vier Schiffe der *Chao Phraya*-Klasse sind im Grunde *Jianghu*-Klasse Schiffe, zwei von ihnen vom Typ III. Diese Schiffe wurden von der staatlich-chinesischen Schiffsbaufirma für die thailändische Marine gemäß eines Vertrages vom Juli 1988 gebaut. Die Pläne für den Bau von zwei weiteren in Thailand wurden nicht weiter verfolgt. Die thailändische Marine wollte ursprünglich nur, dass die Rümpfe in China gebaut werden sollten. Es war geplant, amerikanische Ausrüstung zu installieren, aber laut Vertragsbedingung bestand China darauf, die Schiffe vollständig auszustatten und gleichzeitig mit chinesischer Bewaffnung zu versehen. Als die Schiffe 1991–1992 in Thailand ankamen, wurden die schiffbaulichen Standards als so schlecht empfunden, dass sie für umfangreiche Reparaturen ins Dock gebracht und ebenso mit verbesserten Einrichtungen zur Schadenskontrolle ausgerüstet wurden.

Herkunftsland:	Thailand
Typ:	Fregatte
Stapellauf:	24. Juni 1990
Besatzung:	168
Verdrängung:	1.955 t
Maße:	103,2 m x 11,3 m x 10,2 m
Reichweite:	5.626 km (3.038 sm)
Hauptbewaffnung:	zwei oder vier 100-mm-Kanonen, acht 37-mm-Kanonen, A/S-Mörser und Wasserbomben
Motorisierung:	zwei Getriebewellen, vier Dieselmotoren
Leistung:	30 Knoten

Charles

Die *Charles* lief 1776 vom Stapel und war ein eher außergewöhnliches Schiff des 18. Jahrhunderts. Sie war eine große Fregatte, die mit einem vollen Satz Segel ausgestattet war, und zusätzlichen Riemen, die eingesetzt wurden, wenn das Schiff in einer Flaute lag. Die Riemen wurden vom unteren Deck benutzt und konnten das Schiff auf eine ungefähre Geschwindigkeit von 6 Knoten bringen. Die *Charles* wurde erfolgreich im Kampf gegen Piraten eingesetzt, die immer wieder den Handel im Mittelmeer angriffen. Das Schiff hatte auf ganzer Länge zwei volle Decks, wobei der Raum unter dem Ruderdeck als Lagerraum genutzt wurde. Die Mannschaftsquartiere lagen vorn, die der Offiziere achtern. Die *Charles* ließ sich leicht segeln, aber diese Art von Fregatten-Galeere war kein beliebter Entwurf, besonders nicht bei den Ruderern.

Herkunftsland:	Frankreich
Typ:	Fregatten-Galeere
Stapellauf:	1776
Besatzung:	350
Verdrängung:	1.016 t
Maße:	45,7 m x 11,5 m x 4,2 m
Reichweite:	unbegrenzt, abhängig von Vorräten
Hauptbewaffnung:	40 Kanonen
Motorisierung:	Segel und Riemen
Leistung:	10 Knoten

Chidori

Die *Chidori* war eines der *Tomozuru*-Klasse von vier Schiffen, die 1931–1933 auf Kiel gelegt wurden. Mit ihrer Bewaffnung von drei 127-mm-Kanonen und zwei 533-mm-Torpedorohren waren sie praktisch kleine Zerstörer, aber es stellte sich heraus, dass sie wegen übermäßigen Höchstgewichts gefährlich instabil waren. Die *Tomozuru* kenterte bei schlechtem Wetter im März 1934 bei Versuchsfahrten. Sie wurde in einen Hafen geschleppt und in Stand gesetzt. Alle Schiffe dieser Klasse wurden zur Fehlerbehebung neu aufgebaut. Sie bekam eine leichtere Bewaffnung und zusätzlich 61 t permanenten Ballast, um die Verdrängung zu erhöhen. Nach dieser Veränderung gehörte die *Tomozuru*-Klasse zu den effizientesten japanischen U-Bootjagdschiffen. Die *Chidori* wurde vom US-Unterseeboot *Tilefish* am 22. Dezember 1944 versenkt. Allein die *Hatsukari* überlebte den Krieg.

Herkunftsland:	Japan
Typ:	Torpedoboot
Stapellauf:	1. April 1933
Besatzung:	100
Verdrängung:	749 t
Maße:	82 m x 7,4 m x 2,5 m
Reichweite:	2.779 km (1.500 sm)
Hauptbewaffnung:	drei 127-mm-Kanonen, zwei 533-mm-Torpedorohre
Motorisierung:	Zwillingsschraube, Turbinen
Leistung:	28 Knoten

Chikugo

Die *Chikugo* wurde von Mitsui Zozen in Tamano als Teil des 1967er Neubauprogramms gebaut und lief am 13. Januar 1970 vom Stapel. Die *Chikugo*-Klasse Schiffe wurden speziell geräusch- und vibrationsarm entworfen. 11 Schiffe wurden 1968 auf Kiel gelegt. Sie werden hauptsächlich zu Küstenmissionen um die japanischen Inseln eingesetzt. Sie sind mit dem SQS35(J) variablen Tiefensonar ausgestattet, das am Heck nach steuerbord in einem offenen Schacht angebracht ist. Es sind auch die kleinsten Kriegsschiffe der Welt, die eine ASROC-ASW-Raketenrampe haben. Diese mittschiffs liegende Rampe wird in Abschussposition gebracht und dann erhöht, um eine Salve mit zwei Schuss der RUR-5A-Feststoffraketen zu feuern. Die Raketen tragen Mk46-Torpedos, deren Reichweite durch den durch einen Fallschirm gebremsten Fall bis auf 9,2 km erhöht wird.

Herkunftsland:	Japan
Typ:	Fregatte
Stapellauf:	13. Januar 1970
Besatzung:	165
Verdrängung:	1493 t
Maße:	93 m x 11 m x 4 m
Reichweite:	6.482 km (3.500 sm)
Hauptbewaffnung:	zwei 76-mm-Kanonen
Motorisierung:	Zwillingsschraube, Dieselmotoren
Leistung:	25 Knoten

Cigno

Die *Cigno* und ihre drei Schwesterschiffe (siehe Eintrag der *Centauro*) liefen 1956 vom Stapel. Sie wurden für die italienische Marine nach italienischen Designs gebaut, aber vom amerikanischen Küstenprogramm finanziert. Alle hatten eine amerikanische Sonar-Ausrüstung und trugen automatische Anti-U-Boot- und mittlere Flugabwehrbewaffnung. Die 76-mm-Kanonen italienischen Ursprungs lagen in Zwillingstürmchen und konnten 60 Schuss pro Minute feuern. In den 1960er Jahren wurden die Kanonentürme durch drei einzelne 76-mm-Kanonen ersetzt. Die wichtigste Waffe gegen U-Boote war der neue italienische Menon-Mörser. Die Schiffe waren tatsächlich eher als Geleitschutz-Zerstörer entworfen. Ihr Rumpf war eine verkleinerte Version des *Impetuoso*-Klasse-Designs. Die Schiffe wurden nach dem Rotationsprinzip außer Dienst gestellt und bis in die späten 1980er Jahre von Schiffen der *Maestrale*-Klasse ersetzt.

Herkunftsland:	Italien
Typ:	Fregatte
Stapellauf:	20. März 1955
Besatzung:	255
Verdrängung:	2.455 t
Maße:	103,3 m x 11,5 m x 4 m
Reichweite:	4.630 km (2.500 sm)
Hauptbewaffnung:	vier 76-mm-Kanonen
Motorisierung:	Zwillingsschraube, Turbinen mit Getriebewellen
Leistung:	28 Knoten

Cleveland

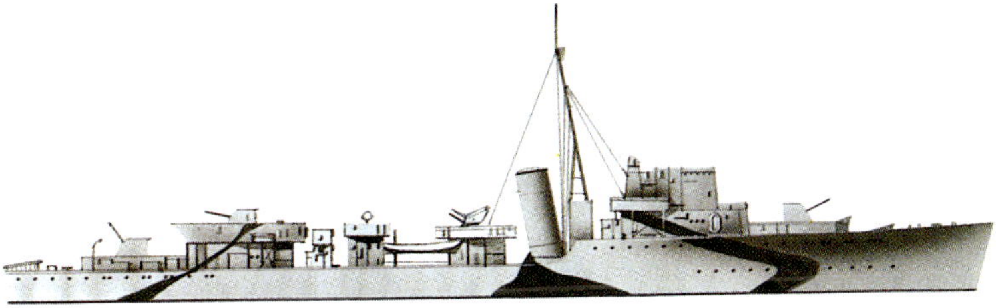

Die sich verschlechternde Weltlage verursachte 1938 einen Großalarm in Großbritannien. Es wurden Anstrengungen unternommen, die Stärke der britischen Marine zu erhöhen. Als aber der 2. Weltkrieg ausbrach, hatte Großbritannien noch zu wenige Zerstörer zur Begleitung der Konvois über den Atlantik. Ab 1940 rief die Marine ein Bauprogramm für kleine Zerstörer ins Leben, die schnell und leicht konstruiert werden konnten. Die *Cleveland* war Teil der ersten Gruppe von *Hunt*-Klasse-Zerstörern. Ursprünglich wurden sie mit sechs 102-mm-Kanonen entworfen, aber diese Bewaffnung erwies sich als zu kopflastig und wurde auf vier reduziert. Obwohl Ballast und Stabilisatoren hinzugefügt wurden, um ein Rollen auf See zu reduzieren, blieben die Bewegungen ruckartig. Die *Cleveland* lief im April 1940 vom Stapel. Sie überlebte den Krieg und erlitt im Juni 1957 Schiffbruch.

Herkunftsland:	Großbritannien
Typ:	Zerstörer
Stapellauf:	1. November 1941
Besatzung:	146
Verdrängung:	922 t
Maße:	85,3 m x 8,8 m x 3,8 m
Reichweite:	3 704 km (2.000 sm)
Hauptbewaffnung:	vier 102-mm-Kanonen
Motorisierung:	Zwillingsschraube, Turbinen mit Getriebewellen
Leistung:	26 Knoten

Comet

Die HMS *Comet*, die im Juni 1944 vom Stapel lief, war einer von 31 *C*-Klasse Zerstörern, die in den letzten zwei Jahren des 2. Weltkriegs gebaut wurden. Sie folgten alle dem gleichen grundlegenden Muster mit zwei Kanonen, die nach vorn feuerten, und zwei achtern. Es gab einen einzelnen geneigten Schornstein hinter der Brücke. Zusätzliche Flugabwehrkanonen wurden hinzugefügt, als die Schiffe in Dienst traten. Ein Schiff der Klasse, die HMS *Contest*, war der erste britische Zerstörer mit einem voll verschweißten Rumpf. Alle Schiffe überlebten den Krieg. Vier gingen 1946 nach Norwegen, und vier wurden in den 1950er Jahren an Pakistan gegeben. Zwei weitere versahen Dienst in der kanadischen Marine. Die HMS *Comet* wurde in Troon (Schottland) im November 1962 verschrottet. Zusammen mit der *Battle*-Klasse waren die *C*-Klasse-Schiffe die letzten echten, konventionellen Zerstörer der britischen Marine.

Herkunftsland:	Großbritannien
Typ:	Zerstörer
Stapellauf:	22. Juni 1944
Besatzung:	186
Verdrängung:	1.737 t
Maße:	111 m x 11 m x 4 m
Reichweite:	4.074 km (2.200 sm)
Hauptbewaffnung:	vier 114-mm-Kanonen
Motorisierung:	Zwillingsschraube, Turbinen
Leistung:	36,7 Knoten

Comte de Grasse

Die *Spruance*-Klasse, zu der die *Comte de Grasse* gehörte, war die Ablösung für die Zerstörer der *Gearing*-Klasse. Sie gilt als eines der fähigsten Anti-U-Boot-kriegsschiffe. Sie wurde in der Modulbauart konstruiert, wobei große Teile des Rumpfes in verschiedenen Teilen der Werft gebaut und dann mittels Helling zusammengeschweißt werden. Es waren die ersten großen US-Kriegsschiffe, die kompletten Gasturbinenantrieb hatten. Das Rumpfdesign der *Spruance*-Klasse-Zerstörer wurde mit leichten Modifikationen auch bei zwei anderen amerikanischen Kriegsschiffen genutzt, denn es verminderte Roll- und Stampfbewegungen und bot deshalb eine bessere Waffenplattform. Alle Schiffe der *Spruance*-Klasse haben über die Jahre wesentliche Waffenveränderungen durchlaufen. Fernziele werden von einem an Bord stationierten ASW-Hubschrauber anvisiert.

Herkunftsland:	USA
Typ:	Zerstörer
Stapellauf:	26. März 1976
Besatzung:	296
Verdrängung:	7.925 t
Maße:	171,7 m x 16,8 m x 8,8 m
Reichweite:	20.383 km (11.000 sm)
Hauptbewaffnung:	zwei 127-mm-DP-Kanonen, Tomahawk- und Harpoon-SSM; Sea-Sparrow-SAM, Phalanx-CIWS, ASROC
Motorisierung:	zwei Getriebewellen, vier Gasturbinen
Leistung:	32,5 Knoten

Confienza

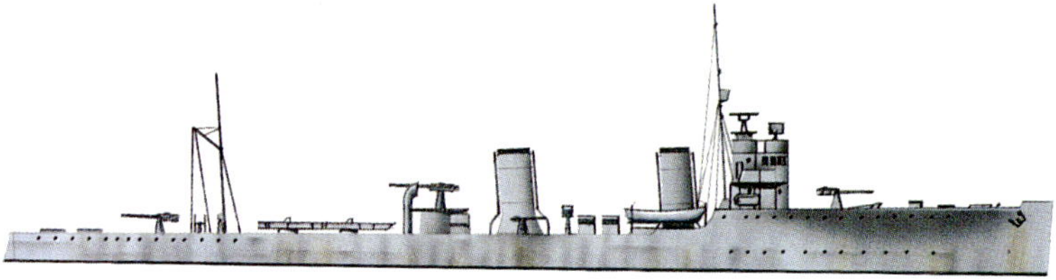

Im Dezember 1920 lief die *Confienza* vom Stapel. Sie gehörte zu einer Klasse von vier Schiffen, die eine verbesserte Version der *Audace* darstellten, die 1913 vom Stapel lief. 1938 wurden alle Schiffe in der Klasse der *Confienza* als Torpedoboote neu eingestuft, aber Pläne einer überarbeiteten Bewaffnung wurden nie zu Ende verfolgt. Zu den kleineren Waffen gehörten zwei 76-mm-Flugabwehrkanonen, zwei Maschinengewehre und vier 450-mm-Torpedorohre. Drei Schiffe der Gruppe gingen im Krieg verloren. Es waren die *Palestro*, versenkt vom britischen Unterseeboot *Osiris*, die *San Martino*, die von den Deutschen besetzt und bei einem Luftangriff versenkt wurde, und die *Solferino*, übernommen und versenkt von britischen Zerstörern. Am 18. Dezember 1940 versenkte die *Confienza* das britische U-Boot *Triton* in der Meerenge von Otranto. Sie selbst wurde bei einer Kollision mit dem Hilfsschiff *Capitano Cecchi* vor Brindisi versenkt.

Herkunftsland:	Italien
Typ:	Zerstörer
Stapellauf:	18. Dezember 1920
Besatzung:	190
Verdrängung:	1.093 t
Maße:	82 m x 8 m x 3 m
Reichweite:	2.778 km (1.500 sm)
Hauptbewaffnung:	vier 102-mm-Kanonen
Motorisierung:	Zwillingsschraube, drei vertikale Expansionsmaschinen
Leistung:	28 Knoten

Constitution

Die *Constitution* lief 1797 vom Stapel. Sie wurde von Joshua Humphreys entworfen und in Boston gebaut. 1798 wurde sie in Dienst gestellt, diente im Krieg gegen Frankreich und fing 1799 zwei Kaperschiffe ab. Zwar wurde sie außer Dienst gestellt, aber 1803 bei Ausbruch eines neuen Konfliktes gegen Piraten wurde sie reaktiviert. Es folgte die Teilnahme am kurzen Krieg zwischen England und den Vereinigten Staaten über Handelsbeschränkungen zwischen Europa und Nordamerika. 1812 entwich sie den Briten und durchlief dann 1812–1815 umfangreiche Reparaturen. Sie wurde 1833 wieder aufgebaut, nochmals zwischen 1871 und 1877, 1906, und wieder zwischen 1927 und 1930. Zahlreiche Pläne, das Schiff abzuwracken, wurden wegen Protesten der Bevölkerung verworfen. Die *Constitution* liegt jetzt ständig in Boston. Sie ist das älteste, im Dienst stehende Segelkriegsschiff.

Herkunftsland:	USA
Typ:	Fregatte
Stapellauf:	Oktober 1797
Besatzung:	375
Verdrängung:	2.236 t
Maße:	53 m x 13 m x 4 m
Reichweite:	unbegrenzt, abhängig von Vorräten
Hauptbewaffnung:	achtundzwanzig 24-Pfünder-, zehn 12-Pfünder Kanonen
Motorisierung:	Segel
Leistung:	13 Knoten

Conyngham

Im September 1935 lief die USS *Conyngham* vom Stapel. Sie gehörte zu den *Mahan*-Klasse-Zerstörern, die eng mit der vorausgegangenen *Farragut*-Klasse verwandt waren. Von den 18 Schiffen der Klasse gingen sechs im 2. Weltkrieg verloren. Die *Cassin* und die *Downes* wurden bei Pearl Harbour praktisch zerstört, aber wieder aufgebaut. Die USS *Tucker* überlebte den Angriff auf Pearl Harbour, wurde aber im August 1942 verloren. Die *Cushing* wurde von japanischem Geschützfeuer und Torpedos am 13. November 1942 vor Guadalcanal versenkt. Die *Preston* wurde am 14. November 1942 ebenfalls vor Guadalcanal von einer japanischen Kampfeinheit versenkt. Die *Perkins* ging am 29. November 1943 im südwestlichen Pazifik unter. Die *Mahan* ging am 7. Dezember 1944 verloren, die *Reid* am 11. Dezember 1944. Die *Lamson* wurde 1946 dem Atombombentest auf dem Bikini-Atoll ausgesetzt, und die *Conyngham* wurde am 2. Juli 1948 als Übungsziel versenkt.

Herkunftsland:	USA
Typ:	Zerstörer
Stapellauf:	14. September 1935
Besatzung:	250
Verdrängung:	1.417 t
Maße:	104 m x 10,4 m x 2,69 m
Reichweite:	6.482 km (3.500 sm)
Hauptbewaffnung:	fünf einzelne 127-mm-DP-Kanonen, zwei vierfache 533-mm-Torpedorohre
Motorisierung:	zwei Dampfturbinen mit Getriebewellen
Leistung:	36,5 Knoten

Coronel Bolognesi

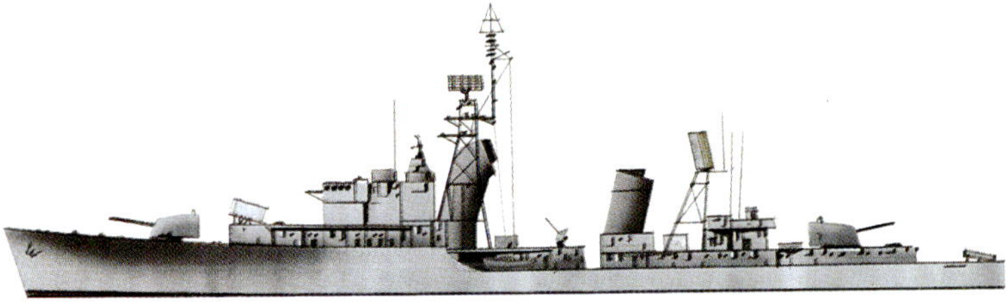

Die *Coronel Bolognesi* war zuvor einer der *Friesland*-Klasse Zerstörereskorten der niederländischen Marine. Sie bildeten bis in die späten 1970er Jahre das Rückgrat der niederländischen U-Bootjagd-Gruppe, bis sie von der neueren *Standaard*-Klasse Fregatte ersetzt wurden. 1980–1982 wurden die Schiffe der peruanischen Marine übergeben, die sie mit Exocet-Raketen bewaffnen wollte. Die Schiffe haben eine Seitenpanzerung sowie Deckschutz. Im niederländischen Dienst gab es Pläne, sie mit acht 533-mm-Torpedorohren auszurüsten, aber dieses Projekt wurde fallengelassen, nachdem nur ein Schiff so ausgestattet worden war (die Rohre wurden infolgedessen entfernt). Die wichtigste Anti-U-Boot-Bewaffnung dieser Schiffe ist der Raketenwerfer vom Typ Limbo. Ihre Kanonen sind vollautomatisch und haben eine Feuerrate von 50 Schuss pro Minute.

Herkunftsland:	Peru
Typ:	Zerstörer
Stapellauf:	8. August 1955
Besatzung:	284
Verdrängung:	3.150 t
Maße:	116 m x 12 m x 5 m
Reichweite:	4.632 km (2.500 sm)
Hauptbewaffnung:	vier 120 mm Kanonen
Motorisierung:	Zwillingsschraube, Turbinen
Leistung:	36 Knoten

Corrientes

Eine ständige argentinische Marine wurde erst mit der Bestellung eigener Schiffe, einschließlich zweier Panzerschiffe 1872 gegründet. Später wurden auch zwei kleine Schlachtschiffe in Dienst gestellt. Die vereinbarte Geschwindigkeit für diese Schiffe lag bei 26 Knoten für drei Stunden, aber sie hatten Schwierigkeiten, diese zu erreichen. Ein Grenzstreit mit Chile in den 1890er Jahren führte zu einem Wettrüsten der Seestreitkräfte. Vier Panzerkreuzer wurden von Italien bestellt, jedoch wurden zwei von ihnen wieder abbestellt, als den Spannungen zwischen den zwei Ländern vertraglich ein Ende gesetzt wurde. Die zwei Kreuzer wurden an Japan verkauft. Zur gleichen Zeit war sich Argentinien der Bedrohung bewusst, die von Torpedobooten ausging. Es wurden vier Zerstörer bei der britischen Yarrow-Werft bestellt, darunter die *Corrientes*, die der argentinischen Marine bis 1925 diente.

Herkunftsland:	Argentinien
Typ:	Zerstörer
Stapellauf:	1896
Besatzung:	98
Verdrängung:	284 t
Maße:	58 m x 6 m x 2,2 m
Reichweite:	1.482 km (800 sm)
Hauptbewaffnung:	eine 14-Pfünder-, drei 6-Pfünder-Kanonen, drei 457-mm-Torpedorohre
Motorisierung:	Zwillingsschraube, drei vertikale Expansionsmotoren
Leistung:	22 Knoten

Crescent

Die HMS *Crescent* bildete einen Teil des britischen Marinewiederaufrüstungsprogramms von 1922. Dies war wegen der Weltwirtschaftskrise der frühen 1930er Jahre drastisch gekürzt worden. Die *Crescent* war ein Zerstörer der *C*- und *D*-Klassen, die eine leicht vergrößerte *B*-Klasse waren. Man erhöhte die Brennstoffkapazität und fügte der Hauptbewaffnung von 120-mm-Kanonen eine 76-mm-Flugabwehrkanone bei. Die Maschine entwickelte 36.000 PS für eine geplante Geschwindigkeit von 35,5 Knoten. Die *Crescent* wurde im September 1931 vom Stapel gelassen und 1937 der kanadischen Marine übertragen, wo sie in *Fraser* umbenannt wurde. Bei einer Kollision mit dem britischen Kreuzer *Kalkutta* vor Gironde ging sie am 26. Juni 1940 während des Einsatzes beim so genannten Unternehmen Aerial unter, bei dem britische Schiffe 191.870 Mann aus den Häfen der Biskaya evakuierten.

Herkunftsland:	Großbritannien
Typ:	Zerstörer
Stapellauf:	29. September 1931
Besatzung:	190
Verdrängung:	1.927 t
Maße:	97 m x 10 m x 2,6 m
Reichweite:	3.704 km (2.000 sm)
Hauptbewaffnung:	vier 120-mm-Kanonen
Motorisierung:	Zwillingsschraube, Turbinen
Leistung:	36 Knoten

Curlew

Die *Curlew* wurde in die Kanonenboot-Klasse eingestuft. Sie und ihr Schwesterschiff *Landrail* waren die letzten Kanonenboote alten Stils der britischen Marine. Die *Curlew* hatte einen Stahlrumpf, feine Linien und relativ geringen Tiefgang. Leider erwiesen sich die *Curlew* und ihre Schwesterschiffe als Kanonenboote ungeeignet und als zu langsam für eine Einstufung als Kreuzer. Die *Curlew* befuhr britische Gewässer bis zu ihrem Verkauf 1906. Trotz ihrer Unzulänglichkeiten war ihre Bewaffnung hervorragend, denn die Kanonen konnten schwerste Projektile verschießen. Das Schwesterschiff der *Curlew*, die *Landrail*, wurde zuerst am Kap stationiert und verbrachte fast die gesamte Dienstzeit in Übersee. Sie wurde im Oktober 1906 als Zielschiff versenkt.

Herkunftsland:	Großbritannien
Typ:	Kanonenboot
Stapellauf:	23. Oktober 1885
Besatzung:	75
Verdrängung:	965 t
Maße:	59,5 m x 8,5 m x 3,2 m
Reichweite:	1.760 km (950 sm)
Hauptbewaffnung:	eine 152-mm- und drei 127-mm-Kanonen
Motorisierung:	Zwillingsschraube, horizontaler direkt übersetzter Verbundmotor
Leistung:	14,5 Knoten

Curtatone

Mit einem Stahlrumpf, drei Masten und der Takelung einer Barke lief die *Curtatone* im August 1888 vom Stapel. Sie war ein typisches kleines Kanonenboot dieser Zeit, das gebaut wurde, um die überseeischen Besitzungen zu kontrollieren. Die drei Kessel entwickelten über 1.000 PS, obwohl während der Kreuzfahrten normalerweise allein auf Segelkraft vertraut wurde. Schiffe wie die *Curtatone* waren charakteristisch für die Marinestreitkräfte der damaligen Kolonialmächte. Sie hatten eine Besatzung von 30 bis 40 Mann und wurden von einem Leutnant kommandiert.

Herkunftsland:	Italien
Typ:	Kanonenboot
Stapellauf:	14. August 1888
Besatzung:	45
Verdrängung:	1.292 t
Maße:	54 m x 10 m x 4,5 m
Reichweite:	ca. 1.668 km (900 sm) mit Maschinenkraft
Hauptbewaffnung:	vier 119-mm-Kanonen
Motorisierung:	einzelne Schraube, Verbundmotor
Leistung:	14 Knoten

Cushing

Die *Cushing* war das erste auch zu diesem Zweck entworfene Torpedoboot der amerikanischen Marine. Sie wurde im April 1888 auf Kiel gelegt. Der Hersteller war Herreshof. Die *Cushing* hatte nicht wie ihr Vorgänger einen Holz- sondern einen Stahlrumpf, der lang und schlank war und ein geschwungenes Deck sowie einen anachronistischen Rammbug hatte. Anfangs wurde sie zu experimenteller Torpedoentwicklung auf der Torpedobasis der Marine in Newport eingesetzt. Als sich 1897 die Technologie als gut herausgestellt hatte, wurde sie als Meldeboot vor der kubanischen Küste eingesetzt und war während des Kriegs mit Spanien 1898 aktiv. Im August dieses Jahres fing sie auf einen Schlag vier kleine spanische Transporte ab und übernahm sie. Nach dem Krieg wurde sie nach Newport zurückgesandt, wo sie zum Übungsziel wurde. Im September 1920 wurde sie versenkt.

Herkunftsland:	USA
Typ:	Torpedoboot
Stapellauf:	23. Januar 1890
Besatzung:	22
Verdrängung:	118 t
Maße:	42,6 m x 4,6 m x 1,5 m
Reichweite:	926 km (500 sm)
Hauptbewaffnung:	drei 457-mm-Torpedorohre, drei 6-Pfünder-Kanonen
Motorisierung:	Zwillingsschraube, vier vertikale Expansionsmotoren
Leistung:	23 Knoten

Cushing

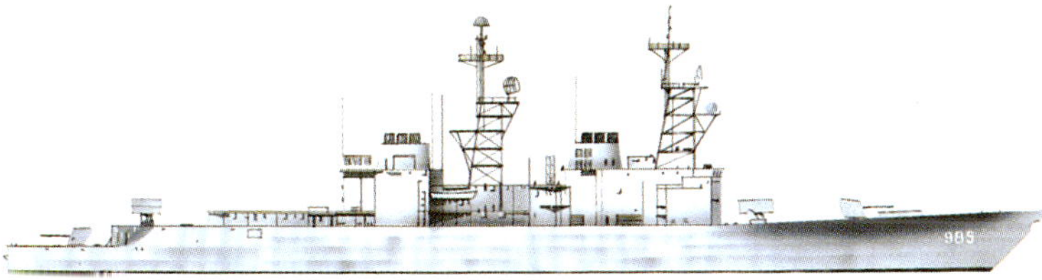

Die USS *Cushing* ist eines der großen *Spruance*-Kriegsschiffe. Es gibt insgesamt 31 Einheiten, die von Ingalls Shipbuilding in Pascagoula, Mississippi, als Ersatz für die *Gearing*-Klasse Zerstörer hergestellt wurden. Sie gelten als die fähigsten Anti-U-Bootkriegsschiffe. Bei Versuchsfahrten machte die *Spruance* ca. 32 Knoten. Sie wurde in der Modulbauart konstruiert, wobei große Teile des Rumpfes in verschiedenen Teilen der Werft gebaut und dann mittels Helling zusammengeschweißt werden. Es waren die ersten großen US-Kriegsschiffe, die kompletten Gasturbinenantrieb hatten. Das Rumpfdesign der *Spruance*-Klasse-Zerstörer wurde mit leichten Modifikationen auch bei zwei anderen amerikanischen Kriegsschiffen genutzt, denn es verminderte Roll- und Stampfbewegungen und bot deshalb eine bessere Waffenplattform. Alle Schiffe in der *Spruance*-Klasse haben wesentliche Waffenveränderungen und -aktualisierungen durchlaufen.

Herkunftsland:	USA
Typ:	Zerstörer
Stapellauf:	17. Juni 1978
Besatzung:	296
Verdrängung:	8.168 t
Maße:	171,7 m x 16,8 m x 5,8 m
Reichweite:	20.372 km (11.000 sm)
Hauptbewaffnung:	zwei 127-mm-Kanonen, Tomahawk- und Harpoon-Raketen
Motorisierung:	Zwillingsschrauben, Gasturbinen
Leistung:	32,5 Knoten

Dahlgren

Die *Dahlgren* und ihr Schwesterschiff *Craven* wurden 1896 bestellt, im März 1897 auf Kiel gelegt und 1899 fertig gestellt. Sie hatte eng zusammenstehende Schornsteine, einen einzelnen Lichtmast und zwei einzelne Torpedorohre achtern. Die Effizienz von Torpedobooten wie diesem wurde durch die starke Verkleinerung von Maschinenblöcken möglich gemacht, die in den letzten Jahren des 19. Jahrhunderts stattfand. Dies lag an der Entwicklung neuer Kessel und Verbundmotoren mit mehreren Zylindern, die bei vorher für unmöglich gehaltenen Temperaturen und Druckverhältnissen arbeiteten. Solche Motoren fanden in Kriegsschiffen und in Handelsschiffen gleichermaßen Anwendung. Sie verliehen den Handelsschiffen die nötige Brennstoff-Wirtschaftlichkeit und den Kriegsschiffen eine bis dato unerhörte Geschwindigkeit. In dieser Zeit wurde Amerika zur bedeutenden Industrienation, was sich in der Stärke der Marine widerspiegelte.

Herkunftsland:	USA
Typ:	Torpedoboot
Stapellauf:	29. Mai 1899
Besatzung:	29
Verdrängung:	148 t
Maße:	46 m x 5 m x 1,5 m
Reichweite:	nicht bekannt
Hauptbewaffnung:	vier 1-Pfünder-Kanonen, zwei 457-mm-Torpedorohre
Motorisierung:	Zwillingsschraube, drei vertikale Expansionsmotoren
Leistung:	31 Knoten

Danaide

Von 1942 an legte die italienische Marine eine Klasse von rund 60 kleinen Geleitschutzschiffen auf Kiel – die *Gabbiano*-Klasse. Das letzte Schiff wurde erst 1948 vollendet. Wegen des Krieges wurden die ersten Schiffe der Klasse äußerst schnell gebaut. Die *Danaide* war eines der ersten und wurde in nur vier Monaten gefertigt. Sie wurde ursprünglich als Minensucher ausgerüstet und operierte im 2. Weltkrieg viel im Mittelmeer. Wie ihre Schwesterschiffe wurde sie während ihrer Betriebszeit beträchtlich verändert. Viele der Klasse überlebten den Krieg, und 17 Schiffe waren noch bis Mitte der 1960er Jahre in italienischen Diensten. Einige der früheren Schiffe wurden von den Deutschen übernommen und als U-Bootjagdschiffe eingesetzt. Die meisten wurden jedoch durch Luftangriffe der Alliierten versenkt. Die *Ape* wurde umgebaut, um Kommandotruppen für Spezialaufträge zu transportieren.

Herkunftsland:	Italien
Typ:	Korvette
Stapellauf:	21. Oktober 1942
Besatzung:	101
Verdrängung:	812 t
Maße:	64 m x 8,5 m x 2,5 m
Reichweite:	2.778 km (1.500 sm)
Hauptbewaffnung:	vier 40-mm Flugabwehrkanonen
Motorisierung:	Zwillingsschraube, Dieselmotoren
Leistung:	17,5 Knoten

Dardo

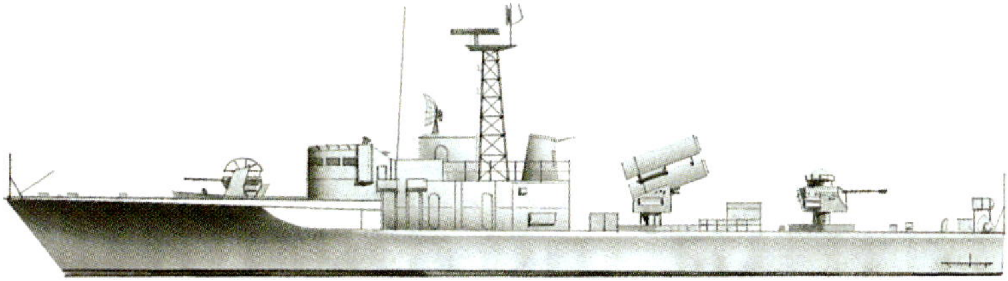

Die *Dardo* wurde im 1960er Marineprogramm gebaut und in Taranto 1964 auf Kiel gelegt. Sie war eines von vier Kanonenbooten der *Freccia*-Klasse, die anderen waren die *Saetta* und die *Strale*. Das Design erforderte ein schnelles Schiff, das man zügig in ein bewaffnetes Kanonenboot als schneller Minenleger (mit einer Flugabwehrkanone und acht Minen) oder in ein Torpedoboot (mit einer 40-mm-Kanone und 21 533-mm-Torpedos) umbauen konnte. Die notwendigen Umbauten konnten in weniger als 24 Stunden vorgenommen werden. Die Boote wurden mit S-Band-Navigation und taktischem Radar ausgerüstet, die eine sich fügende Waveguide-Antenne benutzten. Alle in dieser Klasse erwiesen sich als gute Seeschiffe und waren an die Bedürfnisse der italienischen Marine angepasst. In den 1960er und 1970er Jahren entwickelte Italien mehrere Klassen von Kanonenbooten.

Herkunftsland:	Italien
Typ:	Motorkanonenboot
Stapellauf:	am 10. Mai 1964 auf Kiel gelegt, nicht vervollständigt
Besatzung:	50
Verdrängung:	218 t
Maße:	45,7 m x 7,2 m x 1,7 m
Reichweite:	2.037 km (1.100 sm)
Hauptbewaffnung:	eine 40-mm-Kanone, vier 533-mm-Torpedorohre
Motorisierung:	Zwillingsschraube, Dieselmotoren und Gasturbinen
Leistung:	über 40 Knoten

Daring

In den frühen 1890er Jahren verlangte die britische Admiralität nach Entwürfen für kleine Zerstörer, die schneller als die zügig wachsende Flotte französischer Torpedoboote sein sollten. Die Franzosen hatten den Großteil des Jahrhunderts damit verbracht, sich von der Zerstörung ihrer Flotte in den napoleonischen Kriegen zu erholen. Sie konzentrierten sich auf den Entwurf kleiner, schneller Schiffe, die feindliche Großkampfschiffe angreifen konnten. Thorneycroft und Yarrow kamen infolgedessen auf den Entwurf für die *Daring*, die auf ihren erfolgreichen und seetüchtigen Torpedobooten basierte. Der Rumpf am Heck hatte ein flaches Deck auf Höhe der Wasserlinie und ermöglichte so eine Anhebung der Schrauben für die Navigation in relativ seichten Gewässern. Die *Daring* wurde 1912 verschrottet. Ihr Schwesterschiff, die *Decoy*, ging bei einer Kollision 1904 verloren.

Herkunftsland:	Großbritannien
Typ:	Zerstörer
Stapellauf:	25. November 1893
Besatzung:	98
Verdrängung:	264 t
Maße:	56,6 m x 5,7 m
Reichweite:	nicht bekannt
Hauptbewaffnung:	eine 12-Pfünder-, drei 6-Pfünder-Kanonen, drei Torpedorohre
Motorisierung:	Zwillingsschraube, Dreistufen-Verbundmotor
Leistung:	22 Knoten

Daring

Die *Daring*, die 1949 vom Stapel lief, und ihre sieben Schwesterschiffe waren vergrößerte und verbesserte Versionen von der früheren *Battle*- und der *Weapon*-Klasse Schiffe. Sie konnte vielfältige Aufgaben durchführen, einschließlich U-Bootjagd und Aufklärungsarbeit. Es waren die größten Zerstörer der britischen Marine, und sie hatten alle eine voll verschweißte Rumpfkonstruktion. Die automatischen 120-mm-Kanonen wurden durch Radar kontrolliert. Der Gitter-Fockmast war um den vorderen Schornstein gebaut und gab der *Daring* ein außergewöhnliches Aussehen. Während der frühen Jahre des Kalten Krieges bildeten die Schiffe der *Daring*-Klasse einen wichtigen Teil der NATO-Jagdgeschwader im Atlantik. Sie waren die ersten britischen Zerstörer, die zur Multifunktionalität entworfen waren. Sie setzten den Trend für künftige Entwicklungen.

Herkunftsland:	Großbritannien
Typ:	Zerstörer
Stapellauf:	10. August 1949
Besatzung:	290
Verdrängung:	3.636 t
Maße:	114 m x 13 m x 4 m
Reichweite:	12.964 km (7.000 sm)
Hauptbewaffnung:	sechs 120-mm-Kanonen
Motorisierung:	Zwillingsschraube, Turbinen mit Getriebewellen
Leistung:	31,5 Knoten

Davidson

Die *Garcia*-Klasse von U-Boot-Jagdschiffen, zu denen die USS *Davidson* gehörte, wurde 1962–1968 als Nachfolger der *Bronstein*-Klasse von Zerstörereskorten gebaut. Zehn Schiffe waren vom Stapel gelaufen und wurden ursprünglich als Ozean-Geleitschutz eingestuft, aber ihre Bestimmung und Rolle wurden bald in die einer Fregatte geändert. Von Gyroskopen gesteuerte Stabilisatoren ermöglichen der *Davidson*, auch in schwerer See wirksam zu operieren, und ihre U-Bootjagdeigenschaften wurden gegenüber frühen Entwürfen stark verbessert. Neben zwei einzelnen Kanonen hat sie eine große Rampe für acht ASROC-Anti-U-Boot-Raketen. Sie wurde auch im Heck mit Zwillingstorpedorohren ausgestattet, die aber später wieder entfernt wurden. Ihre Schlagkraft wird nochmals von einem SH-2-Sea-Sprite-Hubschrauber verbessert, der in einem Hangar auf dem Heck steht.

Herkunftsland:	USA
Typ:	Zerstörereskorte
Stapellauf:	2. Oktober 1964
Besatzung:	241
Verdrängung:	3.454 t
Maße:	126 m x 13,5 m x 7,3m
Reichweite:	7.585 km (4.096 sm)
Hauptbewaffnung:	zwei 127-mm-DP-Kanonen
Motorisierung:	einzelne Schraube, Turbinen
Leistung:	27 Knoten

DE-Typ

Die ersten Zerstörereskorten, die in den Vereinigten Staaten gebaut wurden, wurden 1941 gemäß des Lend-Lease-Abkommens für Großbritannien bestellt. Die ursprüngliche Bestellung von 50 Schiffen wurde 1942 auf 250 erhöht, aber nur 55 wurden wirklich ausgeliefert. Der Rest der Schiffe wurde von der US-Marine einbehalten, die nicht geplant hatte, eigene zu bauen. Von den bis 1943 bestellten 1.005 Zerstörereskorten wurden nur 563 gefertigt. Diese Schiffe wurden nach Art amerikanischer Flottenzerstörer gebaut und hatten ein langes Wetterdeck mit einer markanten Linie anstatt eines geräumigen, langen Vorschiffs, das die Briten bevorzugten. Weit größerer Wert wurde auf die Kanonenbewaffnung gelegt. Als Kriegsschiffe zur U-Bootjagd waren die Zerstörereskorten äußerst effektiv, obwohl sie zu spät kamen, um gegen die U-Boote im Atlantik vorzugehen.

Herkunftsland:	USA
Typ:	Zerstörereskorte
Stapellauf:	9. Januar 1943 (erste Einheit: *Buckley*-Klasse)
Besatzung:	220
Verdrängung:	1.748 t
Maße:	93,27 m x 11,27 m x 2,89 m
Reichweite:	15.742 km (8.500 sm)
Hauptbewaffnung:	drei 76-mm-Kanonen; sechs 40-mm- und vier 20-mm-Flugabwehrkanonen; drei 533-mm-Torpedorohre; Wasserbomben
Motorisierung:	zwei Antriebswellen, zwei Dampfturbinen, zwei Antriebsmotoren
Leistung:	24 Knoten

Decatur

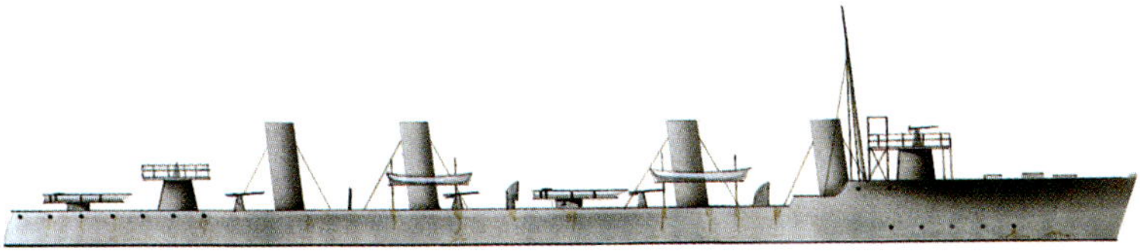

Die *Bainbridge*-Klasse von fünf Einheiten war die größte Zerstörer-Klasse, die vor 1899 auf Stapel gelegt wurde. Alle vorherigen Zerstörer waren Schiffe mit einer Masse zwischen 238 und 283 t. Die Schiffe dieser Klasse wurden 1898 bewilligt und waren die meiste Zeit in Cavite auf den philippinischen Inseln stationiert. 1917 wurde die *Chauncey* vom Dampfer *Rose* gerammt und versenkt, aber alle übrigen Schiffe der Klasse überlebten den 1. Weltkrieg und wurden 1920 verkauft. Im Allgemeinen waren amerikanische Zerstörer größer und schnittiger als ihre britischen Gegenstücke und sahen eher wie leichte Kreuzer aus. Einige US-Zerstörerflottillen operierten im 1. Weltkrieg von irischen Häfen aus. Amerikas erster Kriegseingriff fand am 13. April 1917 statt, als sechs Zerstörer in europäische Gewässer gesandt wurden, um mit der britischen Marine im Atlantik zu patrouillieren.

Herkunftsland:	USA
Typ:	Zerstörer
Stapellauf:	26. September 1900
Besatzung:	110
Verdrängung:	426 t
Maße:	77 m x 7 m x 2 m
Reichweite:	2.778 km (1.500 sm)
Hauptbewaffnung:	zwei 76-mm Kanonen; fünf 6-Pfünder-Kanonen; zwei 457-mm-Torpedorohre
Motorisierung:	Zwillingsschraube, vertikale Dreifach-Expansionsmaschine
Leistung:	29 Knoten

Delta

George Rendell entwarf 1868–1879 einige erfolgreiche Kanonenboote, beginnend mit dem britischen 183-t-Schiff *Staunch.* Gemeinsames Merkmal war die Verwendung einer einzelnen, sehr großen Kanone, die auf einem kleinen, niedrigen Rumpf mit geringem Tiefgang angebracht war. Die *Delta* war eine von vier Einheiten, die 1875 von China bestellt und 1877 gefertigt wurden. Die anderen Boote wurden *Alpha*, *Beta* und *Gamma* genannt. Sie stellten eher wirksame Kanonenplattformen als Kriegsschiffe dar, waren aber für die Küstenverteidigung sehr nützlich. Die *Delta* war mit einer einzelnen 36-t-Kanone bewaffnet, die nur wenige Grade von ihrer Ausgangsrichtung geschwenkt werden konnte. Zur Ausrichtung musste das gesamte Boot direkt auf das Ziel gerichtet werden. Es wurden Zwillingsschrauben verbaut, damit die *Delta* schnell manövrieren konnte. Alle vier Boote wurden von den Japanern 1895 gekapert und 1906–1907 abgewrackt.

Herkunftsland:	China
Typ:	Kanonenboot
Stapellauf:	1876
Besatzung:	50
Verdrängung:	426 t
Maße:	36,5 m x 9 m x 2,5 m
Reichweite:	nicht bekannt
Hauptbewaffnung:	eine 317-mm-Kanone
Motorisierung:	Zwillingsschraube, horizontale Verbundmaschine
Leistung:	9,6 Knoten

Des Geneys

Die *Des Geneys* lief im Dezember 1828 vom Stapel und hieß ursprünglich *Haute Combe*. Bis 1839 war sie Teil der sardinischen Flotte, die einen Teil der frühen italienischen Marine bildete. Das Schiff war mit einem einzigen Kanonendeck auf ihrer vollen Länge eine typische Fregatte ihrer Zeit. 1854 wurde sie zum Transportschiff, und ihre Bewaffnung wurde auf vier Kanonen reduziert. Die *Des Geneys* wurde 1865 außer Dienst gestellt. Die italienische Marine – 1860 mit der Vereinigung des Landes gegründet – musste sich ganz auf Kriegsschiffe wie die *Des Geneys* verlassen, bis sie ihre ersten Panzerschiff-Fregatten erwarb. Diese Fregatten wurden alle auf fremden Werften gebaut, zwei davon in den Vereinigten Staaten. 1866 bestand die italienische Marine aus 12 Panzerschiffen, 29 Kampfschiffen mit Schrauben, 49 Dampf-Kriegsschiffen und 13 Segelschiffen. Über die Hälfte davon war in der Adria stationiert.

Herkunftsland:	Italien
Typ:	Fregatte
Stapellauf:	1828
Besatzung:	350
Verdrängung:	1.532 t
Maße:	47 m x 12,6 m x 5,7 m
Reichweite:	unbegrenzt, abhängig von Vorräten
Hauptbewaffnung:	36 Kanonen
Motorisierung:	Segel
Leistung:	12 Knoten

D'Estienne d'Orves

Die *D'Estienne d'Orves*-Klasse war für Küsteneinsätze gegen U-Boote geplant, konnte aber auch zu Aufklärungsarbeiten, zu Schulungszwecken und zur Repräsentation in Übersee genutzt werden. Dazu konnten ein Offizier und 17 Mann Marineinfanterie untergebracht werden. Seit der Indienststellung Mitte der 1970er Jahre wurde der Entwurf an die argentinische Marine verkauft. Deren drei Schiffe, die *Drummond*, die *Guerrico* und die *Granville*, nahmen 1982 am Falkland-Krieg teil. Bei diesem Unternehmen wurde die *Guerrico* vom Ufer aus von kleineren Waffen und einer Carl-Gustav-Panzerabwehrrakete beschädigt, die von der britischen Marine bei der Verteidigung South Georgias abgeschossen wurden. Sie wurde von 1.275 Schuss Gewehr- und Maschinengewehrfeuer und von drei Raketen getroffen. Eine Rakete explodierte an einer Seite, eine zweite an ihrer Exocet-Rampe und eine dritte auf ihrem Kanonenturm.

Herkunftsland:	Frankreich
Typ:	Fregatte
Stapellauf:	1. Juni 1973
Besatzung:	105
Verdrängung:	1.351 t
Maße:	80 m x 10 m x 3 m
Reichweite:	7.408 km (4.000 sm)
Hauptbewaffnung:	eine 100-mm-DP-Kanone; zwei einzelne MM40-Exocet-Boden-Boden-Raketenwerfer (als Ersatz für MM38-Exocet-Raketen)
Motorisierung:	Zwillingsschraube, Dieselmotor
Leistung:	24 Knoten

Devonshire

Die *Devonshire* und die *Hampshire* waren entworfen worden, um das Feld der Zerstörer zu verbessern. Sie wurden 1955–1956 geplant. Später war es möglich, diese bewaffneten Super-Zerstörer mit Lenkwaffen anstelle der Flugabwehrkanonen und mit modernerer U-Boot-Aufklärungsausrüstung auszustatten. Die *Kent* und die *London*, die aus dem Programm von 1956–1957 stammten, hatten den Hauptmast etwas weiter hinten. Die folgenden vier Schiffe – die *Fife*, die *Glamorgan*, die *Antrim* und die *Norfolk* – hatten das aktualisierte Seaslug-MkII-SAM-System, das später auch in den ersten vier nachgerüstet wurde. Alle Schiffe waren mit Stabilisatoren versehen. Die *County*-Klasse-Schiffe waren zusammen mit den *Tribals* die ersten mit einem kombinierten Dampf- und Gasturbinenantrieb. Ihre große Reichweite ließ sie auf die gleiche Weise wie Kreuzer unabhängig operieren. Die Klasse wurde vom Typ-42-Zerstörer ersetzt.

Herkunftsland:	Großbritannien
Typ:	Zerstörer
Stapellauf:	10. Juni 1960
Besatzung:	471
Verdrängung:	6.299 t
Maße:	158,6 m x 16,4 m x 6 m
Reichweite:	12.964 km (7.000 sm)
Hauptbewaffnung:	Vier 114-mm-Kanonen; Zwillingswerfer für Seaslug SAM mit großer Reichweite
Motorisierung:	zwei Dampfturbinen mit Getriebewellen, vier Gasturbinen
Leistung:	32,5 Knoten

Deyatelnyi

Die *Deyatelnyi (Dejatelnji)* war ursprünglich ein amerikanischer *Clemson*-Klasse-Zerstörer von 1919, die USS *Herndon*. Sie wurde früh im 2. Weltkrieg der britischen Marine übertragen und in HMS *Churchill* umbenannt. Sie diente im Nordatlantik als Konvoi-Geleitschutz. 1944 wurde sie der sowjetischen Marine übergeben und in *Deyatelnyi* umbenannt. Nach einigen Monaten Geleitschutz in der Arktis eskortierte sie zusammen mit dem Flottillenführer *Baku* und sieben anderen Zerstörern mit drei Pe-2-Bombern als Luftgeleitschutz den Küstenkonvoi KB1 im Weißen Meer, als sie von deutschen Unterseebooten angegriffen wurde. Das *U997* versenkte die *Deyatelnyi* mit einem T-5-Torpedo. Im 2. Weltkrieg riskierten sowjetische Zerstörer selten etwas außerhalb der Küstengewässer und überließen die Geleitschutzarbeit meistens ihren Verbündeten.

Herkunftsland:	USA (übertragen an Großbritannien und die Sowjetunion)
Typ:	Zerstörer
Stapellauf:	31. Mai 1919
Besatzung:	146
Verdrängung:	1.209 t
Maße:	95,78 m x 9,37 m x 2,82 m
Reichweite:	2.778 km (1.500 sm)
Hauptbewaffnung:	vier einzelne 102-mm- und eine 76-mm-Flugabwehrkanone; vier dreifache 533-mm-Torpedorohre
Motorisierung:	zwei Dampfturbinen mit Getriebewellen
Leistung:	35 Knoten

Dido

Die 26 Schiffe starke *Leander*-Klasse war in den 1960er und frühen 1970er Jahren das Rückgrat der Fregatten der britischen Marine. Die Schiffe dieser Klasse folgten dem Grundmuster von Rothesay/Whitby, waren aber vielseitiger und hatten bessere Kampffähigkeiten. Die *Dido*, die im Dezember 1961 vom Stapel lief, wurde mit einem starken Frühwarn-Radar, einem Sonar am Bug und einem variablen Tiefensonar ausgestattet. Zusätzlich zu ihrer Kanone und ihrer Raketenbewaffnung hatte sie einen dreifachen Anti-U-Boot-Mörser. Dazu hatte sie einen leichten Hubschrauber vom Typ Wasp (später durch einen Lynx ersetzt) an Bord, der mit Anti-U-Boot-Torpedos bestückt werden konnte. Bei einigen Schiffen der Klasse wurden die Kanonen durch Exocet-Raketen ersetzt, während die anderen, einschließlich der *Dido*, statt der Kanonen das Ikara-Anti-U-Boot-Raketensystem bekamen. Mehrere Nationen kauften die *Leander*-Klasse oder bauten sie in Lizenz.

Herkunftsland:	Großbritannien
Typ:	Fregatte
Stapellauf:	22 . Dezember 1961
Besatzung:	263
Verdrängung:	2.844 t
Maße:	113,3 m x 12,4 m x 5,4 m
Reichweite:	8.334 km (4.500 sm)
Hauptbewaffnung:	zwei 114-mm-Kanonen; ein vierfacher Werfer für Seacat-SAMs
Motorisierung:	Zwillingsschraube, Turbinen
Leistung:	30 Knoten

Dolphin

Die *Dolphin* war das erste Kriegsschiff von Amerikas so genannter New Navy, die parallel mit dem Anstieg der wirtschaftlichen Interessen in Übersee entstand. Im April 1884 vom Stapel gelaufen, war die *Dolphin* das erste komplett aus Stahl gebaute Kriegsschiff der amerikanischen Marine. Sie hatte ursprünglich eine leichte barkenähnliche Takelage, wurde aber als Drei-Mast-Schoner neu aufgetakelt, bevor man sich bei der dritten Takelage auf nur zwei Masten einigte. Sie diente hauptsächlich in der Karibik, geriet aber nach dem Tod von zwei amerikanischen Seeleuten während eines Aufstands in Chile beinahe in Auseinandersetzungen mit der chilenischen Marine. Chile war zu dieser Zeit in fast dauerndem Kriegszustand. In einem Konflikt mit Peru wurde die chilenische Marine fast vollständig vernichtet, und während des Bürgerkriegs, der 1891 ausbrach, kam es zu mehreren Gefechten. Die *Dolphin* wurde 1922 verkauft.

Herkunftsland:	USA
Typ:	Kanonenboot
Stapellauf:	12. April 1884
Besatzung:	75
Verdrängung:	1.509 t
Maße:	78 m x 9,7 m x 4,6 m
Reichweite:	1.852 km (1.000 sm)
Hauptbewaffnung:	eine 152-mm-Kanone
Motorisierung:	einzelne Schraube, vertikale Verbundmaschine
Leistung:	14 Knoten

Donetz

Im November 1887 lief die *Donetz* vom Stapel. Sie war eines von sechs Schiffen der *Kubanetz*-Klasse, die alle von Werften am Schwarzen Meer gebaut wurden. Sie galt als schlecht entworfen, und die bei Nikolajew gebauten Schiffe litten zudem an minderer Qualität. Am 29. Oktober 1914 wurde die *Donetz* im Hafen von Odessa vom türkischen Zerstörer *Gairet* torpediert. Obwohl sie geborgen, repariert und wieder in Dienst gestellt wurde, versenkte man sie schließlich im Mai 1919. Das Führungsschiff der Klasse, die *Kubanetz*, leistete als *Krasni Kuban* während des 2. Weltkriegs Dienst als Ölversorger und ging unter unbekannten Umständen verloren. Noch ein weiteres Schiff der Klasse, die *Teretz* (umbenannt in *Znamja Sozialisma*), wurde nach der russischen Revolution als Schulschiff genutzt. Die meisten der Schiffe wurden mit Kanonen anderen Kalibers wieder aufgerüstet, und den übrig gebliebenen Schiffen wurden die Fock- und Besan-Masten gekappt.

Herkunftsland:	Russland/Sowjetunion
Typ:	Kanonenboot
Stapellauf:	November 1887
Besatzung:	180
Verdrängung:	1.219 t
Maße:	64 m x 10,6 m x 3 m
Reichweite:	1.666 km (900 sm)
Hauptbewaffnung:	eine 152-mm- und zwei 203-mm-Kanonen
Motorisierung:	Zwillingsschraube, horizontale Verbundmaschine
Leistung:	14 Knoten

Doudart de Lagrée

Neun Schiffe der *Commandant-Riviere*-Klasse wurden unter dem französischen Marinebauprogramm von 1956–1957 auf der Lorient-Marinewerft gebaut. Sie waren Mehrzweckschiffe zur U-Bootjagd mit geringer Verdrängung und für Patrouillen- oder Geleitschutzaufgaben geeignet. Ihre Geschwindigkeit war nicht besonders hoch, aber sie nahmen eine beträchtliche Menge an Ausrüstung in ihrem leichten Rumpf auf. In einem Schiff wurde eine experimentelle Kombination aus Gasturbine und Dieselaggregat eingebaut, die einen drastischen Anstieg der Höchstreichweite brachte. Die *Doudart de Lagrée* hatte zu Kriegszeiten eine Besatzung von 214 und konnte zudem 80 Kommandosoldaten unterbringen. Später wurde einer ihrer 100-mm-Kanonentürme durch vier Exocet-Raketenwerfer ersetzt. Die anderen Schiffe waren die *Amiral Charner*, die *Balny*, die *Commandant Bory*, die *Commandant Bourdais*, die *Ensigne de Vaisseau Henry*, die *Protet* und die *Victor Schoelcher*.

Herkunftsland:	Frankreich
Typ:	Fregatte
Stapellauf:	15. April 1961
Besatzung:	214
Verdrängung:	2.235 t
Maße:	102 m x 11,5 m x 3,8 m
Reichweite:	7.408 km (4.000 sm)
Hauptbewaffnung:	drei 100-mm-Kanonen; Zwillingsflugabwehrkanonen
Motorisierung:	Zwillingsschraube, Dieselmotoren
Leistung:	25 Knoten

Downes

Zur Zeit ihres Baus waren die 46 *Knox*-Klasse Geleitschiffe, zu denen die *Downes* gehörte, die größte Gruppe von Zerstörereskorten, die nach gleichem Entwurf im Westen seit dem 2. Weltkrieg gebaut wurden. Die Schiffe waren fast identisch mit den früheren *Garcia*- und *Brooke*-Klassen, aber etwas größer. Die ursprüngliche Planung sah für die Schiffe den Sea Mauler vor. Dies war eine Kurzstreckenrakete zur Flugabwehr, die von einer Entwicklung der US-Armee stammte, aber das Programm wurde wegen technischer Schwierigkeiten eingestellt. Die Sea Mauler war eine schlanke Hochgeschwindigkeitsrakete, die in einem Behältnis von insgesamt 12 Stück mitgeführt wurde und von zwei Mann der Schiffsbesatzung bedient wurde. Sie konnte amphibische Angriffe anführen und tieffliegende Flugzeuge angreifen. Die Schiffe hatten einen sehr großen Überbau und eine auffällige zylindrische Struktur, die Masten und Maschinenabgasführung kombinierte.

Herkunftsland:	USA
Typ:	Fregatte
Stapellauf:	13. Dezember 1969
Besatzung:	220
Verdrängung:	4.165 t
Maße:	126,6 m x 14 m x 7,5 m
Reichweite:	8.338 km (4.500 sm)
Hauptbewaffnung:	eine 127-mm-Kanone; ein Sea-Sparrow-Raketenwerfer mit acht Rohren; Phalanx-CIWS
Motorisierung:	einzelne Schraube, Turbinen
Leistung:	27 Knoten

Doyle

Die große *Benson-Livermore*-Klasse wurde aus der *Sims*-Klasse entwickelt. Es war die letzte Zerstörer-Klasse, die für die US-Marine vor deren Eintritt in den 2. Weltkrieg entworfen und gebaut werden sollte. Zur Klasse gehörte die *Doyle*. Die Produktion wurde beschleunigt, indem man unnötige Rundungen im Überbau beseitigte. Viele Schiffe wurden mit Brückenaufbauten mit geraden Fronten gefertigt. Eine große Anzahl wurde nach dem Krieg befreundeten Seestreitkräften übergeben und leistete viele Jahre gute Dienste. Die USS *Doyle*, die im März 1942 vom Stapel lief, verbrachte den Krieg damit, im Zentralatlantik Konvois zu begleiten und U-Boote zu jagen. Danach unterstützte sie die alliierten Streitkräfte bei der Landung in der Normandie und im südlichen Frankreich im Juni und August 1944. Mit ihren 23 Schwesterschiffen wurde die *Doyle* 1945 zu Hochgeschwindigkeitsminensuchbooten umgerüstet.

Herkunftsland:	USA
Typ:	Zerstörer
Stapellauf:	17. März 1942
Besatzung:	250
Verdrängung:	2.621 t
Maße:	106 m x 11 m x 5,4 m
Reichweite:	5.556 km (3.000 sm)
Hauptbewaffnung:	vier 127-mm-Kanonen; fünf 533-mm-Torpedorohre
Motorisierung:	Zwillingsschraube, Turbinen
Leistung:	37 Knoten

Doyle

Die *Oliver Hazard Perry*-Klasse von Lenkwaffenfregatten, zu der die USS *Doyle* gehörte, wurde aus Kostengründen beschnitten, was zur Folge hatte, dass im Betrieb viele Einschränkungen offensichtlich wurden. Zum Beispiel erlitt die USS *Stark* einen schweren Feuerschaden, nachdem sie am 17. Mai 1987 im Persischen Golf von zwei Exocet-Raketen getroffen worden war. Seitdem gab es viele Verbesserungen bei den Schadenskontrollvorgängen sowie bei der Ausrüstung, mit der nun auch durch Raketentreibstoff verursachte Brände bekämpft werden können. Am 14. April 1988 wurde die *Samuel B. Roberts* im Golf von einer Mine versenkt. Vierzehn Schiffe dieser Klasse waren 1991 im Krieg gegen den Irak aktiv. Insgesamt wurden 39 Einheiten für die US-Marine gebaut. Australien kaufte vier dieser Klasse und hat inzwischen zwei weitere gebaut. Spanien besitzt sechs, und Taiwan baut gerade an sieben Schiffen.

Herkunftsland:	USA
Typ:	Fregatte
Stapellauf:	22. Mai 1985
Besatzung:	200
Verdrängung:	3.696 t
Maße:	135,6 m x 13,7 m x 7,5 m
Reichweite:	7.408 km (4.000 sm)
Hauptbewaffnung:	eine 76-mm-Kanone; vier Harpoon-SSM; Standard-SAM-System
Motorisierung:	einzelne Schraube, Gasturbinen
Leistung:	29 Knoten

Dragone

Die *Dragone* und ihre Schwesterschiffe waren vergrößerte Versionen der vorherigen *Spica*-Klasse, aber trotz eines Anstiegs der Maschinenleistung waren sie langsamer. Die *Dragone* wurde von den Deutschen nach der Kapitulation Italiens übernommen und als *TA30* bezeichnet. Im Mai 1944 schloss sie sich anderen Zerstörern ihres Typs bei Minenlegearbeiten im Ligurischen Meer an, das zwischen der Nordspitze Korsikas und Genua liegt und zu dieser Zeit von wichtiger strategischer Bedeutung war. Die Zerstörer wurden von amerikanischen *PT*-Booten am 30. Mai bei einem Zusammenstoß herausgefordert, bei dem aber beide Seiten nur leichten Schaden nahmen. In der Nacht vom 15. auf den 16. Juni 1944 führten die *TA26* (ehemals *Ardito*) und die *TA30* Minenlegearbeiten durch, als sie von den amerikanischen Booten *PT558*, *PT552* und *PT559* angegriffen wurden. Beide Zerstörer wurden versenkt.

Herkunftsland:	Italien
Typ:	Zerstörer
Stapellauf:	14. August 1943
Besatzung:	175
Verdrängung:	1.117 t
Maße:	83,5 m x 8,6 m x 3,1 m
Reichweite:	1.851 km (1.000 sm)
Hauptbewaffnung:	zwei 102-mm-Kanonen; sechs 450-mm-Torpedorohre; zusätzlich kleinere Waffen
Motorisierung:	Zwillingsschraube, Turbinen
Leistung:	31,5 Knoten

Dragonfly

Die *Dragonfly* lief im Dezember 1938 vom Stapel und ähnelte der *Scorpion* von 1937, war aber etwas kleiner. Fünf Schiffe wurden ursprünglich für diese Klasse von Fluss-Kanonenbooten geplant, aber eines (die *Bee*) wurde abgesagt, während die *Locust* und die *Mosquito* bis 1940 nicht fertig gestellt wurden. Die Motoren entwickelten 3.800 PS und trugen 91,5 t. Die Schiffe waren in erster Linie für Fluss-Patrouillen in Fernost gedacht. Klein, kompakt und mit einem geringen Tiefgang konnten sie auf den meisten der seichten Flüsse der malaysischen Halbinsel navigieren und überwachten so Bereiche, die oft wegen der örtlichen Stammesfehden als unsicher galten. Am 14. Februar 1942 wurden die *Dragonfly* und ihr Schwesterschiff HMS *Grasshopper* von japanischen Flugzeugen südlich von Singapur bombardiert und versenkt. Ein weiteres Schiff der Klasse, die *Moskito*, war am 1. Juni 1940 bei der Evakuierung der Truppen aus Dünkirchen versenkt worden.

Herkunftsland:	Großbritannien
Typ:	Fluss-Kanonenboot
Stapellauf:	Dezember 1938
Besatzung:	74
Verdrängung:	726 t
Maße:	60 m x 10 m x 1,8 m
Reichweite:	1.852 km (1.000 sm)
Hauptbewaffnung:	zwei 102-mm-Kanonen
Motorisierung:	zwei Antriebswellen, Turbinen mit Getriebewellen
Leistung:	17 Knoten

Duguay-Trouin

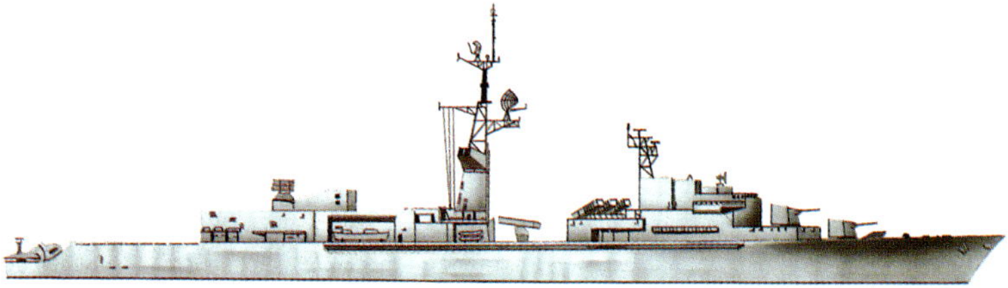

Die *Duguay-Trouin* war eines von drei Schiffen einer Klasse, die auf die *Aconite*-Klasse-Zerstörer folgten. Der Antrieb der früheren Klasse mit einem einzelnen Propeller hatte sich als erfolglos erwiesen und dazu geführt, dass die Maschinen in der *Duguay-Trouin* verdoppelt wurden. Dies hatte einen Anstieg der Geschwindigkeit um vier Knoten zur Folge. Hubschrauber-Einrichtungen und umfangreiches Zubehör wurden ebenfalls hinzugefügt, was aus der *Duguay-Trouin* und ihren Schwesterschiffen die ersten französischen Kriegsschiffe von Zerstörergröße machte, die einen Hubschrauber zur U-Boot-Bekämpfung aufnehmen konnten. Der Raketenwerfer liegt vor dem Schornstein, der auch den Mast hält, mit umfangreichen Depots darunter. Die *Duguay-Trouin* wurde im Juni 1973 vom Stapel gelassen. Sie wurde nach Admiral René Duguay-Trouin (1673–1736) benannt.

Herkunftsland:	Frankreich
Typ:	Zerstörer
Stapellauf:	1. Juni 1973
Besatzung:	250
Verdrängung:	5.892 t
Maße:	152,5 m x 15,3 m x 6,5 m
Reichweite:	9.630 km (5.200 sm)
Hauptbewaffnung:	zwei 100-mm-Kanonen; ein Crotale-Raketenwerfer mit acht Kammern
Motorisierung:	Zwillingsschraube, Turbinen
Leistung:	32 Knoten

Duncan

Die HMS *Duncan* gehörte zur Gruppe der 14 *C*- und *D*-Klasse Zerstörer, die 1931 und 1932 auf Stapel gelegt wurden. Sie waren leicht vergrößerte Versionen der *B*-Klasse. Die *C*-Klasse-Schiffe dienten im Westen und im Nordatlantik, wohingegen alle *D*-Klasse-Schiffe bei Ausbruch des Krieges von China aus ins Mittelmeer geschickt wurden. Die *Duncan* wurde als Zerstörerführer ausgestattet und verbrachte als Teil der Force H zwei Jahre auf dem Stützpunkt Gibraltar, von dem aus Konvois im Mittelmeer eskortiert wurden. Sie nahm an der Landung der Alliierten bei Diego Suarez teil, bevor sie zur westlichen Landungsküste geschickt wurde. Im Mai 1943 half sie bei einer Geleitschutzfahrt, das deutsche *U381* zu versenken und beschädigte das *U707*. Sie wurde im November 1945 in Barrow verschrottet. Nicht weniger als neun der anderen Schiffe ihrer Klasse gingen während des Kriegs verloren, einschließlich drei der fünf kanadischen.

Herkunftsland:	Großbritannien
Typ:	Zerstörer
Stapellauf:	7. Juli 1932
Besatzung:	145
Verdrängung:	1.973 t
Maße:	100 m x 10 m x 4 m
Reichweite:	2.778 km (1.500 sm)
Hauptbewaffnung:	vier 120-mm-Kanonen
Motorisierung:	Zwillingsschraube, Turbinen
Leistung:	35,5 Knoten

Duncan

Die USS *Duncan* war der zweite Zerstörer dieses Namens (die frühere *Duncan* ging am 12. Oktober 1942 vor Guadalcanal verloren). Sie war Teil eines weit reichenden Bauprogramms hochseetüchtiger Zerstörer für den 2. Weltkrieg. Alle wurden mit einer mächtigen Bewaffnung ausgestattet und hatten zusätzlich einen guten Aktionsradius. 36 Schiffe der urspünglichen Gruppe, bekannt als die *Gearing*-Klasse, wurden 1949 umgebaut und mit einem Frühwarn-System ausgestattet. Von der Klasse der beinahe 100 Einheiten waren mehrere noch bis 1980 im Dienst. Die *Duncan* selbst, die im Oktober 1944 vom Stapel lief, traf gerade rechtzeitig zur japanischen Kapitulation im Pazifik ein und fungierte als Radar-Schiff beim Zerstörer USS *Rogers* als Teil der Sondereinheit 38.2 von Konteradmiral Ballentine. Sie diente nach dem Krieg noch viele Jahre und wurde schließlich 1973 von der Marineliste gestrichen.

Herkunftsland:	USA
Typ:	Zerstörer
Stapellauf:	27. Oktober 1944
Besatzung:	350
Verdrängung:	3.606 t
Maße:	120 m x 12,5 m x 5,8 m
Reichweite:	5.556 km (3.000 sm)
Hauptbewaffnung:	sechs 127-mm-Kanonen; sechs Torpedorohre
Motorisierung:	Zwillingsschraube, Turbinen
Leistung:	35 Knoten

Dunois

Die *Dunois* wurde im Oktober 1897 vom Stapel gelassen und war ein Kanonenboot mit Zwillingsschornsteinen, zwei Masten, einem geraden Vordersteven und einem gepanzerten Vorderdeck. Diese Gruppe erhielt keine Torpedos. Die Hauptbewaffnung wurde auf dem Oberdeck in der Nähe der Schornsteine eingerichtet. Im Betrieb erreichten weder die *Dunois* noch ihre Schwesterschiffe die geplante Geschwindigkeit von 21,7 Knoten, aber sie konnten über längere Zeit hinweg 20 Knoten fahren. Obwohl die französische Marine die Schiffe als contre-torpilleurs (Zerstörer) klassifizierte, waren sie für diesen Typ viel zu langsam. Die *Dunois* wurde 1920 deaktiviert. Frankreich hatte bei Ausbruch des 2. Weltkriegs noch neun Fluss-Kanonenboote. Zwei davon operierten in China, die anderen in Indochina. Die meisten wurden nach dem 1. Weltkrieg auf Stapel gelegt.

Herkunftsland:	Frankreich
Typ:	Kanonenboot
Stapellauf:	Oktober 1897
Besatzung:	75
Verdrängung:	903 t
Maße:	78 m x 8,4 m x 3,8 m
Reichweite:	2.037 km (1.100 sm)
Hauptbewaffnung:	sechs 9-Pfünder-Kanonen
Motorisierung:	Zwillingsschraube, vertikale Dreifach-Expansionsmaschine
Leistung:	20 Knoten

Dupleix

Die im Oktober 1975 vom Stapel gelaufene *Dupleix* gehörte zu acht Schiffen, die bei der Marinewerft in Brest als Anti-U-Boot-Schiffe gebaut wurden. Die Klasse wurde auch als *C70-ASW*-Klasse bekannt und war eigentlich in zwei Untergruppen geteilt: die erste gegen U-Boote und die andere zur Luftverteidigung. Eine bedeutende Innovation waren die Gasturbinenmotoren. Diese konnten mit 52.000 PS eine Geschwindigkeit von 30 Knoten entwickeln, im Vergleich kamen Dieselmotoren mit 10.400 PS auf 18 Knoten. Die Gasturbinen brachten wegen der großen Aussaug- und Auslassöffnungen große Einschränkungen des verfügbaren Raums mittschiffs mit sich. Dies zwang zu einer Entscheidung zwischen der Malafon-Anti-U-Boot Rakete und einem AS-Hubschrauber. Der Hubschrauber wurde gewählt, und alle Schiffe in der Klasse haben achtern eine doppelte Flugzeughalle. Im Krieg kann eine zusätzliche Batterie von vier Exocet-Raketen hinzugefügt werden.

Herkunftsland:	Frankreich
Typ:	Zerstörer
Stapellauf:	2. Dezember 1978
Besatzung:	250
Verdrängung:	4.236 t
Maße:	139 m x 14 m x 5,7 m
Reichweite:	8.334 km (4.500 sm)
Hauptbewaffnung:	eine 100-mm-Kanone; zwei fest installierte Torpedorampen
Motorisierung:	Zwillingsschraube, Gasturbinen, zusätzlich Dieselmotoren
Leistung:	30 Knoten

Duquesne

Ursprünglich wurden die *Duquesne* und ihr Schwesterschiff *Suffren* als leichte Kreuzer eingestuft. Sie waren die ersten französischen Zerstörer, die ausdrücklich für den Einsatz von Boden-Luft-Raketen gebaut waren. In diesem Fall war es die Masurca, die von einem Zwillingswerfer abgefeuert wurde. Die Schiffe sollten einer neuen Generation französischer Flugzeugträger Flug- und U-Boot-Abwehr bieten. Die *Duquesne* ist zudem mit vier Exocet-Raketen ausgestattet. Die *Suffren* nahm ihren Betrieb im Juli 1968 auf, die *Duquesne* folgte im Januar 1969. Die Form der Schiffe bot den bestmöglichen Schutz gegen Atomexplosionen. Ein weiteres Merkmal waren die sorgfältig geplanten Mannschaftsunterkünfte. Die *Duquesne* wurde nach dem französischen Admiral Abraham Duquesne (1610–1688) benannt, der einige Siege im Mittelmeer erzielte.

Herkunftsland:	Frankreich
Typ:	Zerstörer
Stapellauf:	12. Februar 1966
Besatzung:	446
Verdrängung:	6.187 t
Maße:	157,6 m x 15,2 m x 7,2 m
Reichweite:	9.260 km (5.000 sm)
Hauptbewaffnung:	zwei 100-mm-Kanonen; ein Malafon-Anti-U-Boot-Werfer; vier Torpedowerfer
Motorisierung:	Zwillingsschraube, Turbinen
Leistung:	34 Knoten

Durandal

Die *Durandal* wurde im Februar 1899 vom Stapel gelassen und war Frankreichs erster Zerstörer. Sie war das Führungsschiff einer vier Schiffe starken Klasse, die 1896 als Prototypen für einen neuen Typ von Anti-Torpedoboot-Schiffen bestellt wurden. Die Schiffe wurden von Normand gebaut, die große Erfahrung beim Bau von Torpedoschiffen hatten. Zwei Normand-Wasserrohrkessel belieferten die Maschinen, die 4.800 PS entwickelten. Die Kohleversorgung lag bei ca. 38 t. Die *Durandal* hatte ein Oberdeck, das sich beinahe über die ganze Länge erstreckte und aus dem der Schornstein und die Kanonenaufbauten herausstachen. Ursprünglich hatte sie zwei Masten. Die Schiffe der Klasse waren im Allgemeinen gute Seeschiffe und konnten auch bei schlechtem Wetter 26 Knoten fahren. Die *Durandal* wurde nach dem Schwert des französischen Helden Roland benannt. Der Legende zufolge starb Roland bei Deckung des Rückzugs Karls des Großen auf dem Pass von Ronceveaux.

Herkunftsland:	Frankreich
Typ:	Zerstörer
Stapellauf:	11. Februar 1899
Besatzung:	98
Verdrängung:	300 t
Maße:	57,5 m x 6,3 m x 3,1 m
Reichweite:	1.852 km (1.000 sm)
Hauptbewaffnung:	eine 65-mm- und sechs 47-mm-Kanonen; zwei 380-mm-Torpedorohre
Motorisierung:	Zwillingsschraube, Dreifach-Expansionsmaschinen
Leistung:	26 Knoten

Edinburgh

Mit der Absage einer geplanten neuen Generation von Flugzeugträgern Mitte der 1960er Jahre wurde bei der britischen Marine Personalbedarf für eine kleine Flotteneskorte angemeldet. Diese Eskorte sollte zur Gebietsverteidigung dienen. Das Egebnis war die *Typ 42*-Klasse, die während des Baus beträchtlichen Beschneidungen durch das britische Schatzamt ausgesetzt war, das Kosten sparen wollte. Nach Fertigstellung fehlte den Schiffen jegliches Nahkampf-Verteidigungssystem. Sie hatten bei voller Kraft ihrer Gasturbinen eine reduzierte Reichweite und litten an einem kurzen Vorschiff, sodass die vordere Sektion zeitweilig sehr nass wurde. Zur Hauptbewaffnung gehörte das Sea-Dart-SAM-System, das sich im Falkland- und im Golfkrieg als eine sehr effektive Schutzmaßnahme erwies. Die Schiffe wurden in drei Gruppen gebaut. Die HMS *Edinburgh* gehörte zur dritten.

Herkunftsland:	Großbritannien
Typ:	Zerstörer
Stapellauf:	14. April 1983
Besatzung:	300–312
Verdrängung:	4.851 t
Maße:	141,1 m x 14,6 m x 5,8 m
Reichweite:	5.185 km (2.800 sm)
Hauptbewaffnung:	eine 114-mm-Kanone; ein Hubschrauber mit Mk44-Torpedos; zwei dreifache Rampen für Mk46-AS-Torpedos; ein Sea-Dart-SAM Werfer
Motorisierung:	Zwillingsschraube, Gasturbinen
Leistung:	30 Knoten

Elan

Bei Ausbruch des 2. Weltkriegs hatte die französische Flotte einen unzureichenden Geleitschutz. Die verfügbaren Schiffe waren in erster Linie für den Dienst in den Kolonien gedacht. Für effektive Anti-U-Boot-Aufgaben verließ sich die französische Marine auf Fregatten, Korvetten und Zerstörereskorten der britischen oder der amerikanischen Marine. Eine Ausnahme bildeten die 15 *Elan*-Klasse-Schiffe, die 1939–1940 gefertigt wurden und als Minensuchboote ausgestattet waren. Diejenigen, die der Beschlagnahmung durch die Achsenmächte entkamen, wurden nach der Niederlage Frankreichs als U-Bootjagdschiffe eingesetzt. Trotz ihrer relativ niedrigen Geschwindigkeit hatten sie eine ausgezeichnete Reichweite. Das Führungsschiff, die *Elan*, kaperte das deutsche Frachtschiff *Rostock* am 10. Februar 1940 und nahm später an der kurzen syrischen Kampagne teil. Danach wurde sie bis Dezember 1944 in der Türkei interniert.

Herkunftsland:	Frankreich
Typ:	Korvette
Stapellauf:	27. Juli 1938
Besatzung:	nicht bekannt
Verdrängung:	752 t
Maße:	78 m x 8,5 m x 2,4 m
Reichweite:	16.645 km (8.988 sm)
Hauptbewaffnung:	zwei 100-mm-Kanonen
Motorisierung:	zwei Antriebswellen, zwei Dieselmotoren
Leistung:	20 Knoten

Electra

Im Februar 1934 lief die HMS *Electra* vom Stapel, einer von neun *E*-Klasse-Zerstörern. Sie fuhr zunächst vor Norwegen im April 1940, ein Jahr darauf nahm sie als Geleitschutz des Schlachtschiffs *Prince of Wales* an der Jagd auf das deutsche Schlachtschiff *Bismarck* teil. Im Oktober 1941 begleitete sie mit dem Zerstörer *Express* die *Prince of Wales* nach Singapur und war vor Ort, als das Schlachtschiff und der Schlachtkreuzer *Repulse* am 10. Dezember 1941 vor Malaja bei einem japanischen Luftangriff versenkt wurden. Am 27. Februar 1942 gehörte sie zu einer Flotte aus britischen, holländischen und amerikanischen Kriegsschiffen, die japanische Truppen im Javameer abfangen sollten. In einem konfusen Gefecht aus kurzer Distanz mit acht feindlichen Zerstörern und dem Kreuzer *Naka* griff die *Electra* durch einen Nebelvorhang an und ging verloren.

Herkunftsland:	Großbritannien
Typ:	Zerstörer
Stapellauf:	15. Februar 1934
Besatzung:	145
Verdrängung:	1.397 t
Maße:	100,2 m x 10,3 m x 2,6 m
Reichweite:	3.889 km (2.100 sm)
Hauptbewaffnung:	vier 120-mm Kanonen; acht 533-mm-Torpedorohre
Motorisierung:	zwei Antriebswellen, Turbinen mit Getriebewelle
Leistung:	35,5 Knoten

Emanuele Pessagno

Die *Emanuele Pessagno* wurde 1926 bestellt und 1927–1928 auf Stapel gelegt. Sie und die anderen 11 Schiffe ihrer Klasse leisteten umfangreiche Dienste im 2. Weltkrieg. Obwohl sie kleiner als ihre französischen Gegenstücke der *Guepard*- und der *Jaguar*-Klassen waren, besaßen die italienischen Schiffe eine gleichstarke Bewaffnung und hatten einen Geschwindigkeitsvorsprung von drei Knoten. Bei Versuchsfahrten soll eines der Schwesterschiffe der *Emanuele Pessagno* 45 Knoten erreicht haben. Nach ihrer Fertigstellung wurden sie zunächst als Aufklärer eingestuft, aber von 1938 an wurden sie als Zerstörer geführt. Nur ein Schiff überstand den Krieg. Acht wurden bei Kämpfen versenkt, zwei versenkten sich selbst, und eines lief auf eine Mine. Im Mai 1942 wurde die *Emanuele Pessagno* bei der Begleitung eines italienischen Versorgungskonvois nach Benghasi torpediert und vom britischen Unterseeboot HMS *Turbulent* versenkt.

Herkunftsland:	Italien
Typ:	Zerstörer
Stapellauf:	12. August 1929
Besatzung:	225
Verdrängung:	2.621 t
Maße:	107,3 m x 10,8 m x 3,4 m
Reichweite:	3.426 km (1.850 sm)
Hauptbewaffnung:	sechs 120-mm-Kanonen; sechs 533-mm-Torpedorohre
Motorisierung:	Zwillingsschraube, Turbinen
Leistung:	38 Knoten

Erato

Die *Erato* lief 1883 vom Stapel und gehörte zu einer Klasse leichter, von Thorneycroft gebauter Einheiten. Sie wurde für den küstennahen Einsatz geplant. Nach ihrer Fertigstellung wurden die *Erato* und ihre Schwesterschiffe als viertklassige Torpedoboote eingestuft. Sie wurden 1896–1899 ausrangiert, zwei wurden 1898 dem Zolldienst übergeben. In den letzten zwei Jahrzehnten des 19. Jahrhunderts bauten die Italiener eine Marine auf, die die österreichisch-ungarische Marine um die Vormachtstellung in der Adria herausfordern sollte. Daraus resultierte die Forderung nach kleinen Schnellbooten wie der *Erato* als ideale Schiffe, um zu den Ankerplätzen und in die Meeresarme an der Küste von Dalmatien vorzudringen, wo ein Großteil der österreichisch-ungarischen Flotte lag. Die anderen Boote waren die *Euterpe*, die *Talia*, die *Melpomene*, die *Tersicore*, die *Polimnia*, die *Urania* und die *Calliope*. Die Zollschiffe waren die *Talia* und die *Tersicore*.

Herkunftsland:	Italien
Typ:	Torpedoboot
Stapellauf:	1883
Besatzung:	9–15
Verdrängung:	3,7 t
Maße:	19,2 m x 2,2 m x 1,1 m
Reichweite:	nicht bekannt
Hauptbewaffnung:	eine 25-mm-Drehkanone; zwei 355-mm-Torpedorohre
Motorisierung:	einzelne Schraube, vertikale Dreifach-Expansionsmaschine
Leistung:	ca. 19 Knoten

Erie

Die USS *Erie* (PG50) wurde 1936 zu Wasser gelassen. Bei ihr waren die Bedürfnisse für Patrouillen in Friedenszeiten und für Missionen im Krieg erfolgreich kombiniert, zudem wies sie adäquate Mannschaftsquartiere auf und war wirtschaftlich im Unterhalt. Das einzigartige Rumpf-Design der *Erie* ermöglichte ihr relativ geringe 5.941 PS für eine Geschwindigkeit von 20 Knoten. Ihr langer Bug half, das Schiff trocken zu halten. Ein Aufklärungsflugzeug war an Bord, aber es war nicht möglich, ein Katapult anzubringen. So wurde die Maschine zu Wasser gelassen und von einem Kran zurückgeholt. Die *Erie* und ihr Schwesterschiff *Charles* waren die ersten amerikanischen Schiffe, die die neue 152-mm-Kaliber-Waffe mit einer Kombination aus Granate und Bombe nutzten. Am 12. November 1942 wurde die *Erie* vor Curaçao vom deutschen *U163* torpediert, sie lief auf den Strand und brannte aus.

Herkunftsland:	USA
Typ:	Kanonenboot
Stapellauf:	1936
Besatzung:	236
Verdrängung:	2.376 t
Maße:	100 m x 12,5 m x 3,4 m
Reichweite:	5.556 km (3.000 sm)
Hauptbewaffnung:	vier 152-mm-Kanonen
Motorisierung:	zwei Antriebswellen, Turbine mit Getriebewelle
Leistung:	20 Knoten

Ermanno Carlotto

Die *Ermanno Carlotto* lief 1918 vom Stapel. Sie war ein Fluss-Kanonenboot mit geringem Tiefgang, das in Schanghai gebaut wurde. Zwei Kessel von Yarrow versorgten die 1.100-PS-Motoren mit Dampf, und die Zwillingsschrauben liefen in Tunneln, um vom geringen Tiefgang einen maximalen Nutzen zu erreichen. Sie wurde den italienischen Kolonien in Fernost zugewiesen und in Schanghai stationiert. Am 9. September 1943 wurde die *Ermanno Carlotto* nach dem italienischen Waffenstillstand mit den Alliierten in Schanghai versenkt, um zu verhindern, dass sie in japanische Hände fiel. Die Japaner machten sie jedoch wieder flott und nannten sie *Narumi*. Am 15. Oktober 1943 wurde sie in die japanische Marine aufgenommen und vor der Kapitulation 1945 in chinesischen Gewässern genutzt. Sie wurde an China übergeben, in *Kian Kun* umbenannt und 1949 von den Kommunisten übernommen.

Herkunftsland:	Italien
Typ:	Kanonenboot
Stapellauf:	19. Juni 1918
Besatzung:	75
Verdrängung:	221 t
Maße:	48,8 m x 7,5 m x 0,9 m
Reichweite:	nicht bekannt
Hauptbewaffnung:	zwei 76-mm-Kanonen
Motorisierung:	Zwillingsschraube, vertikale Dreifach-Expansionsmaschine
Leistung:	13 Knoten

Erne

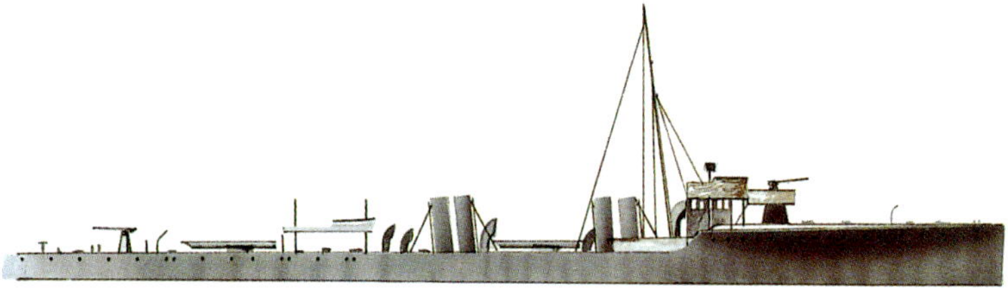

Das Marinebauprogramm 1901–1904 schloss eine große Gruppe von Zerstörern ein, die als *E*- oder *Fluss*-Klasse bekannt wurde. Die *Erne* wurde als erstes der 34 Schiffe zählenden Klasse im Januar 1903 vom Stapel gelassen. Erfahrungen mit früheren Zerstörertypen hatten gezeigt, dass eine Konzentration auf eine hohe Versuchsgeschwindigkeit ein Irrglauben war. Die Kombination aus Seetüchtigkeit und der Fähigkeit, eine weniger spektakuläre Geschwindigkeit auch in rauer See beizubehalten, war von weit größerem Wert. Die größere Masse, die Stabilität und das erhobene Vorschiff dieser Schiffe machten sie viel seetüchtiger als ihre Vorgänger. Die Schiffe füllten die Lücke zwischen dem Torpedoboot und dem „echten" Zerstörer und prägten die künftige britische Zerstörer-Entwicklung. Die *Erne* war einer von acht britischen Zerstörern, die während des 1. Weltkriegs zerstört wurden. Der gesamte Zerstörer-Verlust der britischen Marine belief sich auf 64 Schiffe.

Herkunftsland:	Großbritannien
Typ:	Zerstörer
Stapellauf:	14. Januar 1903
Besatzung:	110
Verdrängung:	630 t
Maße:	71 m x 7,1 m x 2,9 m
Reichweite:	2.038 km (1.100 sm)
Hauptbewaffnung:	eine 12-Pfünder-Kanone; zwei 457-mm-Torpedorohre
Motorisierung:	Zwillingsschraube, Dreifach-Expansionsmaschinen
Leistung:	25,6 Knoten

Esmereldas

Obwohl sie streng genommen als Raketen-Korvetten eingestuft wurden, entsprachen die Einheiten der *Esmereldas*-Klasse wegen ihrer Mehrzweckfähigkeiten eher kleinen, leichten Fregatten. Sie wurden 1978 bei der italienischen Werft CNR del Tirreno bestellt. Der Entwurf basierte auf dem der *Assad*-Klasse, die für Libyen gebaut wurde, aber mit stärkeren Diesel-Motoren, einer Hubschrauber-Landeplattform mittschiffs (aber keinem Hangar) und einer SAM-Raketenrampe achtern der Brücke. Alle sechs Einheiten der Klasse – die *Esmereldas*, die *Manabi*, die *Los Rios*, die *El Oro*, die *Galapagos* und die *Laja* – gehören zur ecuadorianischen Marine als Erstschlagskraft. Die *El Oro* war nach einem schweren Brand 1985 zwei Jahre außer Dienst. ASW-Torpedorohre wurden nur zur Selbstverteidigung verbaut, ein Sonar am Rumpf dient zum Kriegseinsatz unter Wasser.

Herkunftsland:	Ecuador
Typ:	Korvette
Stapellauf:	1. Oktober 1980
Besatzung:	51
Verdrängung:	696 t
Maße:	62,3 m x 9,3 m x 2,5 m
Reichweite:	7.037 km (3.800 sm)
Hauptbewaffnung:	eine 76-mm-Kanone; Exocet-SSMs; Aspide-SAMs
Motorisierung:	vier Antriebswellen, vier Dieselmotoren
Leistung:	37 Knoten

Espero

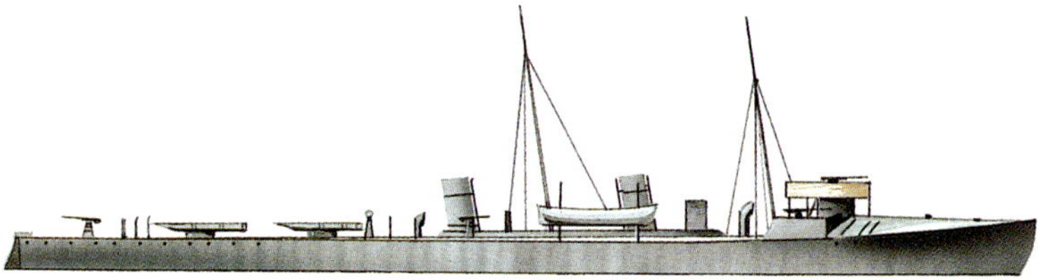

Die *Espero* war eines von sechs Schiffen der *Nembo*-Klasse, die für die italienische Marine von Pattison in Neapel gebaut wurde. 1908–1912 wurden alle Schiffe auf Öl als Brennstoff umgestellt, und von 1909 an wurde ihre Bewaffnung geändert. Ausrüstung zum Minenlegen (10–16 Minen) wurde 1915–1918 hinzugefügt. Drei der Klasse wurden im 1. Weltkrieg versenkt. 1921 wurden die drei übrigen Schiffe als Torpedoboote neu klassifiziert, und zwei Jahre danach wurde die *Espero* ausrangiert. Die Adria, wo die Gefechte zwischen den italienischen und österreichisch-ungarischen Zerstörern stattfanden, eignete sich für Kämpfe leichter Kriegsschiffe. Sie konnten in die tiefen, geschützten Passagen eindringen, die zwischen den Inseln vor der dalmatinischen Küste lagen. Italienische Zerstörer operierten auch in den Dardanellen, wo sie die Alliierten unterstützten.

Herkunftsland:	Italien
Typ:	Zerstörer
Stapellauf:	9. Juli 1904
Besatzung:	210
Verdrängung:	386 t
Maße:	64 m x 5,9 m x 2,2 m
Reichweite:	2.778 km (1.500 sm)
Hauptbewaffnung:	fünf 57-mm-Kanonen; vier 355-mm-Torpedorohre
Motorisierung:	Dreifach-Expansionsmaschinen
Leistung:	26 Knoten

Espero

Alle acht Einheiten der *Espero*-Klasse wurden 1925 auf Kiel gelegt und waren etwas größere und mächtigere Versionen der vorherigen *Sauro*-Klasse. Die Schiffsbesatzung, die zu Friedenszeiten 142 zählte, konnte im Krieg auf 179 erhöht werden. Alle Schiffe der Klasse machten schon früh im 2. Weltkrieg kleinere Veränderungen ihrer Bewaffnung durch. Die ganze Klasse wurde während des Kriegs verloren, allein sechs der Gruppe wurden 1940 versenkt. Am 28. Juni 1940 brachten die italienischen Zerstörer *Espero, Ostro* und *Zeffiro* Vorräte von Taranto nach Tobruk, als sie von einem Aufklärungsflugzeug gesichtet wurden. Dieses rief das 7. britische Kreuzergeschwader, um sie abzufangen. Die *Espero* griff die britischen Schiffe an, um den Abzug der anderen zu decken, und wurde vom australischen Kreuzer *Sydney* versenkt.

Herkunftsland:	Italien
Typ:	Zerstörer
Stapellauf:	31. August 1927
Besatzung:	142
Verdrängung:	1.696 t
Maße:	93,2 m x 9,2 m x 2,9 m
Reichweite:	3.890 km (2.100 sm)
Hauptbewaffnung:	vier 120-mm-Kanonen
Motorisierung:	Zwillingsschraube, Turbinen
Leistung:	36 Knoten

Essex

Die *Essex* war eine große Segel-Fregatte, die durch öffentliche Subskription finanziert wurde. Obwohl sie und vier andere Fregatten, die ebenfalls auf diese Weise bezahlt wurden, zu spät gefertigt wurden, um noch maßgeblich in den Krieg mit Frankreich einzugreifen, bewiesen sie doch ihren Wert für die neu gebildete amerikanische Marine. Die *Essex* war als sehr schnelle Fregatte gebaut, aber zahlreiche Veränderungen durch verschiedene Kommandanten reduzierten ihre Geschwindigkeit sehr. Der erste wirkliche Einsatz kam 1800. Sie war das erste US-Kriegsschiff, das das Kap der Guten Hoffnung umrundete. 1812 brach ein Handelskrieg zwischen Großbritannien und den Vereinigten Staaten aus. 1814 wurde die *Essex* von zwei britischen Fregatten nach einem dreistündigen Gefecht aufgebracht. Von 1833 an diente die *Essex* als Gefangenenschiff in Kingston, Jamaika, bis sie auf einer Auktion 1837 verkauft wurde.

Herkunftsland:	USA
Typ:	Fregatte
Stapellauf:	1799
Besatzung:	350
Verdrängung:	863 t
Maße:	43 m x 11m
Reichweite:	unbegrenzt, abhängig von Vorräten
Hauptbewaffnung:	sechsundzwanzig 12-Pfünder- und zehn 6-Pfünder-Kanonen
Motorisierung:	Segel
Leistung:	12 Knoten

Étendard

Sowohl Frankreich als auch Großbritannien hatten in der zweiten Hälfte des 19. Jahrhundert große Kolonialgebiete. Deshalb stellten beide Nationen eine große Anzahl von Kanonenbooten her: kostengünstige und einfache Schiffe, die lange Zeit weit entfernt von logistischer Unterstützung operieren konnten, aber gleichzeitig stark genug waren, um mit den meisten kleinen Vorfällen in den Kolonien fertigzuwerden. Die *Étendard* gehörte zu einer acht Schiffe starken Klasse von Kanonenbooten, die in Bordeaux gebaut wurden. Ihr Rumpf war eine Holzkonstruktion, sie hatte die volle Takelage einer Brigantine, und eine Maschine mit Kohlenfeuerung trieb die Zwillingsschraube an. Ihre Bunker fassten nur ein Maximum von 56 t Kohle, und damit war sie die meiste Zeit auf Segelkraft angewiesen. Die *Étendard* blieb lange im Dienst und wurde erst 1882 von der Marineliste gestrichen.

Herkunftsland:	Frankreich
Typ:	Kanonenboot
Stapellauf:	1868
Besatzung:	69
Verdrängung:	508 t
Maße:	43,4 m x 7,3 m x 2,7m
Reichweite:	2.592 km (1.400 sm)
Hauptbewaffnung:	eine 120-mm-Kanone; eine 140-mm Kanone
Motorisierung:	Zwillingsschraube, vertikale Verbundmaschine
Leistung:	9 Knoten

Euro

Im August 1900 lief die *Euro* vom Stapel. Sie war eins von sechs Schiffen in der ersten bedeutenden Zerstörer-Klasse der italienischen Marine. Es waren schnelle, stark gebaute Schiffe mit einer Reichweite von 551 km (297 sm) bei 26 Knoten und bis zu 3.792 km (2.048 sm) bei 12 Knoten. Während des 1. Weltkriegs wurden fünf Schiffe der Klasse zu Minenlegern umgebaut. Minenlegen war eine wichtige Aufgabe der italienischen Marine in der Adria, wo die österreichisch-ungarische Flotte viele kleine Meeresarme und Häfen als Basis nutzen konnte. Die anderen Boote der Klasse waren die *Lampo* (Führungsschiff), die *Freccia,* die *Dardo,* die *Strale* und die *Ostro.* 1922–1923 diente die *Euro* als Übungsziel. Als die *Strale* im Januar 1924 ausgemustert wurde, erhielt die *Euro* ihren Namen, damit der Name *Euro* einem neuen, im Bau befindlichen Boot zugeteilt werden konnte. Die *Euro/Strale* wurde im November des Jahres ausrangiert.

Herkunftsland:	Italien
Typ:	Zerstörer
Stapellauf:	27. August 1900
Besatzung:	150
Verdrängung:	353 t
Maße:	62 m x 6,5 m x 2,6 m
Reichweite:	3.800 km (2.048 sm)
Hauptbewaffnung:	eine 76-mm-Kanone; zwei 355-mm-Torpedorohre
Motorisierung:	Zwillingsschraube, Dreifach-Expansionsmaschinen
Leistung:	26 Knoten

Euro

Die *Euro* war Teil einer Klasse von sechs Schiffen, die etwas größere Versionen der vorherigen *Sauro*-Klasse waren. Alle wurden 1925 auf Stapel gelegt, die letzte Einheit wurde 1928 zu Wasser gelassen. Alle Schiffe erhielten die Namen ihrer Vorgänger. Sie sollten mit 40.000 PS eine Geschwindigkeit von 36 Knoten erreichen, die *Euro* schaffte bei einem vierstündigen Versuch mit voller Kraft sogar 38,9 Knoten. Im Dienst lag ihre beste Geschwindigkeit auf See bei ungefähr 30 Knoten. Nach Italiens Kriegseintritt wurde sie zum Minenlegen und als Konvoigeleitschutz eingesetzt. Im November 1941 wurde sie während einer solchen Eskorte beschädigt, als sie von Kreuzern der britischen Force K aus Malta angegriffen wurde. Alle sieben Handelsschiffe und der Zerstörer *Libeccio*, den die *Euro* schleppte, wurden versenkt. Nach Italiens Kapitulation wurde die *Euro* von einem deutschen Flugzeug in Leros versenkt.

Herkunftsland:	Italien
Typ:	Zerstörer
Stapellauf:	7. Juli 1927
Besatzung:	142
Verdrängung:	1.696 t
Maße:	93,2 m x 9,2 m x 3 m
Reichweite:	3.890 km (2.100 sm)
Hauptbewaffnung:	vier 120-mm-Kanonen; sechs 533-mm-Torpedorohre
Motorisierung:	Zwillingsschraube, Turbinen
Leistung:	36 Knoten

Euro

Nach dem Erfolg der *Lupo*-Klasse-Fregatten entschied Italien, eine vergrößerte Version, die *Maestrale*-Klasse mit einem Hangar für zwei Hubschrauber, zu bauen. Die ersten sechs Schiffe wurden 1976 bestellt, das letzte Paar 1980. Die *Euro* wurde 1984 in Dienst gestellt. Das Flugdeck achtern ist 27 m lang und 12 m breit. Das Schiff hat am Heck ein neues Schleppsonar variabler Tiefe, das auf einem 600 m langen Kabel ausgelegt wurde. Dies wurde später auf 900 m verlängert. Von 1994 an wurden die Rümpfe und Sonareinrichtungen verändert, um besser in seichten Gewässern manövrieren und Minen suchen zu können. Es sind für die acht Schiffe der *Lupo*-Klasse Ersatzboote angesetzt, aber es ist wahrscheinlicher, dass sie erneuert werden und im Dienst bleiben. Die Schiffe der Klasse haben seit 1991 viele Dienstfahrten im Rahmen der Friedenssicherung der NATO in der Adria unternommen.

Herkunftsland:	Italien
Typ:	Zerstörer
Stapellauf:	25. März 1983
Besatzung:	232
Verdrängung:	3.088 t
Maße:	122,7 m x 12,9 m x 8,4 m
Reichweite:	7.408 km (4.000 sm)
Hauptbewaffnung:	eine 127-mm-Kanone, Raketen
Motorisierung:	Zwillingsschraube, Dieselmotoren und Gasturbinen
Leistung:	29 Knoten (Diesel), 32 Knoten (Turbinen)

Euterpe

Ein Schwesterschiff der *Erato,* die *Euterpe,* war eines von acht kleinen Schiffen, die von Thorncycroft entworfen und gebaut wurden und für die Küstenverteidigung bestimmt waren. Während ihrer Bauzeit waren Torpedoboote eine ernste Bedrohung für die Flottenverbände, insbesondere bei Nacht. Die russische Marine hatte bereits in den 1870er Jahren während eines Konflikt mit der Türkei Torpedoboote eingesetzt, wobei in Häfen und auf See mit wechselndem Erfolg mehrere Angriffe auf türkische Kriegsschiffe gefahren wurden. Die Torpedorohre der *Euterpe* lagen im Bug und wurden von einer Rampe hinter dem Vordeck geladen. 1883 war sie vom Stapel gelaufen und 1886 als Torpedoboot 37 nummeriert. 1897 wurde sie ausrangiert. Die Schwesterschiffe, die *Talia* und die *Tersicore,* wurden 1898 dem Zoll zum Einsatz übergeben. Thorneycroft baute 1883 auch acht weitere Torpedoboote dieser Klasse.

Herkunftsland:	Italien
Typ:	Torpedoboot
Stapellauf:	1883
Besatzung:	9–15
Verdrängung:	13,5 t
Maße:	19,2 m x 2,2 m x 1,1 m
Reichweite:	nicht bekannt
Hauptbewaffnung:	ein 25-mm-Maschinengewehr; zwei 355-mm-Torpedorohre
Motorisierung:	einzelne Schraube, vertikale Dreifach-Expansionsmaschine
Leistung:	ca. 19 Knoten

Exeter

Die HMS *Exeter* wurde im April 1978 vom Stapel gelassen und im September 1980 in Dienst gestellt. Sie ist einer von vier *Typ 42*-Zerstörern der Version 2, die anderen sind die *Southampton*, die *Nottingham* und die *Liverpool*. Die *Typ 42*-Schiffe wurden ursprünglich entworfen, um mit ihren Sea-Dart-Boden-Luft-Raketen einer Einsatzgruppe Gebietsverteidigung zu bieten. Die Raketen haben eine Reichweite von 40 km (21,5 sm) unter Radar- oder halbaktiver Radar-Leitung und eine Flughöhe von 100 bis zu 18.300 m. Ebenso haben die Waffen eine begrenzte Schlagkraft gegen Schiffe. Im Allgemeinen wird der *Typ 42*-Zerstörer mit 22 Sea Darts ausgestattet. Der Lynx-Hubschrauber der Schiffe hat Sea-Skua-Luft-Boden-Raketen zum Einsatz gegen nur wenig verteidigte Schiffziele, wie Schnellboote. Er bewies seine Einsatzfähigkeit im Falkland- und Golfkrieg besonders gegen kleine, schnelle Ziele.

Herkunftsland:	Großbritannien
Typ:	Zerstörer
Stapellauf:	25. April 1978
Besatzung:	253
Verdrängung:	4.166 t
Maße:	125 m x 14,3 m x 5,8 m
Reichweite:	6.430 km (3.472 sm)
Hauptbewaffnung:	eine 114-mm-Kanone; Sea-Dart-SAM; 20-mm- und Phalanx-Flugabwehrkanonen
Motorisierung:	Zwillingsantriebswellen, vier Gasturbinen
Leistung:	29 Knoten

Exmoor

Der *Hunt*-Klasse-Zerstörer Typ II HMS *Burton* wurde 1941 in *Exmoor* umbenannt, nachdem zuvor ein *Hunt*-Typ I- Schiff dieses Namens verloren ging und man in der britischen Marine etwas abergläubisch reagierte. Die *Exmoor* befuhr den Nordatlantik und das Mittelmeer als Teil der in Gibraltar stationierten Force H und war ebenfalls Teil der Marineunterstützungsgruppe bei der Operation Husky, der Landung der Alliierten auf Sizilien im Juli 1943 und der Landung in Salerno im September. Am 10. März 1944 nahm sie an der Zerstörung des deutschen *U450* vor Anzio teil. 1953 wurde die *Exmoor* der dänischen Marine als *Valdemar Sejr* mit anderen *Hunt*-Klasse Schiffen wie der *Blackmore* (als *Esbern Snare*) und der *Calpe* (als *Rolf Krake*) übergeben. Sie wurde 1962 ausgemustert.

Herkunftsland:	Großbritannien
Typ:	Zerstörer
Stapellauf:	12. März 1941
Besatzung:	168
Verdrängung:	1.067 t
Maße:	85,3 m x 9,6 m x 3,7 m
Reichweite:	3.333 km (1.800 sm)
Hauptbewaffnung:	sechs 102-mm-Kanonen
Motorisierung:	Zwillingsschraube, Turbinen
Leistung:	26 Knoten

Exmouth

Die *Exmouth* war ein *E*-Klasse-Zerstörer, eine verbesserte Version der *C*- und *D*-Klasse-Schiffe. Die *E*-Klasse hatte eine höhere Brennstoffkapazität, eine höhere Geschwindigkeit und zusätzlichen Stauraum. Zwei der Schwesterschiffe der *Exmouth*, die *Esk* und die *Express*, wurden als Minenleger ausgestattet. Die *Exmouth* war eine größere Version des Flottillenzerstörers mit einer weiteren 120-mm-Kanone und einer höheren Geschwindigkeit. Die im September 1934 trotz widriger Wetterbedingungen durchgeführten Versuche lieferten gute Ergebnisse. Bei 20 Knoten wurden gerade über zwei Tonnen Brennstoff pro Stunde verbraucht. Im November 1939 war die *Exmouth* einer der Zerstörer, die für den Schlachtkreuzer HMS *Hood* Geleitschutz boten und nach den deutschen Schlachtschiffen *Scharnhorst* und *Gneisenau* im Nordatlantik suchten. Im Januar 1940 wurde sie in der Moray Firth durch das deutsche *U22* versenkt.

Herkunftsland:	Großbritannien
Typ:	Zerstörer (Flottillenführer)
Stapellauf:	7. Februar 1934
Besatzung:	175
Verdrängung:	1.397 t
Maße:	104,5 m x 10,2 m x 3,8 m
Reichweite:	3.889 km (2.100 sm)
Hauptbewaffnung:	fünf 120-mm-Kanonen
Motorisierung:	Zwillingsschraube, Turbinen
Leistung:	35,5 Knoten

Falco

Rumänien bestellte 1913 bei Pattison in Neapel vier große, mächtige Zerstörer für den Dienst im Schwarzen Meer, wo sie zehn Stunden bei Höchstgeschwindigkeit fahren sollten. Die *Falco* wurde als *Viscol* auf Stapel gelegt, aber 1916 von der italienischen Marine übernommen, umbenannt und als Aufklärer neu klassifiziert. 1920 wurde sie vollendet. 1937 ging sie für die spanischen Nationalisten in Dienst und hieß nun *Ceuta*. Die Italiener waren gemeinsam mit den Deutschen während des spanischen Bürgerkriegs die Hauptlieferanten von Waffen und Ausrüstung für General Francos Kräfte. Ein großer Teil der gelieferten Ausrüstung wurde auch nach Kriegsende behalten. Die ehemalige *Falco* wurde 1948 ausrangiert, als Spanien einige ehemals amerikanische Zerstörer erhielt. Davor war die spanische Marine ungefähr auf dem Stand von 1939, da die Entwicklung während des Kriegs stagnierte.

Herkunftsland:	Italien
Typ:	Flottillenführer
Stapellauf:	16. August 1919
Besatzung:	150
Verdrängung:	1.788 t
Maße:	94,7 m x 9,5 m x 3,6 m
Reichweite:	1.667 km (900 sm)
Hauptbewaffnung:	drei 152-mm-Kanonen
Motorisierung:	Zwillingsschraube, Turbinen
Leistung:	35,2 Knoten

Le Fantasque

Die *Le Fantasque*-Klasse war die vorletzte in einer Reihe, die für Zerstörer neue Maßstäbe setzte. Sie hatten aber kaum wirklichen Einfluss auf Konstruktionen des Auslands, weil sie weitgehend aus der Rivalität der Seestreitkräfte Frankreichs und Italiens entstammten. Die sechs Schiffe der Klasse waren großartig aussehende Schiffe mit einem imposanten Freibord und zusätzlichen 3,84 m Länge, die eine fünfte Kanone und drei dreifache Torpedorohrsätze ermöglichten. Nach Frankreichs Zusammenbruch wurden die *Le Fantasque* und die *Le Terrible* vor Dakar eingesetzt und darauf zur Aufrüstung nach Boston in die USA geschickt. Danach dienten diese Schiffe und die *Le Malin* vornehmlich im Mittelmeer und bildeten Teil der Marinekräfte, die im August 1944 in Südfrankreich landeten und in der Ägäis viele Angriffsunternehmen fuhren. Am Ende des Krieges wurde die *Le Fantasque* bei den französischen Truppen in Fernost eingesetzt.

Herkunftsland:	Frankreich
Typ:	Zerstörer
Stapellauf:	15. März 1934
Besatzung:	210
Verdrängung:	3.404 t
Maße:	132,4 m x 12,35 m x 5,0 m
Reichweite:	7.408 km (4.000 sm)
Hauptbewaffnung:	fünf einzelne 138,6-mm- und zwei 37-mm-Zwillingsflugabwehrkanonen; drei dreifache 553-mm-Torpedorohre,
Motorisierung:	zwei Turbinen mit Getriebewellen
Leistung:	37 Knoten

Farragut

Die USS *Farragut*, die im Juli 1898 vom Stapel gelassen wurde, war der erste Zerstörer der amerikanischen Marine, obwohl sie ursprunglich als Torpedoboot bewilligt worden war. Sie wurde im Juli 1897 bei Union Iron Works auf Stapel gelegt und im März 1899 gefertigt. Ihre Motoren entwickelten 5.878 PS, und der Dampf wurde von drei Thorneycroft-Kesseln geliefert. Die Kohleversorgung lag bei 96 t. Im August 1918 wurde die *Farragut* in *Küsten-Torpedoboot Nr. 5* umbenannt und 1919 verkauft. Sie wurde in einer für die amerikanische Marine spannenden Zeit in Dienst gestellt. Siege auf den Philippinen hatten die USA zu einer Seemacht gemacht, und mit der Übernahme neuer Territorien in der Karibik und in Fernost stieg das Prestige der amerikanischen Marine sehr schnell. Diese Entwicklung wurde dadurch beschleunigt, dass die USA die führende Industrienation waren.

Herkunftsland:	USA
Typ:	Zerstörer
Stapellauf:	16. Juli 1898
Besatzung:	66
Verdrängung:	283 t
Maße:	65 m x 6,3 m x 1,8 m
Reichweite:	1.852 km (1.000 sm)
Hauptbewaffnung:	sechs 6-Pfünder-Kanonen; zwei 457-mm-Torpedorohre
Motorisierung:	Zwillingsschraube, vertikale Dreifach-Expansionsmaschine
Leistung:	33,7 Knoten

Fasana

Die *Fasana* war die ehemalige österreichische *Tatra* aus einer Klasse von sieben Schiffen, die die besten und mächtigsten Zerstörer in der österreichisch-ungarischen Marine waren. In den Jahren vor dem 1. Weltkrieg hatte Erzherzog Franz Ferdinand (der österreichische Thronerbe, dessen Mord in Sarajewo den Krieg auslösen sollte) große Anstrengungen unternommen, die Flotte seines Landes mit modernen Kriegsschiffen aufzubauen. Die *Tatra,* die im November 1912 vom Stapel lief, war Teil dieses Bauprogramms. Als Kriegsentschädigung wurde sie der italienischen Marine im August 1920 übergeben und in *Fasana* umbenannt, obwohl sie weder neu ausgestattet noch wegen ihres schlechten Zustands in die italienische Marine aufgenommen wurde. In italienischen Diensten wurde die Bewaffnung der anderen Schiffe verändert, ihre 533-mm-Torpedorohre wurden auf das Standardmaß von 450 mm reduziert.

Herkunftsland:	Österreich (an Italien übergeben)
Typ:	Zerstörer
Stapellauf:	5. November 1912
Besatzung:	120
Verdrängung:	1.052 t
Maße:	83,5 m x 7,8 m x 3 m
Reichweite:	2.778 km (1.500 sm)
Hauptbewaffnung:	zwei 100-mm-Kanonen
Motorisierung:	Zwillingsschraube, Turbinen
Leistung:	32,6 Knoten

Fatahillah-Klasse

Die *Fatahillah*-Klasse von in den Niederlanden entworfenen und gebauten ASW Fregatten wurde im August 1975 für die Indonesische Marine bestellt und war deren erster größerer Kriegsschiff-Typ seit der Übernahme sowjetischer Schiffe in den 1950er und 1960er Jahren. Die Klasse zählt nur drei Schiffe, eines davon, die *Nala*, hat ein Flugdeck zur Unterbringung eines leichten Hubschraubers. Die Schiffe der *Fatahillah*-Klasse haben Anti-Schiffsraketen-Bewaffnung, die zwei Paare Raketenrampen für MM39-Exocets beinhaltet. Mit dieser Bewaffnung können die Schiffe als eine effektive Unterstützung für die vielen raketen- und kanonenbewaffneten Angriffseinheiten fungieren, welche die indonesische Marine für die unzähligen Inseln des Hoheitsgebietes braucht. Die Indonesier nutzen auch drei ehemalige *Tribal*-Klasse-Fregatten der britischen Marine.

Herkunftsland:	Niederlande/Indonesien
Typ:	Fregatte
Stapellauf:	22. Dezember 1977
Besatzung:	89
Verdrängung:	1.473 t
Maße:	84 m x 11 m x 3,3 m
Reichweite:	3.333 km (1.800 sm)
Hauptbewaffnung:	eine 120-mm-DP-Kanone; eine 40-mm- und zwei 20-mm Flugabwehrkanonen, zwei dreifache 324-mm-Torpedorohre; ASW-Raketen
Motorisierung:	zwei Antriebswellen, eine Gasturbine, zwei Dieselmotoren
Leistung:	30 Knoten

Faulknor

Die *Faulknor* wurde 1912 von J. S. Weiß entworfen und war einer von vier großen Zerstörern, die für Chile bestellt wurden. Die chilenische Marine war von Briten ausgebildet. Das zuvor *Almirante Simpson* genannte Schiff wurde im August 1914 von der britischen Marine übernommen, worauf der vordere Schornstein angehoben und eine stärkere Radioanlage eingebaut wurde. Anders als andere britische Zerstörer der Zeit, die eine einzelne, nach vorne schießende Kanone hatten, waren die *Faulknor* und ihre Schwesterschiffe mit drei oder vier nach vorne schießenden Kanonen schwer bewaffnet. 1915 jagte die *Faulknor* zusammen mit anderen leichten Schiffen U-Boote in der Irischen See. Im November 1916 operierte sie gegen gegnerische U-Boote vor der norwegischen Küste. Nach dem 1. Weltkrieg wurde die *Faulknor* neu ausgestattet und kam nach Chile zurück. Dort diente sie, bis sie 1933 von der Liste der aktiven Schiffe entfernt wurde.

Herkunftsland:	Großbritannien
Typ:	Zerstörer (Flottillenführer)
Stapellauf:	26. Februar 1944
Besatzung:	190
Verdrängung:	2.024 t
Maße:	100 m x 10 m x 6,4 m
Reichweite:	3.704 km (2.000 sm)
Hauptbewaffnung:	sechs 102-mm-Kanonen; vier 533-mm-Torpedorohre
Motorisierung:	dreifache Schraube, Turbinen
Leistung:	29 Knoten

La Fayette

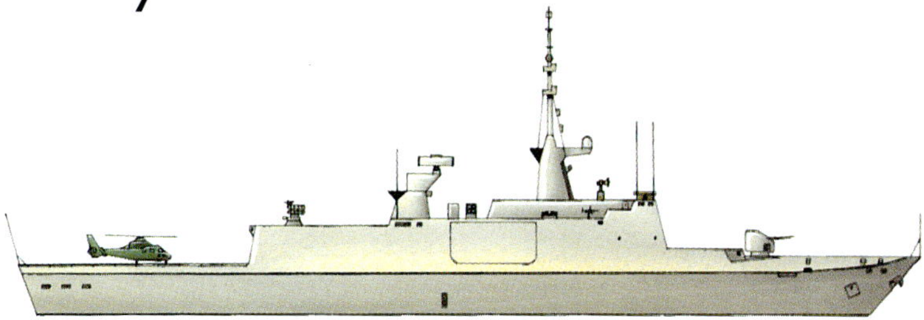

Die ersten drei der fünf *La Fayette*-Klasse-Fregatten wurden im Juli 1988 bestellt, aber ihr Bau verzögerte sich auf Grund finanzieller Probleme. Die *La Fayette* wurde im März 1996 in Dienst gestellt, die *Surcouf* und die *Courbet* im Februar und März 1997. Die Indienststellung der *Aconit* war im Dezember 1999, und die *Guepratte* soll im Januar 2002 folgen. Die *La Fayette*-Fregatten sind für Einsätze in Übersee gedacht, insbesondere für den Indischen Ozean. Super-Frelon-Hubschrauber können auf dem Flugdeck stationiert werden. Von einer Luke im Heck, die oben angebracht ist, können die Schiffe aufblasbare Boote zu Wasser lassen. Die Schiffe haben Tarnkappeneigenschaften, und es wurde viel Radar absorbierende Farbe verwendet. Ausrüstung wie Ankerwinden und Poller sind entweder versteckt oder so flach wie möglich angebracht.

Herkunftsland:	Frankreich
Typ:	Fregatte
Stapellauf:	13. Juni 1992
Besatzung:	139
Verdrängung:	3.658 t
Maße:	124,2 m x 15,4 m x 5,9 m
Reichweite:	14.467 km (7.812 sm)
Hauptbewaffnung:	eine 100-mm-DP-Kanone; Exocet-SSM; Crotale-SAM
Motorisierung:	zwei Antriebswellen, vier Dieselmotoren
Leistung:	25 Knoten

Ferret

Die *Ferret* war das Führungsschiff in einer Gruppe von Zerstörern, die ursprünglich als Neuauflage der *Acorn*-Klasse gedacht waren. Sie wurde im September 1910 auf Stapel gelegt und im Oktober 1911 fertig gestellt. Zwanzig weitere Schiffe der Klasse wurden auch 1910 begonnen, sechs andere wurden zu privaten Werften überstellt, um festzustellen, ob diese das *Acorn*-Design verbessern könnten. Bei Versuchsfahrten konnte sie über 30 Knoten leicht über acht Stunden halten, was ihrem Erbauer J. S. Weiß zu verdanken war. Aber obwohl der vordere Schornstein nun hinter die Brücke gesetzt wurde, verursachten die Auspuffgase noch immer Probleme auf der Brücke. Dies wurde später mit einer Erhöhung des Schornsteins korrigiert. Zerstörer dieses Typs leisteten guten Dienst bei den Küstenflotten im 1. Weltkrieg, als sie in der Helgoländer Bucht patrouillierten und den Ärmelkanal sicherten. Die *Ferret* wurde 1921 verschrottet.

Herkunftsland:	Großbritannien
Typ:	Zerstörer
Stapellauf:	12. April 1911
Besatzung:	98
Verdrängung:	762 t
Maße:	75 m x 7.8 m x 2.6 m
Reichweite:	2.037 km (1.100 sm)
Hauptbewaffnung:	zwei 102-mm-Kanonen
Motorisierung:	Zwillingsschraube, Turbinen
Leistung:	33 Knoten

Fervent

Die *Fervent* war Teil des Bauprogramms von 1894–1895, das die Stärke der französischen Marine ausgleichen sollte. Das Schiff folgte dem Entwurf früherer Zerstörer, wurde aber mit Lokomotivkesseln alten Stils ausgerüstet und hatte nur einen Schornstein. Zu dieser Zeit hielten neue Ideen und Erfindungen so schnell im Schiffsbau Einzug, dass ein neues Schiff veraltet sein konnte, noch bevor es vom Stapel lief. Viele der Probleme wurden von Großbritanniens Marinepolitik geschaffen, die als Zwei-Kräfte-Standard beschrieben wurde und die Großbritanniens Marine rein zahlenmäßig den anderen Seestreitkräften gleichstellte. So wurden die Kriegsschiffe zu schnell gebaut, um die neusten technologischen Fortschritte zu integrieren. Die *Fervent* und ihr Schwesterschiff, die *Zephir*, erreichten ihre geplante Geschwindigkeit überhaupt nicht, und ihr Erbauer ging in Konkurs. Sie wurde 1920 verschrottet.

Herkunftsland:	Großbritannien
Typ:	Zerstörer
Stapellauf:	20. März 1895
Besatzung:	80
Verdrängung:	280 t
Maße:	61 m x 5,7 m x 2,4 m
Reichweite:	1.760 km (950 sm)
Hauptbewaffnung:	drei 6-Pfünder-, eine 12-Pfünder-Kanone
Motorisierung:	Zwillingsschraube, Dreifach-Expansionsmaschine
Leistung:	22 Knoten

Fionda

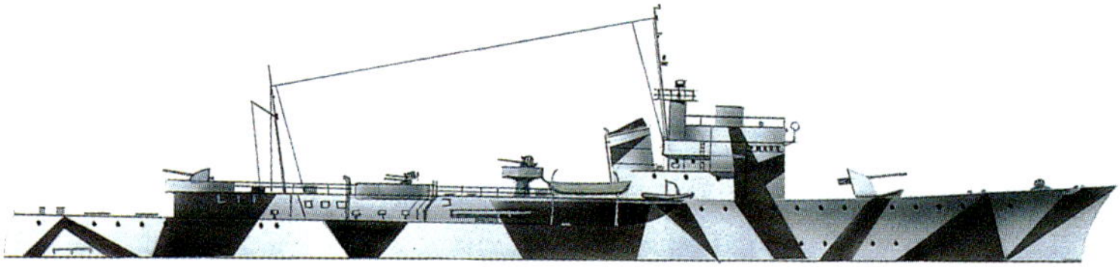

Der italienische Kriegsetat sah den Bau von 42 Booten in der Klasse der *Fionda* vor. Nur 15 wurden auf Stapel gelegt, das Führungsschiff, die *Ariete*, war die einzige, die der italienischen Marine ausgeliefert wurde. Die *Fionda* wurde 1942 auf Stapel gelegt, aber von Deutschen abgefangen und als *TA46* bezeichnet. Am 20. Februar 1945 wurde sie in einem Luftangriff der Alliierten beschädigt. Sie wurde repariert und als *Velebit* Jugoslawien zugewiesen, aber nie zu Ende gefertigt. Zwei ihrer Schwesterschiffe dienten jedoch bei der jugoslawischen Marine. So wurden die *Ariete* in *Durmitor* umbenannt und die *Balestra* in *Ucka*. Das letzte Schiff, von den Deutschen als *TA47* bezeichnet, wurde bei einem Luftangriff im Februar 1945 beschädigt und von Jugoslawien 1949 repariert. Die *Ucka* und die *Durmitor* wurden von der Liste der aktiven Schiffe 1963 und 1968 entfernt.

Herkunftsland:	Italien
Typ:	Zerstörer
Stapellauf:	31. Januar 1943
Besatzung:	175
Verdrängung:	1.138 t
Maße:	82,2 m x 8,6 m x 2,8 m
Reichweite:	1.852 km (1.000 sm)
Hauptbewaffnung:	zwei 100-mm-Kanonen
Motorisierung:	Zwillingsschraube, Turbinen
Leistung:	31,5 Knoten

Flamingo

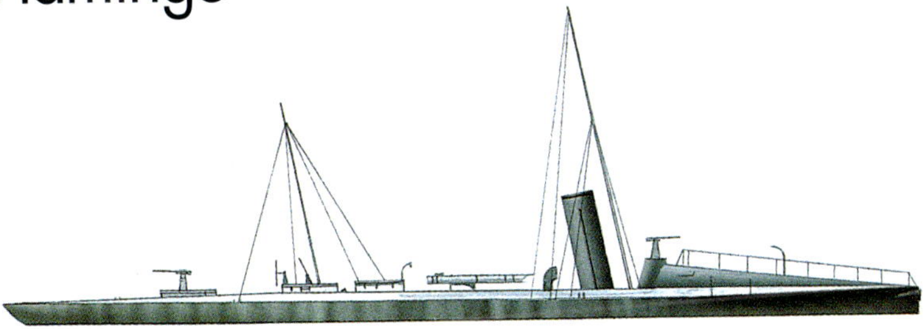

Die *Flamingo* gehörte zu einer Gruppe von 20 kleinen Torpedobooten, die für die österreichische Marine in den späten 1880er und 1890er Jahren gebaut wurden. Sie basierten auf dem früheren und erfolgreichen *Schichau*-Entwurf und wiesen eine Reihe von Verbesserungen auf. Die *Flamingo* selbst wurde 1888 auf Stapel gelegt und im folgenden Jahr fertig gestellt. Alle Boote dieser Bauart durchliefen 1900–1910 größere Aufbauarbeiten. Hierbei wurden die Kessel der *Flamingo* durch zwei Yarrow-Einheiten ersetzt, und sie trat mit dem Wimpel Nummer 26 in Dienst. Sie wurde am 23. August 1914 vermint und versenkt. 18 übrige Boote wurden 1917 zu Minensuchern umgebaut, 16 von diesen wurden 1920 an Italien übergeben. Die meisten wurden bald danach verschrottet, aber vier operierten als Zoll-Patrouillenboote bis 1925. Die österreichisch-ungarische Flotte hatte Dutzende ähnlicher Schiffe zu dieser Zeit.

Herkunftsland:	Österreich
Typ:	Torpedoboot
Stapellauf:	1889
Besatzung:	15
Verdrängung:	91,4 t
Maße:	39,9 m x 4,8 m x 1,9 m
Reichweite:	2.276 km (1.229 sm)
Hauptbewaffnung:	zwei 350-mm-Torpedorohre
Motorisierung:	einzelne Schraube, Dreifach-Expansionsmaschine
Leistung:	19 Knoten

Fletcher

Obwohl die große *Benson*-Klasse das Ziel erreichte, die amerikanische Zerstörerbauindustrie auf Kriegsstand zu bringen, hatte der Entwurf Grenzen in Hinsicht auf die Reichweite und die Waffen für einen pazifischen Krieg. Noch vor Ende des Bauprogramms liefen deshalb die ersten Schiffe einer verbesserten Klasse von den Hellings ab. Bei der Puget Sound Marinewerft liefen die ersten beiden dieser *Fletcher*-Klasse im Februar 1942 vom Stapel, die letzten vier von 175 Schiffen an einem einzigen Tag im September 1944. Die Schiffe der *Fletcher*-Klasse wurden zwar im Allgemeinen schnell nach Fertigstellung in den Pazifik entsandt, die an der Atlantikküste gebauten kamen aber nur in diesem Ozean zum Einsatz. Die USS *Fletcher* selbst diente als Geleitschutz im westlichen Atlantik, bevor sie in den Pazifik geschickt wurde und vor Guadalcanal eingesetzt wurde. Sie wurde 1949 als Zerstörer-Geleitschutz (DDE) neu klassifiziert.

Herkunftsland:	USA
Typ:	Zerstörer
Stapellauf:	3. Mai 1942
Besatzung:	295
Verdrängung:	2.083 t
Maße:	114,76 m x 12,04 m x 5,41 m
Reichweite:	7.412 km (4.000 sm)
Hauptbewaffnung:	fünf einzelne 127-mm-D; drei 40-mm-Zwillingsflugabwehr- und vier einzelne 20-mm-Flugabwehrkanonen; zwei fünffache 533-mm-Torpedorohre
Motorisierung:	zwei Dampfturbinen mit Getriebewellen, zwei Antriebswellen
Leistung:	37 Knoten

Floréal

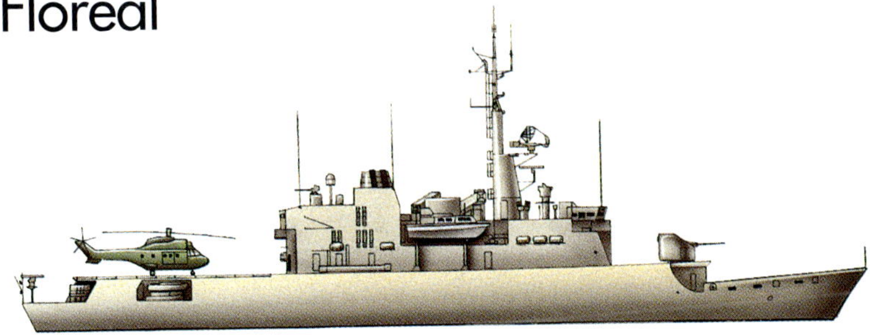

Die *Floréal* ist das Führungsschiff einer Klasse von sechs Schiffen, die alle 1992–1994 in Dienst gestellt wurden. Offiziell wurden sie als hochseetaugliche Patrouillenschiffe für einfache Unternehmen im Küstenbereich entworfen. Alle Fregatten wurden bei Chantiers de l'Atlantique in St. Nazaire nach Handelsfahrgastschiffstandards gebaut. Sie hatten Klimaanlagen und Stabilisatoren, mit denen man einen Hubschrauber bis Windstärke 5 einsetzen konnte. Die Schiffe bewiesen auf Versuchsfahrten eine bessere Reichweite als erwartet. Die Höchstfahrdauer lag bei 50 Tagen. Die *Floréal* wurde im Süden des Indischen Ozeans stationiert, die anderen an verschiedenen Orten in Fernost, z. B. im Atomversuchsgebiet auf dem Mururoa-Atoll. Die Schiffe sind nach den Monaten des französischen Revolutionskalenders benannt.

Herkunftsland:	Frankreich
Typ:	Fregatte
Stapellauf:	6. Oktober 1990
Besatzung:	86
Verdrängung:	2.997 t
Maße:	93,5 m x 14 m x 4,3 m
Reichweite:	16.075 km (8.680 sm)
Hauptbewaffnung:	eine 100-mm-Kanone; Exocet-SSMs; Matra-Simbad-SAMs
Motorisierung:	zwei Antriebswellen, vier Dieselmotoren
Leistung:	20 Knoten

Flower-Klasse

Die Einheiten der *Flower*-Klasse (45 baute Großbritannien, 113 Kanada, die 1940–1942 vom Stapel liefen) galten wegen ihrer einfachen Namen oder ihres eher unkriegerischen Aussehens bei den Briten als typische Geleitschutzschiffe. Obwohl sie schon früh an der Schlacht im Atlantik teilnahmen, waren sie für diese Aufgabe nicht wirklich geeignet, denn dieser Typ war in erster Linie entwickelt worden, um als Küstengeleitschutz Minen zu suchen. Der Entwurf basierte auf dem eines Walfängerschiffes mit einer Rumpfform, die auch schlechtem Wetter standhielt. Sie waren zwar gute Seeschiffe, aber bei schwerem Seegang nicht einfach in der Handhabung. Einunddreißig Schiffe der Klasse gingen im 2. Weltkrieg verloren.

Herkunftsland:	Großbritannien
Typ:	Korvette
Stapellauf:	14. Januar 1940 (erste Einheit: HMS *Gladiolus*)
Besatzung:	85
Verdrängung:	179 t
Maße:	62,5 m x 10,1 m x 3,5 m
Reichweite:	6.389 km (3.450 sm)
Hauptbewaffnung:	eine 102-mm-Kanone, eine 2-Pfünder- oder eine vierfache 12,7-mm-Flugabwehrkanone, Wasserbomben
Motorisierung:	einzelne Antriebswelle, Dreifach-Expansionsdampfmaschine
Leistung:	16 Knoten

Folaga

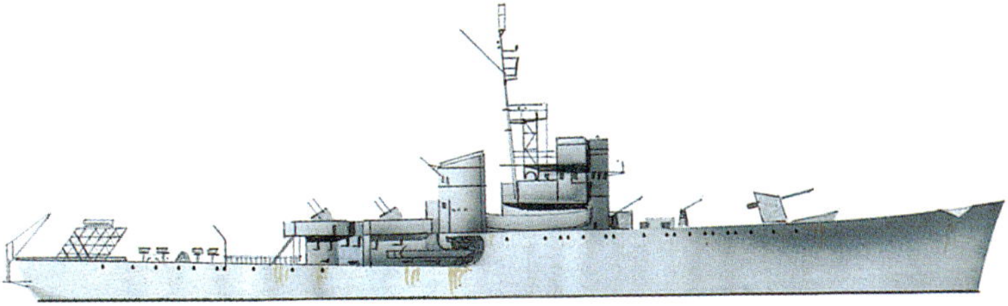

Im November 1942 lief die *Folaga* vom Stapel. Sie war eines einer Klasse von 60 Schiffen, die schon früh im 2. Weltkrieg als Anti-U Boot-Schiffe für den Geleitschutzdienst im Mittelmeer entworfen wurden. Sie konnten schnell gebaut werden, einige wurden in weniger als sieben Monaten gefertigt. Sie hatten eine Reichweite von 4.822 km (2.604 sm). Für Schleichfahrten bei der U-Boot-Jagd hatten sie zwei Elektromotoren, wobei die Reichweite dann nur bei 25,5 km (3,8 sm) lag. Die *Folaga* verbrachte den Krieg ziemlich unspektakulär. Sie entkam dem Schicksal vieler ihrer Schwesterschiffe, die von den Deutschen nach Italiens Waffenstillstand mit den Alliierten übernommen wurden und als U-Boot-Jäger eingesetzt wurden, in Gefechten oder selbst versenkt wurden. Einige wurden später von den Italienern gehoben und in den Nachkriegsjahren reaktiviert. Die *Folaga* überlebte den Krieg und wurde 1965 ausrangiert.

Herkunftsland:	Italien
Typ:	Korvette
Stapellauf:	14. November 1942
Besatzung:	150
Verdrängung:	740 t
Maße:	64 m x 8,7 m x 2,5 m
Reichweite:	4.822 km (2.604 sm)
Hauptbewaffnung:	eine 100-mm-Kanone
Motorisierung:	Zwillingsschraube, Dieselmotoren
Leistung:	19 Knoten

Folgore

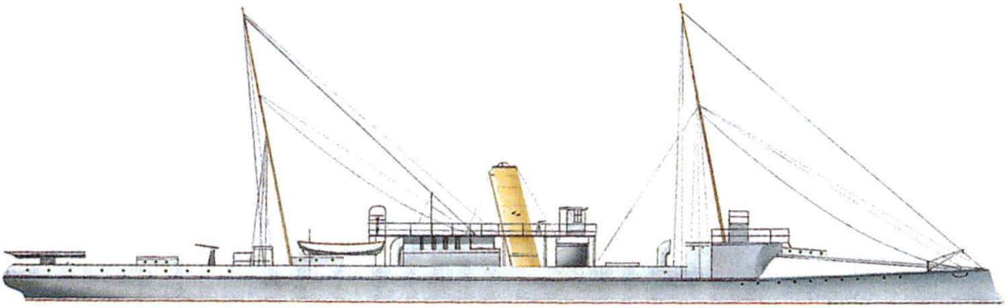

Die *Folgore* lief 1886 vom Stapel. Sie wurde von Benedetto Brin entworfen und auf der Castellammare-Marinewerft gebaut. 1887 wurde sie ursprünglich als Torpedoschiff fertig gestellt. Sie und ihr Schwesterschiff, die *Saetta*, waren unter den ersten dieser schnellen, torpedobewaffneten Schiffe der italienischen Marine. Am 5. Juli 1889 wurde die *Folgore* bei einem Zusammenstoß mit dem Kreuzer *Bausan* vor Capri beschädigt. Sie wurde in Reserve gestellt und schließlich 1900 verkauft. Die *Saetta* wurde zu Versuchen mit Öl als Brennstoff verwendet, später als Torpedo-Schulschiff und schließlich als Übungsziel, bis sie 1908 ausrangiert wurde. Italiens Bauprogramm für Torpedoboote in den 1880er Jahren war eine Entgegnung auf Österreich-Ungarns Marine, die auch eine beträchtliche Anzahl dieses Schifftyps baute.

Herkunftsland:	Italien
Typ:	Torpedoschiff
Stapellauf:	29. September 1886
Besatzung:	57–70
Verdrängung:	370 t
Maße:	56,7 m x 6,3 m x 2,2 m
Reichweite:	nicht bekannt
Hauptbewaffnung:	zwei 57-mm-Kanonen; drei 356-mm-Torpedorohre
Motorisierung:	Zwillingsschraube, doppelte Expansionsmaschine
Leistung:	17 Knoten

Folgore

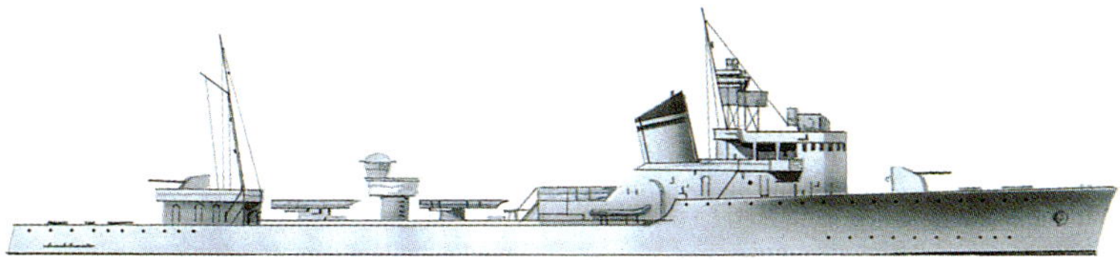

Die *Folgore* war Teil einer Klasse von vier schnellen Zerstörern, die aus der früheren *Freccia*-Klasse entwickelt wurden. Die neuen Schiffe waren schmaler als die Vorgänger, was die Rumpfbelastung reduzierte und eine andauernde, hohe Geschwindigkeit sicher stellte. Der Nachteil hierbei war, dass weniger Stauraum im Schiff zur Verfügung stand, was die Menge der Waffen, der Ausrüstung und des Brennstoffs reduzierte. Die Bewaffnung wurde zu verschiedenen Zeiten aktualisiert und schließlich zur Aufnahme von 52 Minen verändert. Die Schiffe waren beliebt als Minenleger, weil sie durch ihre hohe Geschwindigkeit schneller vom und zum Operationgebiet fahren konnten als die meisten anderen Schiffe und sie so für Entdeckung und Abfangen weniger verwundbar waren. Die gesamte Klasse war im 2. Weltkrieg weitgehend aktiv. Drei wurden in einem Gefecht im Dezember 1942 von britischen Kreuzern zerstört, die *Folgore* wurde dabei versenkt.

Herkunftsland:	Italien
Typ:	Zerstörer
Stapellauf:	26. April 1931
Besatzung:	175
Verdrängung:	2.123 t
Maße:	96 m x 9,2 m x 3,3 m
Reichweite:	6.840 km (3.693 sm)
Hauptbewaffnung:	vier 119-mm-Kanonen; sechs 533-mm Torpedorohre
Motorisierung:	Zwillingsschraube, Turbinen
Leistung:	38,8 Knoten

Forban

Die *Forban* wurde im Juli 1895 vom Stapel gelassen. Sie war ein bedeutender Meilenstein in der Entwicklung von Torpedobooten, denn sie war das erste Schiff, das schneller als 30 Knoten fahren konnte. Sie wurde 1893 bestellt und von Normand entworfen und gebaut. Die *Forban* folgte auf die drei Schiffe der *Filibustier*-Klasse, die gute Seeschiffe und für den Dienst in der Biskaya und im Ärmelkanal ideal waren. Tatsächlich überzeugte diese Schiffsklasse die britische Admiralität als Entgegnung die ersten echten Zerstörer zu bauen. Die *Forban* war ein großartiges Seeschiff mit mächtigeren Motoren als die Schiffe der *Filibustier*-Klasse. 1907 wurden ihre Torpedorohre durch 457-mm-Rohre ersetzt. Sie wurde 1920 verkauft. Die *Forban* wurde im Dienst von der *Mangini* gefolgt, die eines der erfolgreichsten Torpedoboote der Zeit war. Sie konnte eine Geschwindigkeit von 24 Knoten erreichen und schaffte ein 24-Stunden-Mittel von 18 Knoten.

Herkunftsland:	Frankreich
Typ:	Torpedoboot
Stapellauf:	25. Juli 1895
Besatzung:	57
Verdrängung:	152 t
Maße:	44 m x 4,6 m x 1,3 m
Reichweite:	1.852 km (1.000 sm)
Hauptbewaffnung:	zwei 355-mm-Torpedorohre
Motorisierung:	Zwillingsschraube, Dreifach-Expansionsmaschine
Leistung:	über 30 Knoten

Foudre

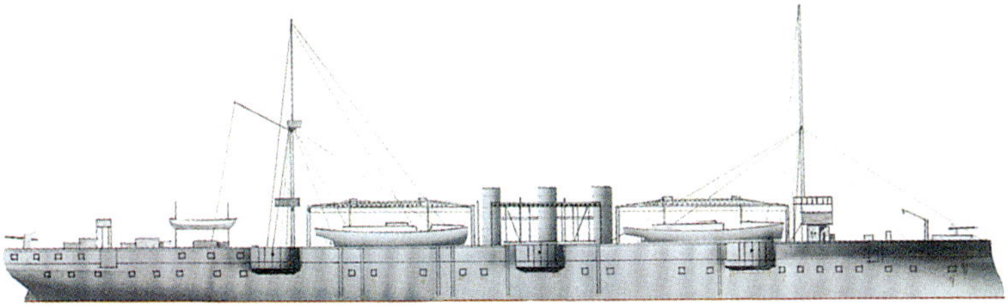

Die *Foudre* wurde als besonderes Depot-Schiff für zehn kleine 18-m-Torpedoboote gebaut, die mit einem 380-mm-Torpedorohr ausgerüstet waren. Diese Boote lagen auf Hängegerüsten, die in Gruppen auf beiden Seiten des zentralen Aufbaus standen. Die *Foudre* hatte drei eng zusammenstehende Schornsteine und spezielle Ausrüstung zur Bedienung der Torpedoboote, von denen neun gebaut wurden. Das Schiff durchlief viele Umbauten und Reparaturen, sie wurde auch als Minenleger, Flugzeugträger und Wasserflugzeugträger ausgerüstet. In der letzten Rolle fungierte sie im 1. Weltkrieg. Davor hatte sie die Durchführbarkeit des Flugzeugbetriebs bei Manövern 1913 demonstriert, als sie ein Wasserflugzeug aufnahm und das andere von einer Rampe aus startete. Sie besaß eine Panzerung, die von einem Maximum von 16 mm an den Neigungen bis zu 58 mm auf der Fläche reichte. 1921 wurde sie verschrottet.

Herkunftsland:	Frankreich
Typ:	Torpedodepot-Schiff
Stapellauf:	Oktober 1895
Besatzung:	410
Verdrängung:	6.186 t
Maße:	118,7 m x 17,2 m x 7,2 m
Reichweite:	nicht bekannt
Hauptbewaffnung:	acht 100-mm Kanonen; vier 9-Pfünder-Kanonen
Motorisierung:	Zwillingsschraube, Dreifach-Expansionsmaschine
Leistung:	19 Knoten

Framée

Die Bedrohung durch kleine Torpedoboote war der Auslöser für die Entwicklung einer neuen Klasse von Kriegsschiffen: der Zerstörer. Diese sollten stark genug sein, solche Boote zu bezwingen, sowie leicht und schnell genug, um sie abzufangen. Sie nutzten das neue Modell von Wasserrohr-Kesseln, um die schnell laufenden Maschinen zu versorgen. Die volle geplante Geschwindigkeit wurde selten erreicht. Ein großes Problem war die Gewichtsverteilung. Das Schiff war kopflastig und rollte übermäßig, weil sich die notwendigen Waffen und die Ausrüstung in einem schmalen Rumpf befanden. Spätere Veränderungen waren die Verlagerung des Hauptmasts und des Kontrollbereichs achtern, aber das Problem blieb. Die Klasse der *Framée* wurde nie wiederholt, obwohl die Erfahrungen bei späteren Entwürfen berücksichtigt wurden. Im Oktober 1899 lief die *Framée* vom Stapel. Sie wurde am 11. August 1900 unbeabsichtigt vom Schlachtschiff *Brennus* gerammt und versenkt.

Herkunftsland:	Frankreich
Typ:	Zerstörer
Stapellauf:	21. Oktober 1899
Besatzung:	66
Verdrängung:	354 t
Maße:	58,1 m x 6,3 m x 3 m
Reichweite:	1.482 km (800 sm)
Hauptbewaffnung:	eine 65-mm-Kanone
Motorisierung:	Zwillingsschraube, Dreifach-Expansionsmaschine
Leistung:	26 Knoten

Francesco Mimbelli

Die italienischen Lenkwaffen-Zerstörer *Luigo Durand de la Penne* und *Francesco Mimbelli* wurden ursprünglich *Animoso* und *Ardimentoso* genannt. Sie wurden 1992 zur Ehrung italienischer Marineveteranen umgetauft. Am 10. Juni 1942 verlor Kpt. Francesco Mimbelli sein Leben in einem Gefecht gegen sowjetische Schiffe, während er versuchte, die Festung von Sewastopol zu beliefern. Kpt. Lt. de la Penne führte eine kleine Einheit italienischer Froschmänner beim erfolgreichen Anbringen von Minen an die britischen Schlachtschiffe *Valiant* und *Queen Elisabeth* im Hafen von Alexandria im Dezember 1941. Beiden Schiffen wurde ein Panzer aus Kevlar angepasst. Ihre drei 76-mm-Schnellfeuerkanonen wurden als Waffen mittlerer Reichweite genutzt sowie als Verteidigungssystem gegen Raketen. Waffen dieser Art wurden zuerst während des Kriegs im Pazifik entwickelt.

Herkunftsland:	Italien
Typ:	Zerstörer
Stapellauf:	13. April 1991
Besatzung:	377
Verdrängung:	5.486 t
Maße:	148,5 m x 16,1 m x 8,6 m
Reichweite:	11.252 km (6.076 sm)
Hauptbewaffnung:	eine 127-mm- und drei 76-mm-Kanonen, Anti-Schiffsraketen und ASW-Raketen, sechs 324-mm-Torpedorohre
Motorisierung:	zwei Antriebswellen, zwei Gasturbinen und zwei Dieselmotoren
Leistung:	31 Knoten

Francesco Nullo

Die *Francesco Nullo* war einer aus einer Klasse von acht Zerstörern, die 1913 bis 1914 auf Stapel gelegt wurden. Sie war der erste italienische Zerstörer mit einer Kanonenbewaffnung von einem einzelnen Kaliber. Das Schiff wurde von Pattison in Neapel gebaut und 1915 fertig gestellt. Es setzte Maßstäbe für die folgenden großen Zerstörer-Gruppen. Die Bewaffnung dieser Schiffe machte mehrere Veränderungen durch, und im 1. Weltkrieg wurden sie zu Minenlegern umgebaut. Sie wurden 1929 als Torpedoboote neu klassifiziert, und die *Francesco Nullo* wurde in *Fratelli Cairoli* umbenannt, damit der ursprüngliche Name an einen modernen Zerstörer weitergegeben werden konnte. Im Dezember 1940 wurde das Schiff schließlich von einer Mine versenkt. Die anderen Schiffe der Klasse, die im 2. Weltkrieg dienten, waren die *Giuseppe Cesare Abba*, die *Giuseppe Dezza* (ehemals *Pilade*), die *Giuseppe Missori*, die *Antonio Mosto* und weitere.

Herkunftsland:	Italien
Typ:	Zerstörer
Stapellauf:	24. Juli 1915
Besatzung:	145
Verdrängung:	914 t
Maße:	73 m x 7,3 m x 2,7 m
Reichweite:	2.222 km (1.200 sm)
Hauptbewaffnung:	fünf 76-mm-Kanonen
Motorisierung:	Zwillingsschrauben, Turbinen
Leistung:	28 Knoten

Freccia

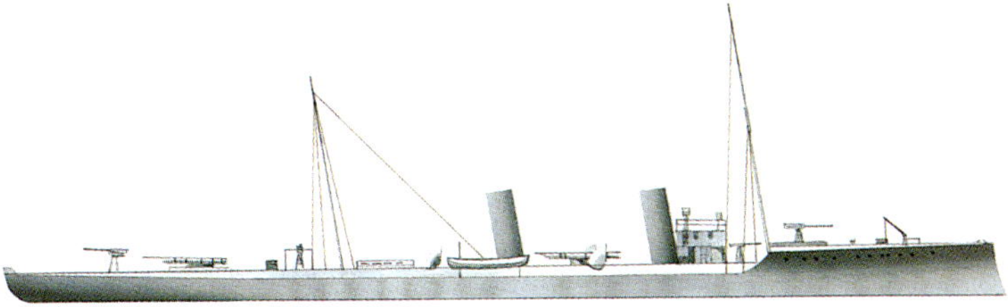

Die *Freccia* wurde 1899 auf Stapel gelegt und 1902 fertig gestellt. Sie wurde von den deutschen Schiffsbauern bei Schichau entworfen und gebaut. Das Schiff und seine fünf Schwesterschiffe bildeten die erste bedeutende Gruppe von Zerstörern Italiens. Sie ging am 12. Oktober 1911 im Krieg zwischen Italien und der Türkei verloren, als sie im Hafeneingang von Tripolis auf Grund lief. Die italienische Marine spielte eine Schlüsselrolle in diesem Konflikt und bombardierte die türkischen Festungen von Benghasi und andere Küstenorte. Das Marinebombardement von Tripolis war das erste Gefecht des Krieges, und für einige Zeit trug allein die Marine die gesamte Last der Kämpfe, weil die italienische Armee nicht kampfbereit war. Nach Tripolis im späten September 1911 ließen italienische Kriegsschiffe 1.700 Mann anlanden, die die türkischen Truppen zurückdrängten.

Herkunftsland:	Italien
Typ:	Zerstörer
Stapellauf:	23. November 1899
Besatzung:	102
Verdrängung:	354 t
Maße:	62,1 m x 6,5 m x 2,6 m
Reichweite:	2.778 km (1.500 sm)
Hauptbewaffnung:	eine 76-mm-Kanone
Motorisierung:	Zwillingsschraube, Dreifach-Expansionsmaschine
Leistung:	31 Knoten

Freccia

Die *Freccia* war Teil einer Klasse von vier Einheiten der italienischen Marine, die eine vollständige Abkehr von den vorherigen Zerstörerklassen mit zwei oder drei Schornsteinen war. Sie war über mehrere Jahre das Musterschiff für Italiens Zerstörer. Zwei Sätze dreifacher 533-mm-Torpedorohre wurden zwischen dem einzelnen, geneigten Schornstein und dem Hauptmast angebracht. Während des 2. Weltkriegs diente die *Freccia* bei der 7. Zerstörer-Flottille. Ihr erster bedeutender Kampf war die Schlacht vor Kalabrien im Juli 1940. Sie griff danach die britischen Mittelmeer-Konvois an und geleitete zwischendurch Konvois der Achsenmächte nach Nordafrika. Eines ihrer heftigsten Gefechte fand im Juni 1942 statt, als alle verfügbaren italienischen Kriegsschiffe zwei alliierte Malta-Konvois angriffen. Am 9. August 1943 wurde sie vor Genua bei einem Luftangriff versenkt.

Herkunftsland:	Italien
Typ:	Zerstörer
Stapellauf:	3. August 1930
Besatzung:	175
Verdrängung:	2.134 t
Maße:	96 m x 9,75 m x 2,3 m
Reichweite:	3.592 km (1.940 sm)
Hauptbewaffnung:	vier 119-mm-Kanonen
Motorisierung:	Zwillingsschraube, Turbinen
Leistung:	36 Knoten

Frunze

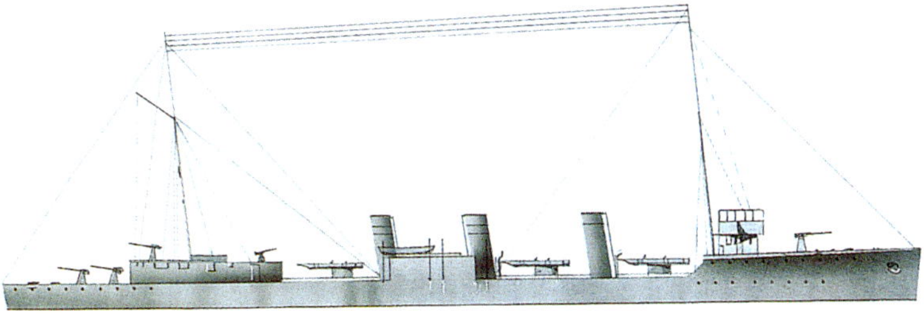

Die *Frunze* hieß ursprünglich *Bjstrj* und gehörte zu einer Klasse, die stark vom erfolgreichen *Nowik*-Entwurf beeinflusst war. Die Angaben sprachen von einem Zerstörer, der 35 Knoten fahren konnte und mit zwei 102-mm- und vier 457-mm-Torpedorohren bewaffnet war. Dies wurde geändert, noch bevor die Schiffe bestellt wurden, und eine zusätzliche Bewaffnung von einer einzelnen Kanone und sechs Torpedorohren wurde verbaut. Von den neun Schiffen der Klasse wurden drei, einschließlich der *Bjstrj*, von regierungstreuen Schiffsbesatzungen während der russischen Revolution versenkt. Die *Bjstrj* wurde später von der sowjetischen Regierung gehoben und in *Frunze* umbenannt. Zwei 47-mm-Kanonen wurden als Flugabwehrbewaffnung hinzugefügt. Am 21. September 1941 wurde sie von Ju87-Sturzkampfbombern zusammen mit dem Kanonenboot *Krasnaja Armenija* versenkt.

Herkunftsland:	Russland/Sowjetunion
Typ:	Zerstörer
Stapellauf:	7. Juni 1914
Besatzung:	160
Verdrängung:	1.321 t
Maße:	93 m x 9,3 m x 2,8 m
Reichweite:	3.333 km (1.800 sm)
Hauptbewaffnung:	drei 102-mm-Kanonen; eine 75-mm-Kanone
Motorisierung:	Zwillingsantriebswelle, Turbinen mit Getriebewelle
Leistung:	34 Knoten

Fubuki

Zur Zeit ihres Baus 1927–1931 waren die Schiffe der *Fubuki*-Klasse mit die modernsten Zerstörer. Vorher waren japanische Zerstörer von britischen und deutschen Entwürfen beeinflusst, aber nun gingen japanische Schiffsbauer ihren eigenen Weg und entwarfen einen so fortschrittlichen Zerstörer, dass er noch am Ende des 2. Weltkriegs gefürchtet war. 1943 wurde das X-Türmchen der übrigen *Fubuki*-Klasse Zerstörer zu Gunsten leichter Flugabwehrkanonen entfernt. Die ursprüngliche Flugabwehrbewaffnung von zwei 13-mm-Maschinengewehren wurden auf vier 13-mm- und 14 25-mm-Waffen erweitert. Die Klasse diente an beinahe allen Kriegsschauplätzen. Nur die *Ushio* überlebte den Krieg. Sie wurde in der Bucht von Manila am 14. November 1944 schwer beschädigt, darauf nach Yokosuka geschleppt und ergab sich dort am Kriegsende. Die *Fubuki* selbst wurde am 11. Oktober 1942 von US-Kriegsschiffen vor Guadalcanal versenkt.

Herkunftsland:	Japan
Typ:	Zerstörer
Stapellauf:	15. November 1927
Besatzung:	197
Verdrängung:	2.123 t
Maße:	118,35 m x 10,36 m x 3,2 m
Reichweite:	8.684 km (4.689 sm)
Hauptbewaffnung:	drei 127-mm-Zwillingskanonen; drei dreifache 610-mm-Torpedorohre
Motorisierung:	zwei Dampfturbinen mit Getriebewellen
Leistung:	37 Knoten

Fu Lung

In den 1890er Jahren unternahm China große Anstrengungen zur Flottenmodernisierung, die damals aus vier autonomen Seestreitkräften bestand, welche bei Kanton, Foochow, Schanghai und im Gelben Meer stationiert waren. Die *Fu Lung* war ein erstklassiges, hochseetüchtiges Torpedoboot mit Stahlrumpf, das zwei Torpedorohre Seite an Seite im Bug hatte und zwei weitere Ladungen mit sich führte. Sie war eines von zwei Torpedobooten mit den Schiffen *Ting Yuen* und *Kwang Ting* beim chinesischen Küstengeschwader in der Schlacht vom Yalu 1894. Die Anwesenheit solcher Schiffe trug zur japanischen Entscheidung bei, den Kampf nicht in der Nacht fortzusetzen. Trotzdem brachte der Krieg mit Japan 1894–1895 den Verlust von Chinas einzigem Großkampfschiff, als die Gelbe-Meer-Flotte zerstört wurde. Die *Fu Lung* wurde am 8. Februar 1895 von den Japanern bei der Niederlage von Wei Hai Wei übernommen und in *Fukuryu* umbenannt. Sie wurde 1908 abgewrackt.

Herkunftsland:	China
Typ:	Torpedoboot
Stapellauf:	1885
Besatzung:	25
Verdrängung:	130 t
Maße:	44 m x 5 m x 2,3 m
Reichweite:	nicht bekannt
Hauptbewaffnung:	zwei 356-mm-Torpedorohre
Motorisierung:	einzelne Schraube, Dreifach-Expansionsmaschine
Leistung:	19 Knoten

Fulmine

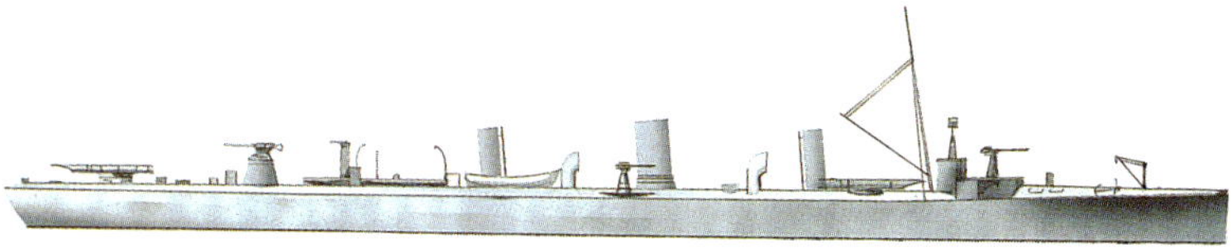

Im Juli 1897 legte Italien auf der Odero-Werft bei Sestri Ponente den ersten Zerstörer auf Stapel, der zur italienischen Marine gehören sollte. Vom Bauinspektor General Martinez entworfen, folgte er dem üblichen Zerstörer-Design der Zeit. Das Schiff hatte einen langen, glatten Rumpf und ein Vorschiff wie ein Schildkrötenpanzer. Die geplante Geschwindigkeit lag bei 26,5 Knoten, aber anfänglich wurden nur 24 Knoten erreicht. Von 1908 an wurden der *Fulmine* 28 Knoten zugeschrieben. Mit diesem Schiff wurden viele Erfahrungen gewonnen, und Italien konnte bald darauf die schnellsten Zerstörer der Welt bauen. Trotzdem kaufte das Land die nächste Version von Deutschland. Die *Fulmine* machte einige bedeutende Änderungen durch. Die Torpedorohre wurden von drei auf zwei reduziert, und ihre Kanonenbewaffnung wurde auf eine 76-mm- und drei 57-mm-Kanonen verändert. Die *Fulmine* war im Grunde ein Versuchsschiff und wurde 1921 gestrichen.

Herkunftsland:	Italien
Typ:	Zerstörer
Stapellauf:	4. Dezember 1898
Besatzung:	120
Verdrängung:	347 t
Maße:	62 m x 6,5 m x 2,25 m
Reichweite:	2.224 km (1.200 sm)
Hauptbewaffnung:	fünf 57-mm-Kanonen; drei 356-mm-Torpedorohre
Motorisierung:	Zwillingsschraube, Dreifach-Expansionsmaschinen
Leistung:	26 Knoten

Fulmine

Die *Fulmine* war eines aus einer Klasse von acht Schiffen, die in zwei Untergruppen eingeteilt waren. Eine wurde 1928, die andere im Jahr darauf bestellt. Sie gehörten zu den wenigen Zerstörern mit einzelnen Schornsteinen, die vor dem 2. Weltkrieg gebaut wurden. Alle waren gute Seeschiffe mit einer vorzüglichen Geschwindigkeit. Im ursprünglichen Entwurf hatten sie zwei Schornsteine und einen geraden Bug, aber während des Baus wurde dies zu einem breiteren Schornstein und einem Überhang am Bug verändert, um die Seetüchtigkeit zu verbessern. Sechs Schiffe dieser Klasse gingen während des 2. Weltkriegs bei Kämpfen verloren. Dazu gehörte auch die *Fulmine*, die während eines Gefechts mit den Briten versenkt wurde. Sie war einer von sechs Zerstörern, die einen großen italienischen Versorgungskonvoi nach Nordafrika begleiteten. Neben der *Fulmine* versenkten die zwei britischen Kreuzer und zwei Zerstörer alle sieben Handelsschiffe.

Herkunftsland:	Italien
Typ:	Zerstörer
Stapellauf:	2. August 1931
Besatzung:	174
Verdrängung:	2.124 t
Maße:	94,5 m x 9,25 m x 3,35 m
Reichweite:	3.952 km (2.134 sm)
Hauptbewaffnung:	vier 12-mm-Kanonen
Motorisierung:	Zwillingsschraube, Turbinen
Leistung:	38 Knoten

Fulton

Die *Fulton* wurde 1882 auf Stapel gelegt. Sie war eine Schaluppe mit hölzernem Rumpf und eisernen Streben, die wie eine Barke betakelt war. Sie hatte ein kurzes, hohes Vorschiff, einen auffallenden Rammbug, ein überhängendes Heck und einen einzelnen, großen Schornstein. Eine ihrer 140-mm-Kanonen war auf dem Vorschiff, zwei waren mittschiffs auf der Mittellinie angebracht, eine 100-mm-Kanone lag achtern auf einer erhöhten Plattform. Das Schiff wurde erst 1888 fertig gestellt, da sich die Lieferung der Motoren verzögerte. Dies geschah zu einer Zeit, als die Entwicklung der Marine große Fortschritte machte und eine zu lange Bauzeit zu Schiffen führte, die noch vor der Vollendung aus der Mode waren. Die *Fulton* wurde 1900 verschrottet, die Schwesterschiffe *Inconstant* und *Papin* dienten 1901–1920 in der Marine Ecuadors.

Herkunftsland:	Frankreich
Typ:	Kanonenboot
Stapellauf:	Januar 1887
Besatzung:	116
Verdrängung:	838 t
Maße:	60,8 m x 8,7 m x 3,9 m
Reichweite:	nicht bekannt
Hauptbewaffnung:	drei 140-mm-Kanonen; eine 100-mm-Kanone
Motorisierung:	einzelne Schraube, horizontale Verbundmaschine
Leistung:	13 Knoten

Furor

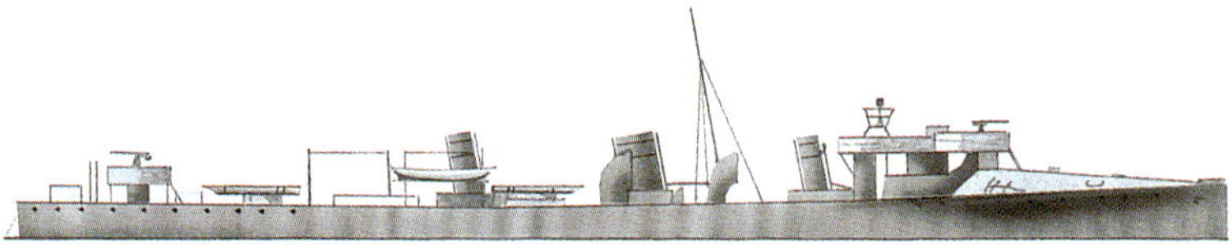

Die *Furor* wurde am Clyde in Schottland gebaut und war der erste Zerstörer in Diensten der spanischen Marine. Sie bildete einen Teil von Admiral Ceveras' Geschwader, das 1898 nach Kuba geschickt wurde. Die USA entschieden sich nach der Zerstörung ihres Schlachtschiffs USS *Maine* am 21. Februar 1898 im Hafen von Havanna für einen bewaffneten Eingriff in Kuba, wo die Spanier gerade versuchten, einen Aufstand niederzuschlagen. Es gab wenig Widerstand gegen die amerikanischen Truppen, und als Admiral Ceveras versuchte, aus Santiago zu entkommen, wurde er von den amerikanischen Kriegsschiffen geschlagen, die ihn vor der Küste aus einem Hinterhalt angriffen. Drei seiner Schiffe, einschließlich der *Furor*, liefen brennend an die Küste, ein anderes wurde von den Amerikanern verfolgt und kam bis zum Rio Turquino, wo sie auf den Strand gesetzt wurde.

Herkunftsland:	Spanien
Typ:	Zerstörer
Stapellauf:	
Besatzung:	98
Verdrängung:	376 t
Maße:	67 m x 6,7 m x 1,7 m
Reichweite:	1.667 km (900 sm)
Hauptbewaffnung:	zwei 14-Pfünder-Kanonen; zwei 356-mm-Torpedorohre
Motorisierung:	Zwillingsschraube, Dreifach-Expansionsmaschine
Leistung:	28 Knoten

Fuyutsuki

Die *Fuyutsuki* wurde 1939 als Teil der großen *Akitsuki*-Klasse hochseetüchtiger Zerstörer bestellt. Sie war ursprünglich als schneller Flugabwehr-Geleitschutz für japanische Flugzeugträger geplant. Der Entwurf wurde jedoch für eine vierfache Torpedorampe modifiziert. Zum Kriegsende wurde die *Fuyutsuki* bei Moji in schwer beschädigtem Zustand aufgegeben und ihr Schwesterschiff, die *Suzutsuki*, bei Sasebo auf ähnliche Weise. Von den anderen vier überlebenden Schiffen, die sich alle bei Kure ergaben, wurde die *Hanatsuki* den Amerikanern für die Verwendung als Übungsziel übergeben. Die *Natsutsuki* wurde im Juni 1947 den Briten übergeben und darauf verschrottet. Die *Harutsuki* wurde an die Russen gegeben und diente eine Zeit lang in der sowjetischen Marine. Die *Yoitsuki* ging an China und wurde in *Feng Yang* umbenannt.

Herkunftsland:	Japan
Typ:	Zerstörer
Stapellauf:	20. Januar 1944
Besatzung:	175
Verdrängung:	3.759 t
Maße:	134,2 m x 11,6 m x 4,2 m
Reichweite:	7.408 km (4.000 sm)
Hauptbewaffnung:	acht 96-mm-Kanonen; vier 607-mm-Torpedorohre auf einem vierfachen Sockel
Motorisierung:	Zwillingsschraube, Turbinen
Leistung:	33 Knoten

G5

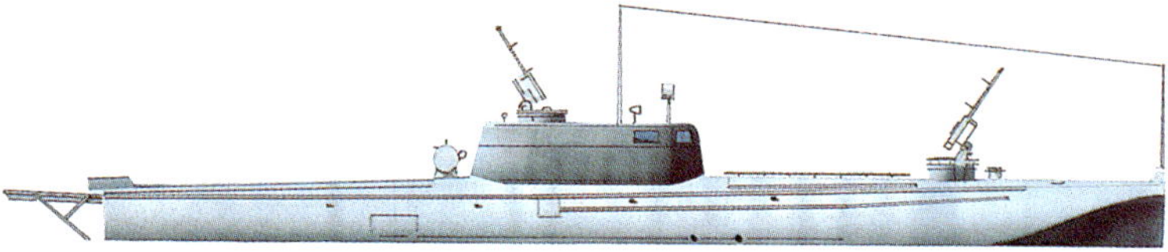

Die *G5* war Teil einer Klasse von ungefähr 295 Schiffen, die zuerst in den frühen 1930er Jahren herauskam. Bei der Produktion der Reihe stieg die Verdrängung bis auf 17 Tonnen an. Einige Einheiten sollen 60 Knoten erreicht haben. Viele wurden mit Isotta-Fraschini-Motoren ausgestattet, die sich als sehr zuverlässig erwiesen, wobei aber die sowjetischen Versionen eine schlechtere Leistung hatten. Torpedos wurden hinter dem Kommandoturm abgeschossen und bei deren Aufschlag im Wasser musste das Boot eine scharfe Drehung machen, um ihnen aus dem Weg zu fahren. Zur Zeit des deutschen Einmarsches im Juni 1941 gab es eine Gesamtanzahl von 44 Booten in dieser Klasse in der Ostsee, 77 im Schwarzen Meer und 135 bei der pazifischen Flotte. Während des deutschen Einmarsches wurden 73 verloren, 31 wurden ausgemustert oder außer Dienst gestellt. Einige wurden nach dem Krieg Nordkorea übertragen.

Herkunftsland:	Sowjetunion
Typ:	Torpedokanonenboot
Stapellauf:	1934
Besatzung:	6–7
Verdrängung:	14 t
Maße:	19,1 m x 3,3 m x 0,76 m
Reichweite:	nicht bekannt
Hauptbewaffnung:	zwei 533-mm-Torpedorohre; zwei 12,7-mm-Kanonen
Motorisierung:	Zwillingsschraube, Verbrennungsmotor
Leistung:	45 Knoten

G40

Obwohl die *G40* und die drei Schwesterschiffe, die 1914–1915 vom Stapel liefen, erfolgreich waren, wurden sie als zu groß erachtet, um in einer dichten Schlachtreihe mitfahren zu können. Deshalb waren spätere Gruppen verkleinerte Versionen. Das hohe, lange Vorschiff sorgte für gute Seetüchtigkeit. Eine Brückenstruktur stand am hinteren Ende des Vorschiffes, und beinahe auf gleicher Höhe lagen zwei einzelne Torpedorohre auf jeder Seite. Der Rest der Torpedorohre lag in paarweiser Anordnung auf der Mittellinie. Alle Schiffe hatten einen aktiven Kriegsdienst. Die *G37* wurde vermint und am 4. November 1917 in der Nordsee versenkt. Die Schwesterschiffe wurden am 21. Juni 1919 von ihren eigenen Besatzungen bei Scapa Flow versenkt, später gehoben und verschrottet.

Herkunftsland:	Deutschland
Typ:	Zerstörer
Stapellauf:	27. Februar 1915
Besatzung:	87
Verdrängung:	1.068 t
Maße:	79,5 m x 8,36 m x 3,74 m
Reichweite:	3.335 km (1.800 sm)
Hauptbewaffnung:	drei 85-mm-Kanonen; sechs 508-mm-Torpedorohre
Motorisierung:	Zwillingsschraube, Turbinen
Leistung:	34,5 Knoten

G101

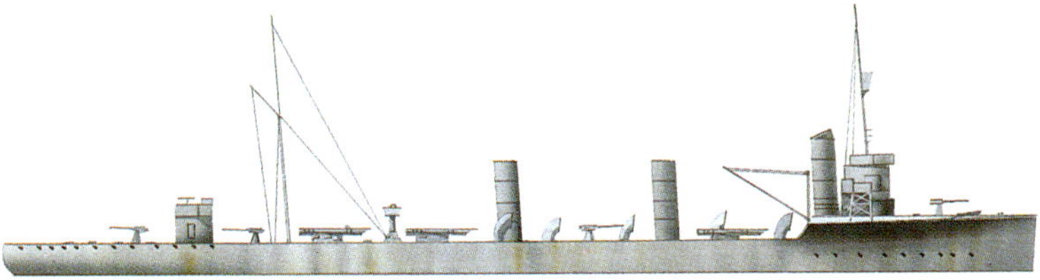

Die *G101* gehörte zu einem Quartett, das für Argentinien bei der Germaniawerft in Kiel 1914 auf Stapel gelegt und 1915 fertig gestellt wurde. Die *G101* wurde ursprünglich *Santiago* genannt, die anderen drei *San Luis*, *Santa Fe* und *Tecuman*, sie wurden aber zunächst von der deutschen Marine übernommen. Wären diese Schiffe in den Dienst der argentinischen Marine gekommen, hätten sie zu den mächtigsten Zerstörern in südamerikanischen Gewässern gehört. Alle vier wurden nach dem Krieg interniert und am 21. Juni 1919 von ihren Besatzungen bei Scapa Flow versenkt. Die *G101* wurde gehoben und in Charleston in den USA 1926 verschrottet. Die *G102* wurde in die USA geschickt, wo sie als Bombenziel von einem US-Flugzeug versenkt wurde. Die *G103* wurde gehoben und sank im November 1925 in einem Sturm auf dem Weg zur Verschrottung. Die *G104* wurde ebenfalls in Charleston verschrottet.

Herkunftsland:	Deutschland
Typ:	Zerstörer
Stapellauf:	12. August 1914
Besatzung:	104
Verdrängung:	1.873 t
Maße:	98 m x 9,4 m x 3,9 m
Reichweite:	3.704 km (2.000 sm)
Hauptbewaffnung:	vier 85-mm-Kanonen, sechs 508-mm-Torpedorohre
Motorisierung:	Zwillingsschraube, Turbinen
Leistung:	36,5 Knoten

G132

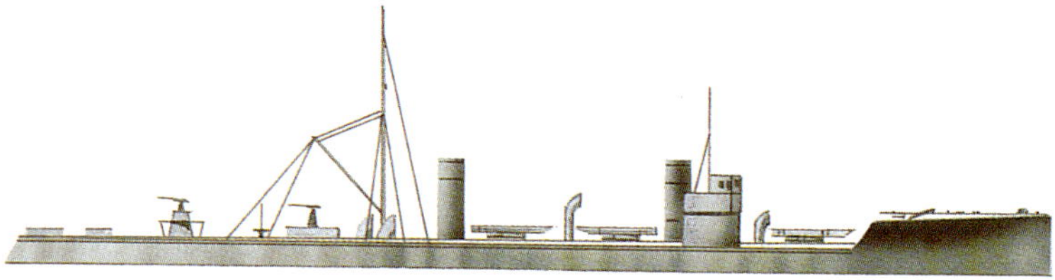

Die *T132* und ihre vier Schwestern (ursprünglich *G132–G136*, mit neuen Buchstaben seit 1916) waren eine verbesserte Version des maßgeblichen deutschen Zerstörer-Entwurfs. Die *T132* wurde 1906 von der Germaniawerft in Kiel gebaut. Ein folgendes Boot, die *G137* (*T137*) hatte eine größere Verdrängung und wurde bei Experimenten mit dem Parsons-Turbinemotor ausgerüstet. Sechs wurden verbaut: eine Hochdruck-, zwei Niederdruck-, eine gleichmäßige und zwei Rückschlagturbinen. Die *G137* war zwei Knoten schneller als die *T132*, verbrauchte aber mehr Brennstoff. Zur dieser Zeit baute Deutschland eine große Anzahl an Zerstörern, die die gegnerischen Schlachtlinien durchbrechen und mit Torpedos angreifen sollten. Diese Taktik machte Angriffe auf feindliche Zerstörer zur zweiten Aufgabe der deutschen Schiffe und entsprach dadurch den Plänen von Admiral von Tirpitz.

Herkunftsland:	Deutschland
Typ:	Zerstörer
Stapellauf:	12. Mai 1906
Besatzung:	102
Verdrängung:	553 t
Maße:	65,7 m x 7 m x 2,6 m
Reichweite:	1.575 km (850 sm)
Hauptbewaffnung:	vier 51-mm-Kanonen; drei 450-mm-Torpedorohre
Motorisierung:	Zwillingsschraube, Dreifach-Expansionsmaschine
Leistung:	28 Knoten

Gabbiano

Die *Gabbiano* war das Führungsschiff einer sehr großen Klasse italienischer Korvetten, die 1942–1943 auf Stapel gelegt wurden. Sie waren oft Geleitschiffe für Konvois der Achsenmächte, die Vorräte und Verstärkung von Italien nach Tunesien brachten. Auf den Rückfahrten transportierte sie Verwundete. Die Konvois wurden von Flugzeugen der Alliierten und von britischen U-Booten angegriffen, die mehrere Handelsschiffe versenkten. Am 16. April griff die *Gabbiano* das Unterseeboot HM *Regent* an und versenkte es. Am 24. April griff sie das U-Boot HM *Sahib* in der Nähe der Liparischen Inseln an. Das britische Boot wurde an die Oberfläche gezwungen und von einem deutschen Sturzkampfbomber Ju 88 versenkt. Die *Gabbiano* und ein Dutzend ihrer Schwesterschiffe dienten in der italienischen Marine bis in die Mitte der 1970er Jahre.

Herkunftsland:	Italien
Typ:	Korvette
Stapellauf:	23. Juni 1942
Besatzung:	109
Verdrängung:	740 t
Maße:	64,3 m x 9 m x 2,5 m
Reichweite:	5.556 km (3.000 sm)
Hauptbewaffnung:	eine 102-mm-Kanone; Wasserbomben
Motorisierung:	Zwillingsschraube, Dieselmotoren
Leistung:	18 Knoten

Gadfly

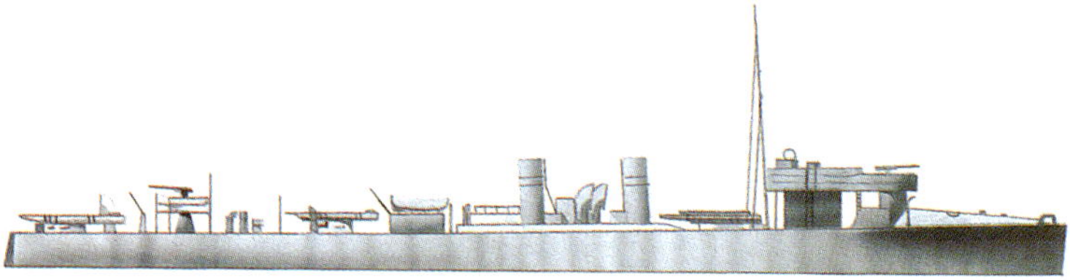

Die *Gadfly* war einer aus einer großen Klasse von 36 Zerstörern zur Küstenverteidigung. Sie waren als eine kostengünstigere Alternative zur *Tribal*-Klasse gebaut wurden, welche in erster Linie für den Dienst bei der Flotte gedacht war. Der Entwurf folgte den großen Torpedobooten dieser Zeit und war ein ökonomischer Weg, eine große Flotte von Zerstörern zur Küstenverteidigung und zum Küsteneinsatz zu bauen. Die *Gadfly* wurde bald nach der Fertigstellung als *TB6* bezeichnet und 1920 verschrottet. Im 1. Weltkrieg wurden Schiffe dieser Art zur Überwachung der Flanken an der Barriere von Dover genutzt, welche eine Durchfahrt durch die Meerenge von Dover verhindern sollte. Der Ärmelkanal konnte einem kleinen U-Boot, das in Flandern stationiert war, beinahe acht Tage Fahrzeit sparen und einem größeren Boot aus der Deutschen Bucht sechs Tage von 25 Tagen Gesamtdauer.

Herkunftsland:	Großbritannien
Typ:	Zerstörer
Stapellauf:	24. Juni 1906
Besatzung:	120
Verdrängung:	406 t
Maße:	54,9 m x 5,3 m x 1,8 m
Reichweite:	4.076 km (2.200 sm)
Hauptbewaffnung:	zwei 12-Pfünder-Kanonen; drei 457-mm-Torpedorohre
Motorisierung:	dreifache Schraube, Turbinen
Leistung:	26 Knoten

Galatea

Ein Schiff der *Leander*-Klasse wurde in den späten 1950er Jahren als verbesserte Version der *Rothesay*-Klasse Typ 12 geplant und sollte in fünf Varianten über zehn Jahre gebaut werden. Die *Galatea* war Teil der ersten Gruppe mit sieben Schiffen. Insgesamt wurden 24 gebaut. Die späteren Schiffe waren größer und hatten mehr Ausrüstung, einschließlich Exocet-Raketen und aktualisierter Elektronik. Der Rumpf hatte eine lange, ungebrochene Form mit einem erhöhten Vorschiff. Achtern lag ein Hangar für einen oder zwei ASW-Hubschrauber. Das Ikara-ASW-Raketensystem der *Galatea* befand sich vorne auf dem gestreckten Aufbau vor der Brücke. Die Klasse wurde in den Varianten während der 1970er und 1980er Jahre aktualisiert und von 1988 an schrittweise außer Dienst gestellt. Der Erfolg der Klasse zeigte sich vor allem auch darin, dass sie nach Übersee verkauft und in einigen Ländern in Lizenz gebaut wurde.

Herkunftsland:	Großbritannien
Typ:	Fregatte
Stapellauf:	23. Mai 1963
Besatzung:	263
Verdrängung:	2.906 t
Maße:	113,4 m x 12,5 m x 4,5 m
Reichweite:	8.519 km (4.600 sm)
Hauptbewaffnung:	ein Ikara-Anti-U-Boot-Raketenwerfer
Motorisierung:	Zwillingsschrauben, Turbinen
Leistung:	28 Knoten

Garibaldino

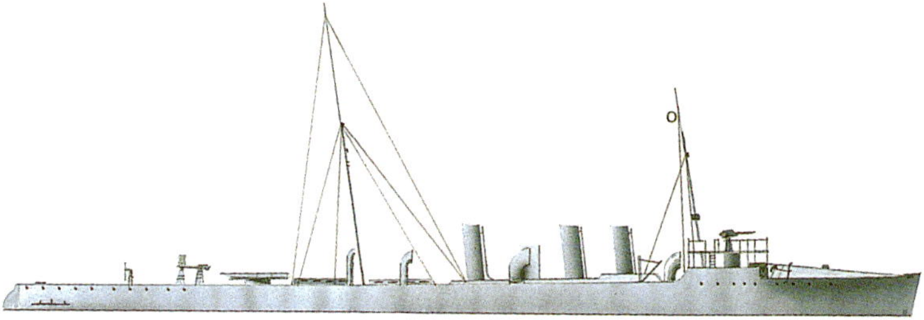

Ursprünglich sollte die *Garibaldino* der Gruppe der *Nembo*-Klasse von 1901 folgen. Die *Garibaldino* nahm die Verbesserungen auf, die durch Erfahrungen im Betrieb gewonnen werden konnten. Die sechs Schiffe dieser Klasse wurden alle 1905 auf Stapel gelegt und 1907–1910 fertig gestellt. Die *Garibaldino* stammte aus der Gruppe von 1905. Alle in dieser Gruppe hatten Kohlebrenner, aber eine zweite Gruppe, bekannt als die *Soldato*- oder *Alpino*-Klasse, war mit Ölbrennern bestückt. Die Motoren der *Garibaldino* entwickelten 6.000 PS. Das Schiff hatte eine Reichweite von 2.894 km (1.536 sm) bei 12 Knoten oder 760 km (410 sm) bei 23,5 Knoten. Sie wurde am 16. Juli 1918 nach dem Zusammenstoß mit dem britischen Zerstörer HMS *Cygnet* vor Villefranche im Südfrankreich versenkt. Die *Garibaldino*-Klasse bildete den Übergang von den Kohle feuernden Zerstörern der Vorkriegszeit zu den Ölbrennern nach dem Krieg.

Herkunftsland:	Italien
Typ:	Zerstörer
Stapellauf:	12. Februar 1910
Besatzung:	98
Verdrängung:	419 t
Maße:	65 m x 6,1 m x 2,1 m
Reichweite:	1.890 km (1.020 sm)
Hauptbewaffnung:	drei 76-mm-Kanonen; drei 450-mm-Torpedorohre
Motorisierung:	Zwillingsschraube, Dreifach-Expansionsmaschine
Leistung:	28 Knoten

Garland

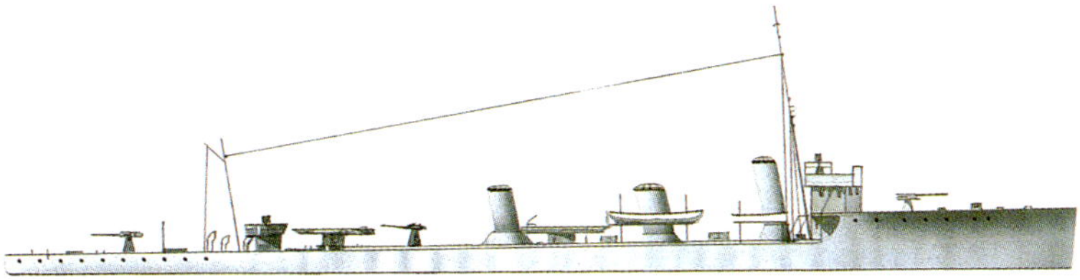

Die HMS *Garland* war einer von 20 Zerstörern, die als Klasse aus dem britischen Marinebauprogramm von 1911–1912 entstanden. Sie wurden entworfen, um den deutschen Zerstörern zu begegnen. Ursprünglich sollten sie mit zwei 102-mm-Kanonen und vier 12-Pfündern bewaffnet werden, stattdessen wurden drei 102-mm-Kanonen gewählt, was sie zu den mächtigsten Zerstörern dieser Zeit machte. Die Schiffe der Klasse sollten normalerweise als Unterstützung der leichten Kreuzer der britischen Marine fahren. Diese waren in Häfen wie Harwich stationiert, wo sie die deutschen Schiffe in der Nordsee abfangen konnten. Nach der Schlacht von Jütland wurden solche Fahrten seltener. Aber es gab einige schwere Auseinandersetzungen mit den gegnerischen Zerstörern in der Helgoländer Bucht, insbesondere im März und April 1918.

Herkunftsland:	Großbritannien
Typ:	Zerstörer
Stapellauf:	23. April 1913
Besatzung:	147
Verdrängung:	1.005 t
Maße:	81,5 m x 8,2 m x 2,8 m
Reichweite:	3.335 km (1.800 sm)
Hauptbewaffnung:	drei 102-mm-Kanonen, zwei 533-mm-Torpedorohre
Motorisierung:	Zwillingsschraube, halbautomatische Turbinen
Leistung:	28 Knoten

Gatineau

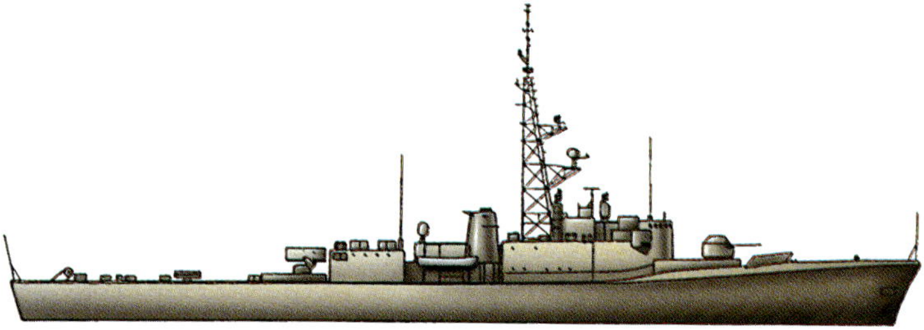

Die *Gatineau*, die im Februar 1959 fertig gestellt wurde, war einer von sieben Geleitschutz-Zerstörern der *Restigouche*-Klasse der kanadischen Marine. Die anderen waren die *Chaudiere*, die *Colombia*, die *Kootenay*, die *St. Croix* und die *Terra Nova*. Die Klasse wurde in den frühen 1970er Jahren mit einem variablen Tiefensonar, besserer Elektronik und ASROC zur Ergänzung des ASW-Mörsers umgebaut. Die Schiffe wurden aus der ursprünglichen *St. Laurent*-Klasse entwickelt und waren im Erscheinungsbild anderen Geleitschutz-Zerstörern dieser Zeit ähnlich, nämlich der *Annapolis*, der *Nipigon*, der *Mackenzie*, der *Saskatchewan*, der *Qu'appelle* und der *Yukon*. Alle Schiffe der *Restigouche*-, der *Annapolis*- und der *Mackenzie*-Klassen konnten einen Sea-King-ASW-Hubschrauber mitführen. Die letzten Schiffe der *Restigouche*-Klasse wurde in den späten 1990er Jahren in Reserve gestellt.

Herkunftsland:	Kanada
Typ:	Zerstörer
Stapellauf:	3. Juni 1957
Besatzung:	246
Verdrängung:	2.946 t
Maße:	111,5 m x 12,8 m x 4,1 m
Reichweite:	12.970 km (7.003 sm)
Hauptbewaffnung:	zwei 76-mm-DP-Kanonen; Limbo-Wasserbombenwerfer
Motorisierung:	zwei Antriebswellen, Turbinen mit Getriebewelle
Leistung:	28 Knoten

Gatling

Die USS *Gatling* war ein *Fletcher*-Klasse-Zerstörer und Teil einer der größten Klassen, die für die US-Marine gebaut wurden. Im Juni 1943 lief sie vom Stapel und nahm im späten Januar 1944 im Pazifik den Betrieb auf. Sie gehörte zu einer US-Marineeinheit, die japanische Basen auf den Marshall-Inseln angreifen sollte. Im Juni 1944 operierte sie als Unterstützung amerikanischer Boote, die gegnerische Stützpunkte auf den Marianen angriffen, und im Oktober des gleichen Jahres führte sie ähnliche Unternehmen zusammen mit 13 anderen Zerstörern der Marinegruppe 38,3 vor Formosa durch. Vom 30. Dezember 1944 bis zum 25. Januar 1945 führte ihre Einheit viele Angriffe auf japanische Flugplätze im Zentral- und Südwest-Pazifik durch und kämpfte bis zur japanischen Kapitulation. Die *Fletcher*-Klasse bildete das Rückgrat der Pazifik-Flotte. Viele wurden nach dem Krieg verkauft. Die *Gatling* wurde 1974 von der Marineliste entfernt.

Herkunftsland:	USA
Typ:	Zerstörer
Stapellauf:	20. Juni 1943
Besatzung:	300
Verdrängung:	2.971 t
Maße:	114,7 m x 12 m x 4,2 m
Reichweite:	8.334 km (4.500 sm)
Hauptbewaffnung:	fünf 127-mm-Kanonen
Motorisierung:	Zwillingsschraube, Turbinen
Leistung:	37 Knoten

Gearing

Die Anforderungen für mehr Platz und größere Reichweite verlängerten den Rumpf der amerikanischen *Sumner*-Klasse-Zerstörer um 4,27 m. Sie waren aus der *Fletcher*-Klasse entwickelt worden und bildeten die *Gearing*-Klasse. Diese Entwicklung sollte der letzte Schritt in dieser Gruppe eng verwandter Kriegsschiffe sein. Äußerlich waren diese größeren Schiffe in erster Linie durch ihre weiter auseinanderstehenden Schornsteine zu unterscheiden. Obwohl ab 1945 die japanische Flotte besiegt war, blieb die Bedrohung aus der Luft bestehen, und einige Schiffe der *Gearing*-Klasse wurden mit einem vorbereiteten Stativ ausgestattet, das ein Luftüberwachungsradar oder eine vierfache 40-mm-Kanone trug. Die automatischen 76,2-mm-Kanonen, die ein tieffliegendes Kamikaze-Flugzeug abwehren konnten, wurden erst zur Friedenszeit verfügbar.

Herkunftsland:	USA
Typ:	Zerstörer
Stapellauf:	18. Februar 1945
Besatzung:	350
Verdrängung:	2.971 t
Maße:	114,7 m x 12,5 m x 5,79 m
Enmdurance:	8.338 km (4.500 sm)
Hauptbewaffnung:	drei 127-mm-Zwillings-DP und drei vierfache 40-mm-Flugabwehrkanonen, zwei fünffache 533-mm-Torpedorohre
Motorisierung:	zwei Dampfturbinen mit Getriebewellen
Leistung:	36,5 Knoten

Gemlik

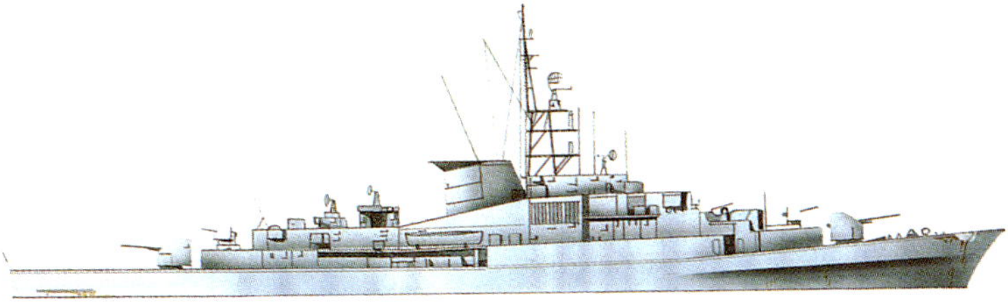

Die *Gemlik* begann ihren Dienst als *Emden*, eine *Köln*-Klasse-Fregatte der deutschen Bundesmarine. Sie und ihre Schwesterschiffe waren unter den ersten modernen Kriegsschiffen, die für die deutsche Marine nach dem 2. Weltkrieg gebaut wurden. Sie wurde 1958 auf Stapel gelegt und im Oktober 1961 fertig gestellt. Ihr Entwurf ist kompakt, und sie ist mit einer breiten Auswahl an Anti-U-Boot-Waffen, starken Sensoren und elektronischen Einrichtungen zu Gegenmaßnahmen ausgestattet. Ihre 100-mm-Kanonen können ein 13,5-kg-Projektil bis zu 15 km bei einer maximalen Feuerrate von 60–80 Granaten pro Minute verschießen. Sie hat vier Abschussrampen für akustisch gelenkte Anti-U-Boot-Torpedos, ergänzt durch vier Anti-U-Boot-Zwillingsmörser. Sie kann ebenso 80 Anti-Schiffs- und Anti-Unterseeboot-Minen tragen. Sie wurde 1983 von Deutschland an die türkische Marine übergeben.

Herkunftsland:	Deutschland (übergeben an die Türkei)
Typ:	Fregatte
Stapellauf:	21. März 1959
Besatzung:	210
Verdrängung:	2.743 t
Maße:	109,9 m x 11 m x 5,1 m
Reichweite:	5.662 km (3.052 sm)
Hauptbewaffnung:	zwei 100-mm-Kanonen; vier 533-mm-Torpedorohre
Motorisierung:	Zwillingsschraube, Gasturbinen/Dieselmotoren
Leistung:	28 Knoten

General Pike

Obwohl die amerikanische Marine während des Krieges von 1812 nicht groß war, zählten ihre Kriegsschiffe zu den besten der Welt. Die *General Pike* ist ein gutes Beispiel für ein solches Schiff. Sie war eine Fregatte mit flachem Deck, hatte alle Kanonen auf einem Deck und war größer als die zeitgenössischen britischen Fregatten mit der gleichen Bewaffnungsstärke. Sie wurde von Henry Eckford, einem New Yorker Schiffsbauer, entworfen und 1813 auf Stapel gelegt. Britische Kräfte setzten sie im kurzen Handelskrieg von 1812 in Brand, der zwischen Großbritannien und Amerika ausbrach. Das unfertige Schiff wurde gerettet und bald gegen die britische Marine eingesetzt. Ihre Hauptaufgabe war die Begleitung von Truppentransporten, aber sie war auch Teil des Geschwaders, das den britischen Hafen von Kingston in Ontario blockierte. Nach dem Krieg wurde sie auf Kiel gelegt. 1825 wurde sie schließlich verkauft.

Herkunftsland:	USA
Typ:	Fregatte
Stapellauf:	Juni 1813
Besatzung:	275
Verdrängung:	889 t
Maße:	44,2 m x 11,3 m
Reichweite:	unbegrenzt, abhängig von Vorräten
Hauptbewaffnung:	sechsundzwanzig 24-Pfünder-Kanonen
Motorisierung:	Segel
Leistung:	12 Knoten

Georges Leygues

Es gibt sieben Schiffe der *George Leygues*-Klasse von Lenkwaffen-Zerstörern, die alle 1979–1990 in Dienst gestellt wurden. Ihre primäre Raketenbewaffnung ist die Exocet. Die Flugabwehrbewaffnung ist die Thomson-CSF Crotale, die eine Reichweite von 13 km hat und eine Geschwindigkeit von 2,4 Mach erreicht. Einige Schiffe wurden für die Luftverteidigung verbessert. Die verschiedenen Waffen und die Sensoren (Matra Sadral sechsfache SAM-Raketenrampen, Breda-Mauser-30-mm-Kanonen und Störsender) werden von einem großen Kommandostand über der Brücke kontrolliert. Von der *Jean de Vienne* wurden 1996 Versuche auf See durchgeführt. Außer der *George Leygues* und der *Jean de Vienne* sind die anderen Schiffe dieser Klasse die *Dupleix*, die *Montcalm*, die *Primauguet*, die *La Motte-Picquet* und die *Latouche-Tréville*. Die Hauptaufgabe der *George Leygues*-Klasse ist der Boden-Boden-Angriff.

Herkunftsland:	Frankreich
Typ:	Zerstörer
Stapellauf:	17. Dezember 1976
Besatzung:	218
Verdrängung:	4.236 t
Maße:	139 m x 14 m x 5,7 m
Reichweite:	14.816 km (8.000 sm)
Hauptbewaffnung:	eine 100-mm-Kanone; Exocet-Raketen
Motorisierung:	Zwillingsschraube, Gasturbinen und Dieselmotoren
Leistung:	30 Knoten

Gepard

Die Fregatte der *Gepard*-Klasse ist die Nachfolgerin der *Koni*-Klasse. Das erste (und bisher einzige) Schiff wurde bei Zelenodolsk gebaut, 1991 auf Stapel gelegt und Ende 1994 vollendet. Aber wegen der fehlenden Zahlungen der russischen Regierung waren die Erbauer gezwungen, die Klasse an Seestreitkräfte anderer Länder wie Iran und Indien zu verkaufen. Die *Gepard* ist eine folgerichtige Entwicklung bestehender leichter Fregatten-Klassen mit dem Zusatz des Zwezda-Boden-Boden-Raketensystems (SS-N-25). Ein zweites Schiff mit einer Hubschrauber-Plattform wurde verschrottet, aber ein verbesserter Folgeentwurf mit besserer Bewaffnung ist in Planung. Die Erbauer geben an, dass die *Gepard* die Tarnkappentechnologie besitzt und mit Stabilisatoren und einer Klimaanlage ausgestattet ist. Die Russen haben ein zweites neues Fregattendesign, die *Novik* (*Grom*-Klasse), die ab 1999 in Kaliningrad gebaut wurde.

Herkunftsland:	Russland
Typ:	Fregatte
Stapellauf:	Juli 1993
Besatzung:	110
Verdrängung:	1.961 t
Maße:	102 m x 13,6 m x 4,4 m
Reichweite:	5.626 km (3.038 sm)
Hauptbewaffnung:	eine 76-mm-Kanone; SS-N-25-Raketen, SA-N-4-SAMs; vier 533-mm-Torpedorohre
Motorisierung:	Zwillingsantriebswellen, zwei Gasturbinen, zwei Dieselmotoren
Leistung:	26 Knoten

Gillis

Am 29. Mai 1919 wurde die *Gillis* vom Stapel gelassen. Sie stammte aus einer großen Klasse von Schiffen, die verbesserte Versionen der *Wickes*-Zerstörer waren. 1938–1940 wurden die *Gillis* und 13 weitere Zerstörer zu Wasserflugzeugträgern umgebaut, wobei zwei ihrer Kessel und die Torpedorohre entfernt wurden. Die USS *Williamson*, die *George E. Badger*, die *Clemson*, die *Goldsborough*, die *Hulbert*, die *Belknap*, die *Osmond Ingram*, die *Greene* und die *McFarland* wurden im November 1943 wieder zu Zerstörern umgebaut, aber die *Gillis* (AVD12), die USS *Childs*, die *William B. Preston*, die *Ballard* und die *Thornton* blieben Wasserflugzeugträger. Vom 11. bis 13. Juni 1942 griffen Catalina-Flugzeuge, unterstützt von der *Gillis*, japanische Schiffe und Einrichtungen in Kiska auf den Aleuten in einer 48-Stunden-Aktion an, was die Bomben- und Brennstoffvorräte des Schiffes verbrauchte, aber den Feind nicht von der Insel vertrieb. Die *Gillis* wurde 1946 verschrottet.

Herkunftsland:	USA
Typ:	Zerstörer
Stapellauf:	29. April 1919
Besatzung:	150
Verdrängung:	1.328 t
Maße:	95,8 m x 9,4 m x 3 m
Reichweite:	4.741 km (2.560 sm)
Hauptbewaffnung:	vier 102 mm-Kanonen; zwölf 533-mm-Torpedorohre
Motorisierung:	Zwillingsschraube, Turbinen mit Getriebewelle
Leistung:	25 Knoten

Giuseppe la Masa

Die *Giuseppe la Masa* lief 1917 als eines von acht Schiffen vom Stapel, welche die dritte Reihe der *Indomito*-Klasse-Zerstörer bildeten. 1929 wurden sie als Torpedoboote neu klassifiziert. Im 2. Weltkrieg wurde ihre Flugabwehrbewaffnung verstärkt. Nur ein Schiff der Klasse, die *Giacinto Carini*, überstand den Krieg. Italiens Flotte hing am Ende des 1. Weltkriegs zu einem großen Ausmaß von ihren Zerstörern ab, die mit etwa 50 in Dienst stehenden Schiffen bei weitem die größte Kriegsschiffart waren. Schiffe wie die *Giuseppe la Masa*, die noch beim Ausbruch des 2. Weltkriegs im Dienst waren, wurden zur Hafenverteidigung genutzt, wohingegen die Zerstörer für den Dienst an vorderster Front schnelle, moderne Schiffe waren, die in der Zwischenkriegszeit aufgelegt wurden. Die *Giuseppe la Masa* wurde im September 1943 nach Italiens Waffenstillstand mit den Alliierten versenkt, während sie zur Reparatur in einem Dock in Neapel lag.

Herkunftsland:	Italien
Typ:	Zerstörer
Stapellauf:	6. September 1917
Besatzung:	174
Verdrängung:	823 t
Maße:	72,5 m x 7,3 m x 2,9 m
Reichweite:	3.333 km (1.800 sm)
Hauptbewaffnung:	sechs 102-mm-Kanonen; vier 450-mm-Torpedorohre
Motorisierung:	Zwillingsschraube, Turbinen
Leistung:	34 Knoten

Gladiator

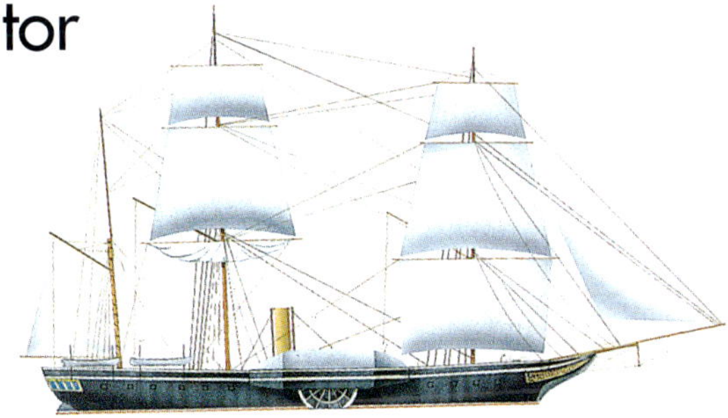

Mitte der 1850er Jahre hatte die britische Marine 77 Kriegsschiffe mit Schaufelrädern, 41 davon waren in Übersee stationiert. 1860 war die HMS *Gladiator* Teil eines gemeinsamen britisch-amerikanischen Geschwaders, das William Walker, den letzten der Filibuster, fangen sollte. Diese Seekapitäne waren streng genommen keine Piraten, waren aber in ungesetzliche Kriegsakte gegen fremde Länder verwickelt. Walker hatte sich zum Präsidenten von Nicaragua erklärt. Er und seine Männer wurden an Bord der *Gladiator* nach New Orleans gebracht, Walker wurde verurteilt und wurde exekutiert. Die Filibuster standen in der Tradition der Freibeuter, obwohl sie zivile Schiffe mit einem Kaperbrief fuhren, der sie praktisch zu legalisierten Piraten machte, so lange sie nur feindliche Schiffe angriffen. Sie hatten oft größere Schiffsbesatzungen als normal, um die gekaperten Schiffe als Beute nach Hause segeln zu können.

Herkunftsland:	Großbritannien
Typ:	Korvette
Stapellauf:	1844
Besatzung:	75
Verdrängung:	1.229 t
Maße:	67 m x 8,5 m x 3 m
Reichweite:	nicht bekannt
Hauptbewaffnung:	sechs 24-Pfünder-Kanonen
Motorisierung:	Schaufelräder, Schwingmotor, Hilfssegel
Leistung:	9,5 Knoten

Glasgow

Eine der ersten Versionen der *Typ 42*-Zerstörer, die HMS *Glasgow*, wurde 1982 als Teil der britischen Eingreiftruppe eingesetzt, die sich im Südatlantik versammelte, um die Falkland-Inseln wieder einzunehmen. Eines ihrer Schwesterschiffe, die HMS *Sheffield*, wurde von einer Exocet-Rakete versenkt, die von einem argentinischen Marine-Super-Etendard abgeschossen wurde. Ein weiteres Schiff, die HMS *Coventry*, erhielt am 25. Mai drei Bombentreffer und ging innerhalb von 45 Minuten unter. Zuvor war die *Glasgow* am 12. Mai nur knapp einer schweren Beschädigung entronnen, als eine Bombe mittschiffs durch ihren Rumpf von einer Seite zur anderen durchschlug, ohne dabei zu explodieren. Das Fehlen von Verteidigungssystemen zur Luftabwehr auf kurze Distanz war eine bedeutende Schwäche und durch finanzielle Einschränkungen verursacht. Auf der Haben-Seite konnten die Sea-Dart-Raketen des Schiffes fünf gegnerische Flugzeuge zerstören.

Herkunftsland:	Großbritannien
Typ:	Zerstörer
Stapellauf:	14. April 1976
Besatzung:	253
Verdrängung:	4.165 t
Maße:	125 m x 14,3 m x 5,8 m
Reichweite:	8.334 km (4.500 sm)
Hauptbewaffnung:	eine 115-mm-Kanone; ein Zwillingswerfer für Sea Darts
Motorisierung:	Zwillingsschraube, Gasturbine
Leistung:	30 Knoten

Godavari

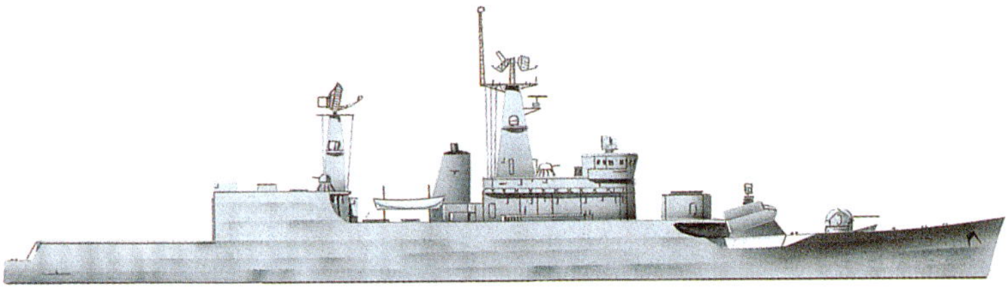

Im Mai 1980 lief die *Godavari* vom Stapel. Sie ist eine modifizierte Version der britischen *Leander*-Klasse. Zwei Hubschrauber werden achtern in einer großen Flugzeughalle untergebracht, und das Schiff trägt eine gemischte Bewaffnung russischer, europäischer und indischer Herkunft. Die Styx-Raketen mit aktivem Radar oder Infrarotzieleinrichtung haben eine Reichweite von 69 km bei 0,9 Mach mit einem 500-kg-Sprengkopf. Die Gecko-Rakete hat ein halbaktives Radar, das bis zu 13 km zielt und bei 2,5 Mach einen 50-kg-Sprengkopf trägt. Die *Godavari*-Klasse ist länger und breiter als die anderen Schiffe der *Leander*-Klasse. Die anderen beiden Schiffe sind die *Ganga* und die *Gomati*. Indien unterhielt eine starke Marine, die das Land auch in den Kriegen gegen Pakistan 1965 und 1971 einsetzte, in denen sowohl Geschützfeuer als auch Flugzeuge gegen Uferziele verwendet wurden.

Herkunftsland:	Indien
Typ:	Fregatte
Stapellauf:	15. Mai 1980
Besatzung:	330
Verdrängung:	4.064 t
Maße:	126,5 m x 14,5 m x 9 m
Reichweite:	8.334 km (4.500 sm)
Hauptbewaffnung:	zwei 57 mm-Kanonen, vier SS-N-2C-Styx-Raketen; plus SA-N-4-Gecko-Raketen
Motorisierung:	Zwillingsschraube, Turbinen
Leistung:	27 Knoten

Gossamer

Die *Gossamer* und ihre 12 Schwesterschiffe wurden gebaut, um Frankreichs ausgedehnter Torpedoboot-Flotte zu begegnen. Um die Qualitäten als Seeschiff zu verbessern, lief das gestreckte Vorschiff-Deck achtern bis zum Hauptmast, aber anfänglich litt die Klasse an Rumpfschwäche. Ein Torpedorohr lag im Bug, die anderen in paarweisen Vorrichtungen auf beiden Seiten mittschiffs. Die 120-mm-Schnellfeuerkanonen, die schließlich installiert wurden, hatten die fünffache Feuerrate der früheren Verschlusslader. Obwohl sie korrekt als *Sharpshooter*-Klasse bezeichnet wurde, wurden die 13 Boote oft *Gossamer*-Klasse genannt. Vier der Boote wurden Häfen in britischen Kolonien zugeteilt: zwei gingen zur indischen Marine und zwei nach Australien. 1908–1909 wurden die *Gossamer*, die *Seagull*, die *Skipjack* und die *Spanker* zu Minensuchern umgebaut. Die *Gossamer* wurde 1920 verkauft.

Herkunftsland:	Großbritannien
Typ:	Torpedokanonenboot
Stapellauf:	9. Januar 1890
Besatzung:	91
Verdrängung:	746 t
Maße:	70 m x 8,2 m x 3,2 m
Reichweite:	nicht bekannt
Hauptbewaffnung:	fünf 355-mm-Torpedorohre; zwei 120-mm-Kanonen
Motorisierung:	Zwillingsschraube, Dreifach-Expansionsmaschine
Leistung:	19 Knoten

Göteborg

Im Jahr 1934 war es offensichtlich, dass Schwedens Zerstörer einer Modernisierung bedurften. Die Schiffe Deutschlands und anderer Länder stellten die schwedischen Schiffe in den Schatten. Ein neues Bauprogramm wurde begonnen, und man begann mit dem Bau einer Klasse von sechs Einheiten, die man bis 1941 fertigen wollte. Die 120-mm-Kanonen waren auf einzelnen Sockeln befestigt, eine nach vorne, eine achtern und eine auf einer erhöhten Plattform mittschiffs. Die *Göteborg* wurde 1941 durch eine Explosion im Schiff versenkt, aber wieder gehoben und blieb bis 1958 im Dienst. Sie wurde am 14. August 1962 zu einem Übungsziel. Schwedens Marine ist im Grunde eine Küstenmacht mit der Aufgabe, die lange und raue Küste des Landes gegen Eindringlinge zu verteidigen. Erst im Kalten Krieg wurde aufgerüstet.

Herkunftsland:	Schweden
Typ:	Zerstörer
Stapellauf:	14. Oktober 1935
Besatzung:	220
Verdrängung:	1.219 t
Maße:	94,6 m x 9 m x 3,8 m
Reichweite:	3.333 km (1.800 sm)
Hauptbewaffnung:	drei 120-mm-Kanonen; sechs 533-mm-Torpedorohre
Motorisierung:	Zwillingsschrauben, Turbinen
Leistung:	35 Knoten

Grafton

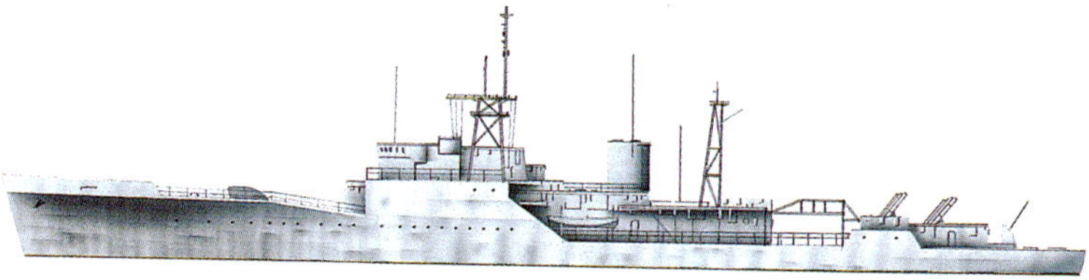

Die *Grafton* gehörte zur *Blackwood*-Klasse von 12 Nachkriegsfregatten. Sie wurde in vorgefertigten Teilen gebaut und auf einer Rampe zusammengesetzt. Die *Blackwood*-Klasse Schiffe waren sehr leicht bewaffnet und hatten nur zwei 40-mm-Bofors-Flugabwehrkanonen. Ihre Anti-U-Boot-Waffen bestanden aus zwei Limbo-Wasserbombenwerfern, die einen Wasserbombenteppich mit hoher Genauigkeit über ein großes Gebiet legen konnte. Drei Schiffe dieser Klasse – die *Duncan*, die *Palliser* und die *Russell* – bildeten ursprünglich die 1. Division des Fischereischutz-Geschwaders, das später in die Westliche Flotte integriert wurde. Einige Schiffe besaßen vier 533-mm-Torpedorohre, die aber entfernt wurden. 1958–1959 erhielten alle Schiffe Rumpfverstärkungen, um den anhaltenden, schweren Bedingungen im Fischereizonenschutz in den Gewässern um Island standzuhalten.

Herkunftsland:	Großbritannien
Typ:	Fregatte
Stapellauf:	13. September 1954
Besatzung:	175
Verdrängung:	1.480 t
Maße:	94,5 m x 10 m x 4,7 m
Reichweite:	7.037 km (3.800 sm)
Hauptbewaffnung:	zwei 40-mm-Kanonen
Motorisierung:	einzelne Schraube, Turbinen
Leistung:	27,8 Knoten

Grasshopper

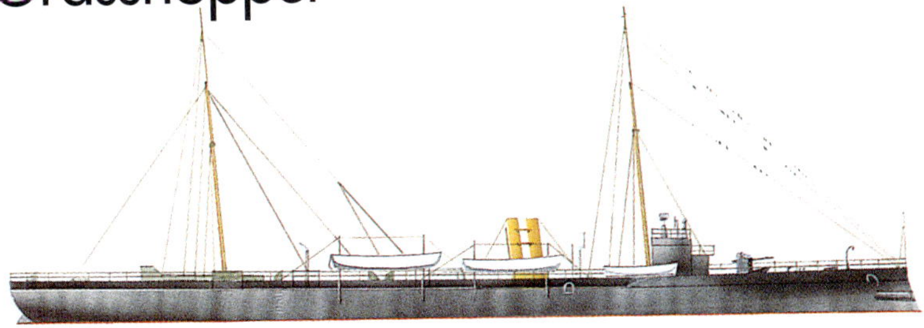

Die *Grasshopper* und ihre zwei Schwesterschiffe, die *Sandfly* und die *Spider*, bildeten die erste echte Klasse britischer Torpedo-Kanonenboote. Sie waren der *Rattlesnake* ähnlich, aber etwas größer und nicht so leistungsfähig. Bis zu ihrem Diensteintritt gab es ständige Verbesserungen in der Reichweite, der zuverlässigen Geschwindigkeit und der Sprengkraft der Torpedos. Die damals übliche 355-mm-Waffe wurde in den frühen 1890er Jahren durch die 457-mm-Kanone ersetzt. Die *Grasshopper* wurde 1905 verkauft. Am Ende des 19. Jahrhunderts kam es zur Einführung von Torpedos mit Kompasslenkung und zur internen Verbrennung in Torpedos, was wiederum zu Verbesserungen der Reichweite und der Genauigkeit führte. Die Kombination von Kanone und Torpedo wurde als die ideale Zusammensetzung in der Marinebewaffnung gesehen.

Herkunftsland:	Großbritannien
Typ:	Torpedokanonenboot
Stapellauf:	30. August 1887
Besatzung:	66
Verdrängung:	558 t
Maße:	60,9 m x 7 m x 3 m
Reichweite:	7.585 km (4.096 sm) bei 10 Knoten
Hauptbewaffnung:	eine 102-mm-Kanone; vier 355-mm-Torpedorohre
Motorisierung:	Zwillingsschrauben, Dreifach-Expansionsmaschine
Leistung:	17 Knoten

Grasshopper

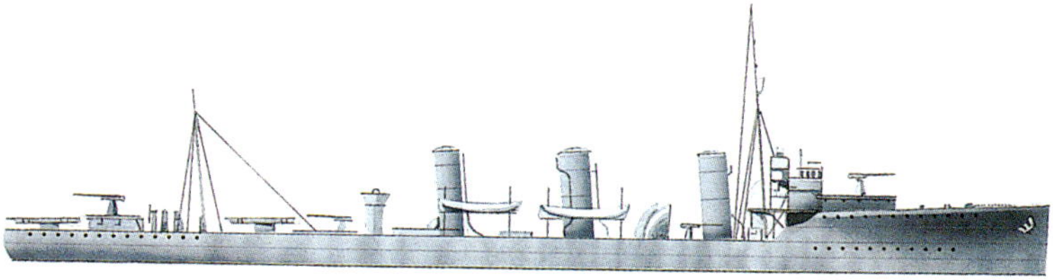

Die britische Admiralität erhielt 1907 Pläne der neuesten deutschen Zerstörer. Sofort setzte man ein neues Konstruktionsprogramm in Gang, um auf diese deutschen Schiffe zu reagieren. Anfängliche Pläne für die *Grasshopper* und die 15 Schwesterschiffe sahen Öl als Brennstoff vor, aber dies wurde bald zur besser verfügbaren Kohle geändert. Die Klasse erhielt einen neuen, beheizbaren Torpedo mit einer besseren Leistung. Er hatte eine Reichweite von 10.972 m bei 30 Knoten. Die *Grasshopper* lief im November 1909 vom Stapel und diente im 1. Weltkrieg der Harwich Force bei Patrouillen auf der Nordsee. Sie war das zweite Schiff mit diesem Namen. Das erste war ein Torpedo-Kanonenboot von 1887 mit einer einzelnen 102-mm-Kanone und vier 355-mm-Torpedorohren. Die zweite *Grasshopper* wurde 1921 abgetakelt.

Herkunftsland:	Großbritannien
Typ:	Zerstörer
Stapellauf:	23. November 1909
Besatzung:	150
Verdrängung:	937 t
Maße:	82,6 m x 27,5 m x 9,7 m
Reichweite:	2.407 km (1.300 sm)
Hauptbewaffnung:	eine 102-mm- und drei 12-Pfünder-Kanonen
Motorisierung:	dreifache Schrauben, Turbinen
Leistung:	27 Knoten

Gravina

Die *Gravina* gehörte zur größten Klasse von Zerstörern, die für die spanische Marine gebaut wurde. Die Klasse von 16 Schiffen wurde aus zwei Gruppen gebildet; die *Gravina* war Teil der zweiten. Die Zerstörer waren quasi Nachbauten der britischen *Scott*-Klasse-Flottillenführer. Alle *Gravina*-Klassen wurden in Cartagena gebaut und liefen 1926–1933 vom Stapel. Die Schiffe der zweiten Gruppe besaßen große Panzerplatten. Die Motoren entwickelten 42.000 PS, und die Brennstoffkapazität lag bei 548 Tonnen. Die Reichweite betrug bei 14 Knoten 8.550 km. Ein Schiff der Gruppe, die *Ciscar*, wurde im Oktober 1957 im Spanischen Bürgerkrieg versenkt. Alle Schiffe dieser Klasse wurden in den späten 1950er und frühen 1960er Jahren außer Dienst gestellt. Die *Gravina* wurde 1964 von der Marineliste gestrichen. Zu dieser Zeit hatte Spanien einen ehrgeizigen Aufrüstungsplan für die Marine ins Leben gerufen.

Herkunftsland:	Spanien
Typ:	Zerstörer
Stapellauf:	24. Dezember 1931
Besatzung:	275
Verdrängung:	2.209 t
Maße:	101,5 m x 9,6 m x 3,2 m
Reichweite:	8.534 km (4.608 sm)
Hauptbewaffnung:	fünf 120-mm-Kanonen; sechs 533-mm-Torpedorohre
Motorisierung:	Zwillingsschrauben, Turbinen
Leistung:	35 Knoten

Grischa-Klasse

Die *Grischa*-Klasse wurde als ein kleines Anti-U-Boot-Schiff 1968–1974 gebaut. Sie hatte einen relativ kurzen Produktionslauf, der nach nur 14 Einheiten endete. Ihnen folgten acht *Grischa-II*-Grenzpatrouillenschiffe, die dem Grenzdirektorium des sowjetischen Geheimdienstes zugewiesen waren. Sie unterschieden sich von *Grischa I* darin, dass sie anstatt der SAM-Rampe eine zweite 57-mm-Zwillingskanone zur Flugabwehr hatten. Das Hauptmodell der sowjetischen Marineproduktion war die *Grischa III*. In den frühen 1980er Jahren wurden etwa fünf pro Jahr gebaut. Zwei Schiffe der *Grischa-II*-Klasse gingen 1992 an Litauen, vier 1994 an die Ukraine. Die neuste Variante ist die *Grischa-V*-Klasse, von der ebenfalls 1996 eines an die Ukraine geliefert wurde. Mit ihrem relativ geringen Tiefgang sind die *Grischas* ideal zum Überwachen der seichten Gewässer von Flussmündungen.

Herkunftsland:	Sowjetunion/Russland
Typ:	Fregatte
Stapellauf:	1968 (erste Einheit)
Besatzung:	80
Verdrängung:	1.219 t
Maße:	72 m x 10 m x 3,7 m
Reichweite:	2.779 km (1.500 sm)
Hauptbewaffnung:	eine 57-mm-Zwillings- und eine 30-mm-Flugabwehrkanone; ASW-Raketen; SAMs
Motorisierung:	Zwillingswellen, eine Gasturbine, vier Dieselmotoren
Leistung:	30 Knoten

Grom

Die *Grom* (Blitz) war der ehemalige russische *Skori*-Klasse-Zerstörer *Smetliwi*. Dies war die größte Klasse sowjetischer Zerstörer, die nach dem 2. Weltkrieg gebaut wurde. Die Schiffe waren der Vorkriegsbauart nachempfunden und beinhalteten viele der besten Eigenschaften von Deutschlands ehemaligen Zerstörern. Der andere ehemalige russische Zerstörer, die *Wicher* (Orkan), war in Wirklichkeit der Klassenprototyp, die *Skori*. Mehr als 70 *Skori*-Klasse-Schiffe wurden 1950–1953 fertig gestellt. Zu einem späteren Zeitpunkt wurden die zwei polnischen Schiffe durch Transfer um einen *Kotlin*-Klasse-Zerstörer erweitert. Während des Kalten Krieges spielte die polnische Marine als Satellitenstaat der Sowjetunion eine wichtige Rolle bei den Operationen in der Ostsee. In den frühen 1980er Jahren lag ihre Stärke in Schnell- und Patrouillenbooten, die zusammen mit fünf U-Booten alle von der Sowjetunion geliefert wurden.

Herkunftsland:	Sowjetunion/Polen
Typ:	Zerstörer
Stapellauf:	17. November 1951
Besatzung:	280
Verdrängung:	3.150 t
Maße:	120,5 m x 11,8 m x 4,6 m
Reichweite:	7.037 km (3.800 sm)
Hauptbewaffnung:	vier 130-mm-Kanonen; zwei 76-mm-Flugabwehrkanonen
Motorisierung:	Zwillingsschrauben, Turbinen
Leistung:	36 Knoten

Gromki

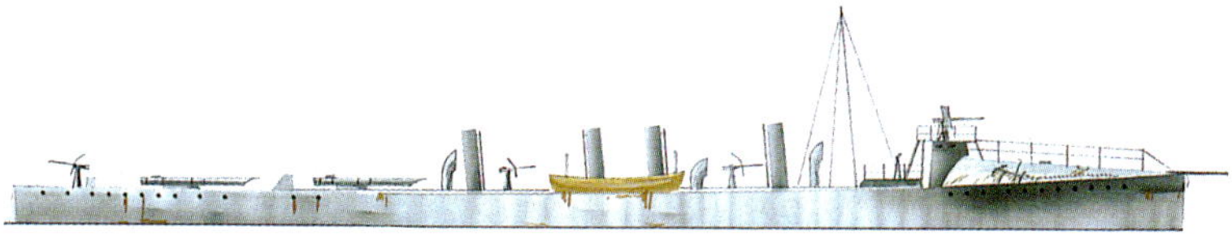

Die *Gromki* gehörte zur *Bojkij*-Klasse, eine der größten Zerstörergruppen, die für die zaristisch-russische Marine gebaut wurde. Sie bildete einen Teil der zweiten pazifischen Schwadron. Während des Kampfes von Tsushima 1905 wurde sie von einer Gruppe japanischer Kriegsschiffe angegriffen. Nach einem zweistündigen Gefecht war sie zerschossen und dümpelte im Wasser. Sie ging am 28. Mai 1905 zur Mittagszeit unter, nachdem zwei Drittel ihrer Mannschaft getötet oder verwundet worden waren. Noch ein Schiff dieser Klasse, die *Bjedowi*, die den schwer verwundeten russischen Admiral Rozhdestwenski an Bord hatte, wurde auch von japanischen Schiffen nach dem Kampf von Tsushima aufgebracht. Sie wurde in der japanischen Marine als *Satsuki* reaktiviert. Alle Zerstörer in dieser Klasse, einschließlich der *Gromki*, wurden bei der Newski-Werft in St. Petersburg gebaut, außer fünf Schiffen, die in Nikolajew entstanden.

Herkunftsland:	Russland
Typ:	Zerstörer
Stapellauf:	1904
Besatzung:	68
Verdrängung:	355 t
Maße:	64 m x 6,4 m x 2,5 m
Reichweite:	2.222 km (1.200 sm)
Hauptbewaffnung:	eine 11-Pfünder-, fünf 3-Pfünder-Kanonen; drei 350-mm-Torpedorohre
Motorisierung:	Zwillingswellen, dreifache vertikale Expansionsmaschine
Leistung:	26 Knoten

Gromki

Die *Gromki* von 1913 war einer von neun Zerstörern der *Bespokoinj*-Klasse, verkleinerte Versionen der 1.300-Tonnen-*Nowik*. Sie waren Teil eines neuen Marineaufbauprogramms, dessen vorrangiges Ziel die Vergrößerung der Schwarzmeerflotte war. Designstudien wurden seit 1907 gemacht, und überarbeitete Entwürfe brachten eine 50-Tonnen-Erweiterung in den Ausmaßen, wodurch die Schiffe mehr Bewaffnung aufnehmen konnten. Fünf Zwillingstorpedorohre lagen auf der Mittellinie, ein 102-mm-Geschütz nach vorn und zwei achtern. Die Motoren entwickelten 25.500 PS, aber nicht alle Schiffe in der Klasse erreichten die veranschlagte Höchstgeschwindigkeit, und weitere Fehler wurden im Dienst ersichtlich. Alle Schiffe dienten im 1. Weltkrieg. Einige wurden bei Nikolajew am Schwarzen Meer gebaut, die *Gromki* auf der Newski-Werft. Sie wurde am 18. Juni 1918 bei Noworossisk versenkt.

Herkunftsland:	Russland
Typ:	Zerstörer
Stapellauf:	18. Dezember 1913
Besatzung:	160
Verdrängung:	1.483 t
Maße:	98 m x 9,3 m x 3,2 m
Reichweite:	3.333 km (1.800 sm)
Hauptbewaffnung:	drei 102-mm-Kanonen; zehn 457-mm-Torpedorohre
Motorisierung:	zwei Turbinen mit Getriebewellen
Leistung:	34 Knoten

Grondeur

Die im Dezember 1892 vom Stapel gelaufene *Grondeur* war eine Entwicklung aus der *Coureur*, die selbst von 1888 stammte. Mit der *Grondeur* sollte der neue Thorneycroft-Wasserrohrkessel getestet werden, der dem Schiff im Verhältnis zum Gewicht eine große Kraft gab. Die *Grondeur* war etwas größer und stärker konstruiert als die *Coureur*, und die Mannschaftsunterkünfte waren großzügig verbessert. Die Torpedorohre waren vorn und achtern angebracht. 1926 wurde das Schiff verkauft. Im 1. Weltkrieg litten Frankreichs Torpedoboote schwer, insbesondere in den Dardanellen. In der Zwischenkriegszeit wurde der Weiterentwicklung dieser Schiffsart nur wenig Aufmerksamkeit gezollt. Obwohl in den späten 1930er Jahren ein Bauprogramm aufgelegt wurde, gingen nur wenige vor Frankreichs Kapitulation in Dienst. Einige fanden im 2. Weltkrieg Aufnahme in die britische Marine und wurden mit britischen, französischen und polnischen Besatzungen bemannt.

Herkunftsland:	Frankreich
Typ:	Torpedoboot
Stapellauf:	13. Dezember 1892
Besatzung:	75
Verdrängung:	133 t
Maße:	45 m x 4,4 m x 1,3 m
Reichweite:	3.333 km (1.800 sm)
Hauptbewaffnung:	zwei 47-mm-Kanonen; zwei 355-mm-Torpedorohre
Motorisierung:	Zwillingsschrauben, Dreifach-Expansionsmaschine
Leistung:	23,5 Knoten

Gromkij

Die *Gromkij* war einer der mit italienischer Hilfe entworfener russischer *Typ 7*-Zerstörer, was sich deutlich an ihren Linien zeigte. Wie bei allen Designs vor dem 2. Weltkrieg war die Flugabwehrbewaffnung unzulänglich, dies wurde während des Kriegs geändert. Die *Gromkij* wurde 1936 in Leningrad auf Kiel gelegt und 1939 beendet. Ihre Maschinen entwickelten 48.000 PS, die Brennstoffkapazität lag bei 548 Tonnen, genug für 1.529 km (826 sm) bei Höchstgeschwindigkeit und für 4.944 km (2.670 sm) bei 19 Knoten. Das Schiff verbrachte den Krieg in der Arktis. Im November 1941 wurde sie einer britischen Marineeinheit (der Kreuzer *Kenya* und die Zerstörer *Bedouin* und *Intrepid*) zugeteilt, um nach deutschen Schiffen vor der Nordküste Norwegens zu suchen. Ihre Hauptaufgaben waren die Eskorte von Küstenkonvois, das Minenlegen und Feuerunterstützung für die sowjetischen Truppen bei Murmansk. Sie wurde in den 1950er Jahren ausrangiert.

Herkunftsland:	Sowjetunion
Typ:	Zerstörer
Stapellauf:	18. Dezember 1937
Besatzung:	220
Verdrängung:	2.070 t
Maße:	112,8 m x 10,2 m x 3,8 m
Reichweite:	4.944 km (2.670 sm)
Hauptbewaffnung:	vier 130-mm- und zwei 76-mm-Kanonen; sechs 533-mm-Torpedorohre
Motorisierung:	Zwillingsschrauben, Turbinen
Leistung:	36 Knoten

Gröningen

Die *Gröningen* wurde im September 1956 fertig gestellt. Sie war einer von acht *Friesland*-Klasse-Zerstörern der Nachkriegszeit, die den leichten Kreuzern der Kriegszeit ähnelten. Sie befanden sich unter den wenigen Zerstörern, die mit Seitenpanzerung sowie mit Deckschutz gebaut wurden. Ihre Bewaffnung bestand hauptsächlich aus konventionellen Mehrzweckgeschützen. Diese Kanonen hatten eine Feuerrate von 50 Schuss pro Minute, die automatischen Munitionswechsel und Bediensysteme auf hohem Niveau erforderten. Ursprünglich wurden zwei dieser Klasse mit acht Torpedorohren zur U-Bootbekämpfung versehen, diese wurden aber 1961 wieder entfernt. Die *Friesland*-Klasse-Schiffe wurden nie mit Torpedos bewaffnet und waren unter den ersten Zerstörern, die mit keinerlei Torpedomöglichkeiten versehen waren. Die Schiffe stellten die letzte Entwicklung des mit Kanonen bewaffneten Zerstörers dar, bevor Raketen eingesetzt wurden.

Herkunftsland:	Niederlande
Typ:	Zerstörer
Stapellauf:	9. Januar 1954
Besatzung:	287
Verdrängung:	3.119 t
Maße:	116 m x 11,7 m x 3,9 m
Reichweite:	8.334 km (4.500 sm)
Hauptbewaffnung:	vier 120-mm-Kanonen
Motorisierung:	Turbinen mit Zwillingsgetriebewellen
Leistung:	36 Knoten

Grozjaschtschi

Die *Grozjaschtschi* war ein gepanzertes Kanonenboot mit einem recht ausgeglichenen Design für ein kleines Panzerschiff. Das einzelne 228-mm-Geschütz war vorn unter der Brücke in einem geschützten Einbau angebracht und ließ einen Winkel von 100 Grad zu, ein 152-mm-Geschütz lag achtern hinter einem Schild. Das Schiff war mit einem Stahlgürtel gepanzert, der sich vom Heck bis 9,15 m vom Bug erstreckte. Während des 1. Weltkriegs wurde die *Grozjaschtschi* mit vier 152-mm-Kanonen neu ausgerüstet, eine nach vorn, drei achtern. Es wurde auch weitere Panzerung hinzugefügt. Von den zwei Schwesterschiffen der *Grozjaschtschi* wurde die *Gremjaschtschi* am 18. August 1904 bei Port Arthur durch eine Mine gesprengt, während die *Otwajni* am 2. Januar 1905 am gleichen Ort versenkt wurde. Die *Grozjaschtschi* wurde 1922 verschrottet. Im Krieg von 1904/1905 hatten die Russen schwerste Einbußen außer bei Kanonenbooten zu vermelden.

Herkunftsland:	Russland
Typ:	Kanonenboot
Stapellauf:	Mai 1890
Besatzung:	178
Verdrängung:	1.653 t
Maße:	72,2 m x 12,6 m x 3,7 m
Reichweite:	nicht bekannt
Hauptbewaffnung:	eine 152-mm- und eine 228-mm-Kanone
Motorisierung:	Zwillingsschraube, dreifache vertikale Expansionsmaschinen
Leistung:	15 Knoten

Guadiana

Die *Guadiana* war einer von vier Zerstörern, die von Yarrow am Tyne vorgefertigt und in Portugal zusammengesetzt wurden. Zu dieser Zeit umfasste diese Gruppe die größte Zahl von Kriegsschiffen, die für viele Jahre von der portugiesischen Marine bestellt wurden. Die 102-mm-Kanone war auf einer Plattform auf dem Vorschiff angebracht. Zwei Doppeltorpedorohre lagen achtern auf der Mittellinie, die von zwei kleinen Anbauten getrennt wurden, von denen einer eine 76-mm-Kanone trug. Die Maschinen der *Guadiana* entwickelten 11.000 PS, und ihre Reichweite lag bei 3.033 km (1.638 sm) bei 15 Knoten. Sie wurde 1934 ausgemustert. Zwischen 1895 und dem 2. Weltkrieg stellte die portugiesische Regierung mehrere Pläne zur Vergrößerung der Marine auf. Der Kauf kleiner Schlachtschiffe musste verworfen werden, weil die Wirtschaft des Landes keine große Flotte unterhalten konnte.

Herkunftsland:	Portugal
Typ:	Zerstörer
Stapellauf:	21. September 1914
Besatzung:	170
Verdrängung:	670 t
Maße:	73,2 m x 7,2 m x 2,3 m
Reichweite:	3.040 km (1.638 sm)
Hauptbewaffnung:	eine 102-mm- und zwei 76-mm-Kanonen; vier 457-mm-Torpedorohre
Motorisierung:	Zwillingsschrauben, Turbinen
Leistung:	33 Knoten

Guglielmo Pepe

Entworfen und gebaut von Ansaldo in Genua, war die *Guglielmo Pepe* ein großer und mächtiger Flottillenführer und eines von drei Schiffen, die 1913 auf Kiel gelegt wurden. Ursprünglich sollte sie acht Torpedorohre haben, aber letztendlich erhielt sie nur vier. 1916 bekam sie zwei 76-mm-Flugabwehrkanonen, die aber im Jahr darauf wieder entfernt wurden. 1921 wurde das Schiff als Zerstörer neu klassifiziert, und im Juni 1938 wurde sie an Spanien abgegeben, wo sie in *Teruel* umbenannt wurde. Sie diente bis 1947 der spanischen Marine, deren Entwicklung über den 2. Weltkrieg stillstand und die dann versuchte, ihre Ressourcen mit einem modernen Schiffbauprogramm zu erweitern. Ein Programm wurde in den frühen 1950er Jahren begonnen, um die Vorkriegszerstörer durch moderne, einheimische Kriegsschiffe wie die *Audaz*-Klasse zu ersetzen.

Herkunftsland:	Italien
Typ:	Zerstörer
Stapellauf:	17. September 1914
Besatzung:	174
Verdrängung:	1.235 t
Maße:	85 m x 8 m x 2,8 m
Reichweite:	2.592 km (1.400 sm)
Hauptbewaffnung:	sechs 102-mm-Kanonen; vier 450-mm-Torpedorohre
Motorisierung:	Zwillingsschrauben, Turbinen
Leistung:	31,5 Knoten

Gurkha

Die *Gurkha* lief 1960 vom Stapel und war eine von sieben Mehrzweckfregatten in der *Tribal*-Klasse. Diese Klasse waren mit die ersten Schiffe, die in allen Mannschaftsräumen und den meisten Arbeitsbereichen voll klimatisiert waren. Die übliche Dampfturbine entwickelte 12.500 PS, was nochmals von einer Gasturbine bis zu einer Leistung von 20.000 PS erhöht werden konnte. Die Schiffe waren sehr seetüchtig und erreichten sogar in ungünstiger See eine gute Geschwindigkeit. Von den Schiffen in dieser Klasse wurden die *Ashanti*, die *Eskimo* und die *Gurkha* aus dem britischen Marinebudget von 1955–1956, die *Nubian* und die *Tatar* unter dem Programm von 1956–1957 und die *Mohawk* und die *Zulu* unter dem von 1957–1958 geordert. Die Schiffe waren in ihrer Konstruktion geschweißt vorgefertigt und wurden 1961–1964 vervollständigt. Sie waren die ersten Fregatten, die für einen Hubschrauber zur U-Boot-Aufklärung entworfen waren.

Herkunftsland:	Großbritannien
Typ:	Fregatte
Stapellauf:	11. Juli 1960
Besatzung:	253
Verdrängung:	2.743 t
Maße:	109 m x 12,8 m x 5,3 m
Reichweite:	7.778 km (4.200 sm)
Hauptbewaffnung:	zwei 114-mm-Kanonen; ein Dreikammer-Limbo-Mörser gegen U-Boote
Motorisierung:	eine Schraube, Turbine und Gasturbine
Leistung:	28 Knoten

Gwin

Die USS *Gwin* lief im Dezember 1917 vom Stapel und hatte ein ebenes Deck. Sie war ein so genannter Flushdecker, von denen viele neben ihren moderneren Gegenstücken im 2. Weltkrieg dienten. Die *Gwin* hatte drei Schornsteine und einen erhöhten Aufbau mittschiffs, auf dem zwei der 102-mm-Kanonen lagen. Sie wurde 1939 verkauft. Zur Zeit des japanischen Angriffes auf Pearl Harbour im Dezember 1941 stammte von der 171 US-Zerstörern im Dienst noch über ein Drittel aus dem 1. Weltkrieg, vor allem die Flushdeckers, von denen 272 gebaut worden waren. Zwölf gingen in der Zwischenkriegszeit verloren, und 93 weitere wurden unter den Bedingungen der Londoner Flottenkonferenz von 1930 verschrottet. Noch einmal 46 Schiffe dienten untergeordneten Pflichten, und 50 wurden 1940 an die britische Marine übergeben. Alle ehemals amerikanischen Zerstörer der britischen Marine waren nach Städten benannt.

Herkunftsland:	USA
Typ:	Zerstörer
Stapellauf:	22. Dezember 1917
Besatzung:	175
Verdrängung:	1205 t
Maße:	96,2 m x 9,1 m x 2,7 m
Reichweite:	2 779 km (1.500 sm)
Hauptbewaffnung:	vier 102-mm-Kanonen; 12 533-mm-Torpedorohre
Motorisierung:	Zwillingsschrauben, Turbinen
Leistung:	32 Knoten

Habana

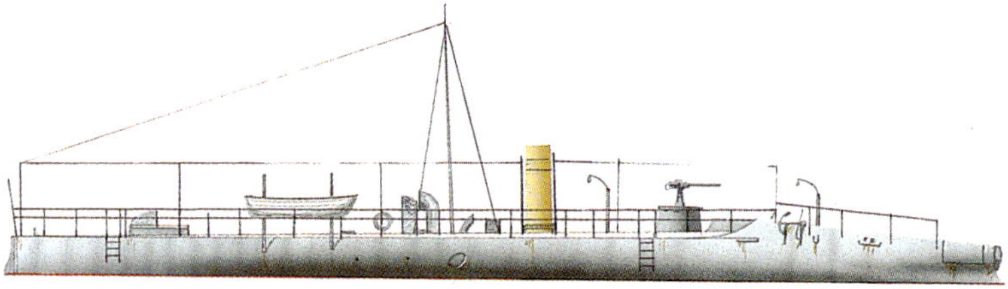

Die *Habana* lief 1886 vom Stapel. Sie war von Thorneycroft in London gebaut worden und eines von 13 erstklassigen Schiffen, die bis 1887 für die spanische Marine konstruiert wurden. Spanien war in der Marineentwicklung immer ein Vorreiter gewesen, besonders in den 1880er Jahren, als es eine mächtige Flotte von Panzerschiffen besaß, die ihre Marine auf Platz sechs in der Welt setzte. Die *Habana* trug ihre Maschinengewehre auf dem Kommandoturm; die zwei Torpedorohre lagen am Bug. Es gibt keinerlei Aufzeichnungen darüber, dass die *Habana* in den Krieg gegen die Vereinigten Staaten 1898 verwickelt war, als mehrere Kanonenboote bei Manila und in der Karibik eingesetzt wurden. Der Krieg, den die Amerikaner gewannen, zerstörte Spaniens Glaubwürdigkeit als eine führende Seemacht und kennzeichnete den Beginn des schnellen Aufstiegs der USA als bedeutende Seemacht.

Herkunftsland:	Spanien
Typ:	Torpedoboot
Stapellauf:	1886
Besatzung:	24
Verdrängung:	68 t
Maße:	38,8 m x 3,8 m x 1,5 m
Reichweite:	unbekannt
Hauptbewaffnung:	zwei 355-mm-Torpedorohre; ein Maschinengewehr
Motorisierung:	eine Schraube, dreifache vertikale Expansionsmaschine
Leistung:	24,5 Knoten

Hachijo

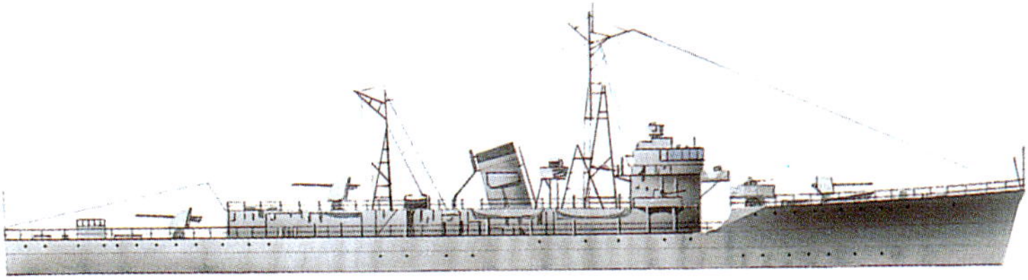

Die *Hachijo* und ihre drei Schwesterschiffe (*Ischigaki*, *Kunaschiri* und *Schumuschu*) wurden unter dem 1937er Programm der japanischen Marine geordert. Sie wurden als allgemeine Eskortschiffe entworfen, die auch für Küstenpatrouillen, als Konvoi-Geleitschutz, zur U-Bootbekämpfung und zum Minensuchen ausgestattet waren. Der Entwurf erwies sich als sehr befriedigend, und alle späteren Klassen von Geleitschiffen gingen darauf zurück. Die *Ischigaki* ging im Mai 1944 verloren. Die *Schumuschu* und die *Kunaschiri* wurden am Ende des 2. Weltkriegs den Alliierten übergeben und dazu benutzt, Gefangene in die Heimat zurückzubringen. Die *Schumuschu* wurde als Kriegsreparation an die Sowjetunion gegeben. Die *Kunaschiri* wurde im Juni 1946 zerstört, als sie auf ein Riff lief. Die *Hachijo* wurde auch ausgeliefert, aber sie war in einem so schlechtem Zustand, dass sie nicht wieder in Dienst gestellt und 1946 verschrottet wurde.

Herkunftsland:	Japan
Typ:	Zerstörereskorte
Stapellauf:	10. April 1940
Besatzung:	unbekannt
Verdrängung:	1.020 t
Maße:	77,7 m x 8,8 m x 3 m
Reichweite:	unbekannt
Hauptbewaffnung:	drei 120-mm-Kanonen
Motorisierung:	Zwillingsschrauben, Dieselmotoren
Leistung:	19,5 Knoten

Halifax

Fregatten sind die wichtigste Kriegsschiffklasse in der kanadischen Marine, die ein einheitlicher Bestandteil der kanadischen Streitkräfte ist. Die *Halifax* ist eine von 12 Fregatten ihrer Klasse, die alle zwischen 1992 und 1996 in Auftrag gegeben wurden. Die meisten wurden von St. John Shipbuilding in New Brunswick gebaut, die 1983 die Ausschreibung für die ersten sechs dieser neuen Klasse von Patrouille-Fregatten gewannen. Die Kampfsystemanlagen und deren Einbau wurden an Loral Canada weitervergeben; drei Schiffe gingen an Marine Industries als Subunternehmen. Geplant ist, ab 2002 ein einheitlich aktives/passives Schleppsonar einzubauen sowie ebenfalls ab 2002 vier der Schiffe für die Luftverteidigung umzubauen. Fünf dieser Klasse – die *Vancouver*, *Regina*, *Calgary*, *Winnipeg* und *Ottawa* – sind im Pazifik stationiert. Alle Schiffe haben entweder den CH-124A- oder den CH-124B-Sea-King Hubschrauber an Bord.

Herkunftsland:	Kanada
Typ:	Fregatte
Stapellauf:	30. Mai 1988
Besatzung:	198
Verdrängung:	4.847 t
Maße:	134,7 m x 16,4 m x 7,1 m
Reichweite:	15.280 km (8.246 sm)
Hauptbewaffnung:	eine 57-mm-Kanone; Harpoon-SSM; vier 324-mm-Torpedorohre
Motorisierung:	zwei Getriebewellen, zwei Gasturbinen, ein Dieselmotor
Leistung:	29 Knoten

Hamakaze

Die *Hamakaze* war der erste japanische Zerstörer, der mit Radar ausgerüstet wurde. Als sie 1941 fertig war, wurden sie und ihre 17 Schwesterschiffe mit sechs 152-mm-Geschützen auf Doppelgefechtstürmen bewaffnet, aber 1943–1944 wurde der Turm auf dem Aufbau achtern entfernt und durch zusätzliche Flugabwehrgeschütze ersetzt. Die Torpedorohre lagen mittschiffs auf eingeschlossenen vierfachen Sockeln. Die *Hamakaze* war in fast jede japanische Marineoperation im Pazifik während des 2. Weltkriegs verwickelt. Direkt zu Beginn war sie Teil des Geleitschutzes für die Flugzeugträgereinheit, die den Luftschlag auf Pearl Harbour unternahm. Sie wurde am 7. April 1945 versenkt, als amerikanische Flugzeuge eine japanische Kampfgruppe angriffen. Hierunter war auch das große Schlachtschiff *Yamato*, das amerikanische Streitkräfte bei Okinawa abfangen sollte.

Herkunftsland:	Japan
Typ:	Zerstörer
Stapellauf:	25. November 1940
Besatzung:	240
Verdrängung:	2.489 t
Maße:	118,5 m x 10,8 m x 3,7 m
Reichweite:	8.338 km (4.500 sm)
Hauptbewaffnung:	vier 152-mm-Kanonen; acht 610-mm-Torpedorohre
Motorisierung:	zwei Turbinen mit Getriebewellen
Leistung:	35,5 Knoten

Hamayuki

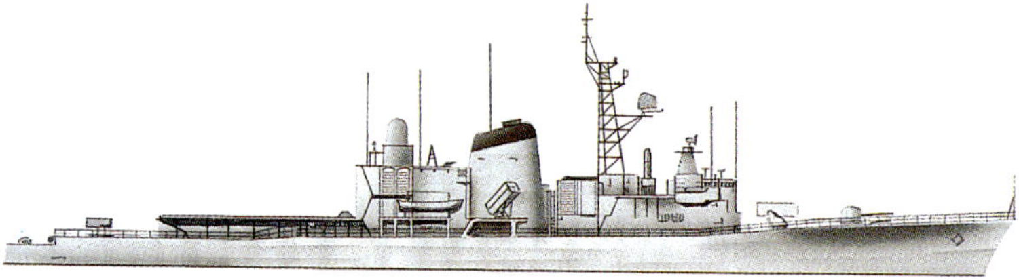

Die moderne japanische Marine ist eine gut geführte, effiziente Streitmacht, in der Unterseeboote, Zerstörer und Fregatten die Hauptkräfte bilden. Die *Hamayuki* war eine radikale Abkehr von früheren japanischen Anti-U-Boot-Zerstörern. Obwohl die Waffensysteme amerikanischen Ursprungs sind, ähneln das Konzept und die allgemeine Erscheinung sehr stark der erfolgreichen französischen *George Leygues*-Klasse. Die britische Antriebsmaschine besteht aus zwei Gruppen von Gasturbinen. Eine liefert 56.780 PS, die andere 10.680 PS. Die *Hamayuki* ist einer von 12 Lenkwaffenzerstörern der *Hatsuyuki*-Klasse. Die *Shirayuki* war das erste Schiff, das Anfang 1992 mit dem Phalanx-CIWS ausgestattet wurde, alle anderen Schiffe folgten bis 1996. Die letzten drei der Klasse – *Setoyuki*, *Asayuki* und *Shimayuki* – sind mit der kanadischen Beartrap-Landungshilfe ausgerüstet. Zu allen Schiffen gehört ein Sikorsky-SH-60J-Seahawk.

Herkunftsland:	Japan
Typ:	Zerstörer
Stapellauf:	27. Mai 1982
Besatzung:	250
Verdrängung:	3.760 t
Maße:	131,7 m x 13,7 m x 4,2 m
Reichweite:	9.260 km (5.000 sm)
Hauptbewaffnung:	eine 76-mm-Kanone; eine Achtkammernrampe für Sea Sparrow; zwei Phalanx-CIWS
Motorisierung:	Zwillingsschrauben, Gasturbine
Leistung:	30 Knoten

Hancock

Die 1776 vom Stapel gelaufene *Hancock* war die schnellste Segelfregatte ihrer Ära. Sie war eine von 13 Fregatten, die im Dezember 1775 vom Kongress bewilligt worden waren. Bis 1777 war die Hancock gegen britische Handelsschiffe im Einsatz, im Juni dieses Jahres zwangen sie und die Fregatte *Boston* die britische Fregatte *Fox* zur Aufgabe. Im Juli wurde die *Hancock* von den Briten aufgebracht und in *Iris* umbenannt. Sie diente Großbritannien, bis sie von den Franzosen aufgebracht wurde und dann als Kreuzer eingesetzt wurde. 1793 war das einst stolze Schiff ein Pulverlager in Toulon geworden. Dort wurde sie auch am 27. August in die Luft gejagt, als eine englisch-spanische Expedition den Hafen einnahm und den Großteil der französischen Mittelmeerflotte zerstörte. Dies war der Anfang vom Ende für Frankreichs große Pläne zur Vorherrschaft auf See, die 12 Jahre später auf immer in der Schlacht von Trafalgar zerschlagen wurden.

Herkunftsland:	USA
Typ:	Fregatte
Stapellauf:	1776
Besatzung:	350
Verdrängung:	762 t
Maße:	43,8 m x 10,8 m
Reichweite:	unbegrenzt, abhängig von Vorräten
Hauptbewaffnung:	zehn 6-Pfünder, 24 12-Pfünder-Kanonen
Motorisierung:	Segel
Leistung:	12 Knoten

Haribing

Die *Haribing* war die erste einer Klasse von zwei Zerstörern, die andere war die *Quingdao*. Sie wurden 1985 geordert. Der Bau wurde verzögert, weil bereits dem Bau von Kriegsschiffen für Thailand Priorität eingeräumt worden war. So wurden die Schiffe nicht bis Juli 1994 bzw. März 1996 in Dienst gestellt. Die herausragendsten Merkmale sind die vorn angebrachte achtfache Rampe für das HQ-7-SAM-System (Crotale), verbesserte Radar- und Feuerkontrollsysteme, ein modernes 100-mm-Zwillingsgeschütz, das bis zu 85 Grad aufgerichtet werden kann, und ein 15-kg-Geschoss, das bis zu 22 km (12 sm) weit feuert. Die *Haribing* ist in der Nordflotte in der Bucht von Guzhen stationiert, die *Quingdao* bei der Ostflotte bei Jianggezhuang. Die Gasturbinen für die *Quingdao* wurden in der Ukraine hergestellt. Chinesische Kriegsschiffe werden häufig wegen ihrer minderwertigen Bauqualität kritisiert.

Herkunftsland:	China
Typ:	Zerstörer
Stapellauf:	Oktober 1991
Besatzung:	230
Verdrängung:	4.267 t
Maße:	142,7 m x 15,1 m x 5,1 m
Reichweite:	8.042 km
Hauptbewaffnung:	zwei 100-mm-Kanonen; YJ-1-Eagle-Strike-SSMs; 324-mm-Torpedorohre
Motorisierung:	zwei Wellen, zwei Gasturbinen, zwei Dieselmotoren
Leistung:	31 Knoten

Haruna

Die *Haruna* wurde im März 1970 auf Stapel gelegt und 1973 vollendet. Sie und ihr Schwesterschiff *Hiei* sollten als Führungsschiffe für Anti-U-Boot-Geleitschutzgruppen agieren. Es sind außergewöhnliche Schiffe, deren gesamtes Heck als Operationsbasis für die drei großen Sea-King-Anti-U-Boot-Helikopter dient. Sie sind die einzigen Schiffe der Welt in Zerstörergröße, die drei solche Hubschrauber aufnehmen können. Die Sektion mittschiffs wird vom Hangar dominiert, der die volle Breite des Schiffes einnimmt und sich nach vorne seitlich bis zum einzigen breiten Schornstein erstreckt. Die 127-mm-Geschütze sind nach vorne gerichtet und völlig automatisch. Sie schießen bis zu 40 Runden pro Minute. 1986–1987 durchlief die *Haruna* eine Aufrüstungsmaßnahme zur Verbesserung des Flugabwehrsystems. Der *Haruna*-Klasse Schiffe folgte die ähnliche *Shirane*-Klasse.

Herkunftsland:	Japan
Typ:	Zerstörer
Stapellauf:	Dezember 1971
Besatzung:	370
Verdrängung:	5.029 t
Maße:	153 m x 17,5 m x 5,2 m
Reichweite:	8.894 km (4.800 sm)
Hauptbewaffnung:	zwei 127-mm-Kanonen; Sea-Sparrow-Raketen
Motorisierung:	Zwillingsschrauben, Turbinen
Leistung:	32 Knoten

Hatakaze

Die *Hatakaze* ist das Führungsschiff einer Klasse von zwei Schiffen. Ihr Schwesterschiff ist die *Schimakaze*. Beide haben eine Plattform für einen Sikorsky-SH-60J-Seahawk-Helikopter. Sie sind mit leitfähigen Standard-SM-1MR-Boden-Luft-Raketen ausgestattet, die bei Mach 2 ein halbaktives Radar mit 46 km (25 sm) Reichweite und eine Flughöhe von 45–18.288 m besitzen. Die Hauptwaffe gegen U-Boote ist die Honeywell ASROC Mk 112 mit einer Reichweite von 1,6–10 km (15,4 sm); es werden Mk46-Mod-5-Torpedos benutzt. Die Schiffe werden auch mit dem General-Dynamics-20-mm-Phalanx-Mk15-CIWS bewaffnet, das sechs Rohre hat, 3.000 Runden pro Minute feuert und eine Reichweite von 1,6 km besitzt. Die Phalanx ist eine Luftverteidigungswaffe gegen heranschießende Raketen.

Herkunftsland:	Japan
Typ:	Zerstörer
Stapellauf:	9. November 1984
Besatzung:	260
Verdrängung:	5.588 t
Maße:	150 m x 16,4 m x 4,8 m)
Reichweite:	8.042 km (4.342 sm)
Hauptbewaffnung:	zwei127-mm-Kanonen; Harpoon-SSM; ASROC; 324-mm-Mk46-Neartip-Torpedos
Motorisierung:	Zwillingswellen, vier Gasturbinen
Leistung:	30 Knoten

Havock

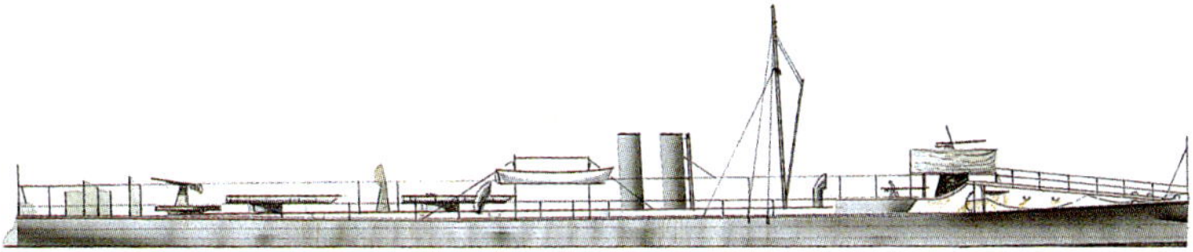

Die HMS *Havock* war der erste wirkliche Zerstörer der Welt. 1892 wurde Alfred Yarrow aus Tyneside von der Admiralität nach einer Entgegnung auf die französische Torpedowaffe gefragt und entwickelte die *Havock*, welche im August 1893 vom Stapel lief und 1894 fertig gestellt wurde. Zehn wasserdichte Schotten teilten das Schiff in 11 Abteilungen. Ihr 12-Pfünder-Geschütz war auf einer Plattform nach vorn angebracht, es gab zwei 6-Pfünder im Mittelteil und eines achtern. Bei Versuchen erwies sich die *Havock* als ein sehr gutes, schnelles Seeschiff mit sehr wenig Vibration oder Schlagseite, wenn sie hart am Ruder lief. 1912 wurde sie schließlich ausrangiert. In den kommenden Jahren übernahmen andere Zerstörer den Namen ihres Vorläufers. Einer von ihnen nahm am Kampf bei Narvik im April 1940 teil.

Herkunftsland:	Großbritannien
Typ:	Zerstörer
Stapellauf:	12. August 1893
Besatzung:	68
Verdrängung:	243,8 t
Maße:	54,8 m x 5,6 m x 3,3 m
Reichweite:	1.482 km (800 sm)
Hauptbewaffnung:	eine 12-Pfünder- und drei 6-Pfünder-Kanonen; drei Torpedorohre
Motorisierung:	Zwillingsschrauben, Dreifach-Expansionsmaschinen
Leistung:	26 Knoten

Hibiki

Die japanische Marine hatte mit ihrer *Fubiki*-Klasse ein volles Jahrzehnt vor der britischen *J*-Klasse Zerstörer von überragender Bauart. Dieser plötzliche technische Sprung brachte auch Probleme mit sich, wie folgende Klassen zeigten. Die vier *Akatsuki*-Klasse-Schiffe von 1931–1933 behielten die gleiche Anordnung auf einem etwas kürzeren Rumpf, aber reduzierten den vorderen Schornstein zu einem dicken Rohr, um das Gesamtgewicht zu erhalten. Sie hatten ebenso Leichtgewichtsmasten und weniger Wasserbomben. Die *Hibiki* aus dieser Gruppe war der erste komplett geschweißte japanische Zerstörer; sie war auch das einzige Schiff der *Akatsuki*-Klasse, das den Krieg überlebte. Ihr X-Turm wurde 1942 durch leichtere Flugabwehrwaffen ersetzt, und zum Kriegsende hatte sie 28 25-mm-Flugabwehrkanonen. 1947 ging sie als Kriegsbeute an die Sowjetunion.

Herkunftsland:	Japan
Typ:	Zerstörer
Stapellauf:	16. Juni 1932
Besatzung:	240
Verdrängung:	2.530 t
Maße:	118,45 m x 10,8 m x 3,76 m
Reichweite:	9.250 km (4.986 sm)
Hauptbewaffnung:	drei 127-mm-Zwillings- und zwei 25-mm-Zwillingsluftabwehrkanonen; zwei vierfache 610-mm-Torpedorohre
Motorisierung:	zwei Dampfturbinen mit Getriebewellen
Leistung:	35 Knoten

Hunt

Bereits 1938 entwarf die britische Admiralität aus Mangel an Eskorten das so genannte Fast Escort Vessel (FEV) – Schnelles Eskortenschiff. Es sollte Konvois sowohl Fliegerabwehr als auch U-Bootabwehr bieten, ohne die wertvollen und, wie sich herausstellte, unzulänglichen Flottenzerstörer zu binden. Eher kurzsichtig wurde eine Notwendigkeit zur Geschwindigkeit angenommen, um Sonarkontakte besser verfolgen zu können. Die Schiffe waren jedoch nicht belastbar, was später als Grundvoraussetzung galt, wie bei den echten Eskortschiffen, den *Flower*-Klasse-Korvetten. Um sie als Geschützplattform zu verbessern, wurden die Schiffe der *Hunt*-Klasse zunächst standardgemäß mit aktiven Stabilisatoren ausgerüstet. Aber ihre Kraftanforderung und ihre schwachen Kontrollsysteme mussten verbessert werden. Insgesamt wurden 83 *Hunt*-Klasse-Typen I, II und III gebaut.

Herkunftsland:	Großbritannien
Typ:	Zerstörer
Stapellauf:	12. Dezember 1939 (erste Einheit: HMS *Atherstone)*
Besatzung:	170
Verdrängung:	1.107 t
Maße:	85,7 m x 9,6 m x 2,36 m
Reichweite:	4.626 km (2.498 sm)
Hauptbewaffnung:	zwei 102-mm-Kanonen; zwei 533-mm-Torpedorohre
Motorisierung:	zwei Dampfturbinen mit Getriebewellen
Leistung:	25 Knoten

Hydra

Die griechische Regierung verkündete am 18. April 1988 die Entscheidung, vier Meko-200-Mod-3HN-Fregatten von Deutschland zu kaufen. Die deutsche Bundesregierung sollte die Kosten des Kaufs durch Lieferungen von Panzern und Flugzeugen ausgleichen, wohingegen US-Kredite zur Deckung der Kosten der Elektronik und Waffensysteme beitrugen. Das erste Schiff, die *Hydra*, wurde von Blohm & Voss in Hamburg gebaut, die übrigen sollten von der Hellenischen Werft in Skaramanga gebaut werden. Aber der Bau des zweiten Schiffes, der *Spetsai*, wurde durch finanzielle Einschränkungen verzögert, sodass einige der Bauarbeiten in Hamburg geleistet wurden. Das Design folgt dem der portugiesischen *Vasco da Gama*-Klasse. Alle vier Schiffe wurden zwischen November 1992 und Januar 1999 in Dienst gestellt. Sie haben alle den Sikorsky-Aegean-Hawk-ASW-Hubschrauber an Bord.

Herkunftsland:	Griechenland
Typ:	Fregatte
Stapellauf:	25. Juni 1991
Besatzung:	173
Verdrängung:	3.251 t
Maße:	117 m x 14,8 m x 4,1 m
Reichweite:	6.591 km (3.559 sm)
Hauptbewaffnung:	eine 127-mm-DP-Kanone; Harpoon-SSM; sechs 324-mm-Torpedos; Sea-Sparrow-SAMs
Motorisierung:	zwei Getriebewellen, zwei Gasturbinen, zwei Dieselmotoren
Leistung:	31 Knoten

Impavido

Die *Impavido* und ihr Schwesterschiff, die *Intrepido*, waren die ersten mit Raketen bestückten Zerstörer der italienischen Marine. Abgeleitet von den *Impetuoso*-Klasse-Zerstörern, die nur mit konventionellen Geschützen bewaffnet waren, behielten sie den nach vorn gerichteten 127-mm-Doppelgeschützturm. Der hintere Geschützturm wurde durch eine US-Mk13-Abschussvorrichtung für Tartar-Boden-Luft-Raketen ersetzt. Die Tatar-Raumverteidigungswaffe ist ähnlich der britischen Sea Dart. Sie wurde 1952 als eine Waffe entwickelt, die Ziele in allen Höhen bekämpfen konnte. Der hintere Schornstein wurde erhöht, um die Abgase von der Feuerkontrolleinrichtung auf der Spitze des hinteren Aufbaus fernzuhalten. Die *Impavido* war mit vier 76-mm-Flugabwehrkanonen ausgestattet, U-Boote wurden mit zwei dreifachen Torpedorohren bekämpft. Das Schiff wurde zwischen 1976 und 1977 modernisiert und am 30. Juni 1992 eingeholt.

Herkunftsland:	Italien
Typ:	Zerstörer
Stapellauf:	25. Mai 1962
Besatzung:	344
Verdrängung:	4.054 t
Maße:	131,3 m x 13,7 m x 4,4 m
Reichweite:	9.260 km (5.000 sm)
Hauptbewaffnung:	zwei 127-mm-Kanonen; ein Tartar-Raketenwerfer
Motorisierung:	Zwillingsschrauben, Turbinen
Leistung:	34 Knoten

Inhauma

Die *Inhauma* ist das Leitschiff einer Klasse von vier Korvetten. Sie wurde vom brasilianischen Marinebauamt mit Unterstützung von deutscher Marinetechnik aus Privatbesitz entworfen. Die *Inhauma* wurde im Dezember 1989 in Dienst gestellt, die anderen Korvetten 1991–1994. Ursprünglich war beabsichtigt, eine Klasse von 16 Schiffen zu bestellen, die aber aus Finanzgründen auf vier reduziert wurde. Aufgrund seiner langen Küstenlinie war Brasilien immer bestrebt, eine schlagkräftige Marine zu unterhalten. Das erste Schlachtschiff Brasiliens, das 1907 in Großbritannien gebaut wurde, war als eine Antwort auf die stärker werdende argentinische Marine gedacht. Daher hatte das Land sogar vor größeren Mächten wie Frankreich, Italien und Russland Schiffe dieses Typs im Dienst. Korvetten wie die *Inhauma* sind ideal für die Verteidigung von Brasiliens Küste.

Herkunftsland:	Brasilien
Typ:	Korvette
Stapellauf:	13. Dezember 1986
Besatzung:	122
Verdrängung:	2.002 t
Maße:	95,83 m x 11,4 m x 3,7 m
Reichweite:	6.434 km (3.474 sm)
Hauptbewaffnung:	eine 115-mm-Kanone; Exocet-SSMs; sechs 324-mm-Torpedorohre
Motorisierung:	zwei Getriebewellen, eine Gasturbine; zwei Dieselmotoren
Leistung:	27 Knoten

Iroquois

Zwischen 1970 und 1971 liefen die *Iroquois* und ihre drei Schwesterschiffe, die *Athabaskan*, die *Algonquin* und die *Huron*, vom Stapel. Alle vier waren nach Indianerstämmen der Region um die Großen Seen benannt. Sie waren speziell für U-Bootkriegsführung in arktischen Gewässern gedacht. Alle Schiffe haben die gleiche Rumpfbauart, Dimensionen und wesentlichen Eigenschaften wie eine frühere Klasse von großen Mehrzweckfregatten, die Anfang der 1960er Jahre eingestellt worden war. Korrekt bezeichnet als Zerstörer-Hubschraubereskorten, haben sie zwei Sea-King-ASW-Hubschrauber an Bord. Sie sind mit Schlingertanks gegen Rollbewegungen ausgestattet, um sie bei niedriger Geschwindigkeit zu stabilisieren, sowie mit einem Dekontaminierungssystem gegen radioaktiven Niederschlag. Zudem haben sie einen abgeschlossenen Gefechtsstand mit umfassender Elektronik, von dem die gesamte Maschinerie gesteuert wird.

Herkunftsland:	Kanada
Typ:	Zerstörer
Stapellauf:	28. November 1970
Besatzung:	246
Verdrängung:	4.267 t
Maße:	129,8 m x 15,5 m x 4,5 m
Reichweite:	8.338 km (4.502 sm)
Hauptbewaffnung:	eine 127-mm-Kanone; ein dreifacher A/S-Mörser
Motorisierung:	Zwillingsschrauben, Gasturbinen
Leistung:	30 Knoten

Izumrud

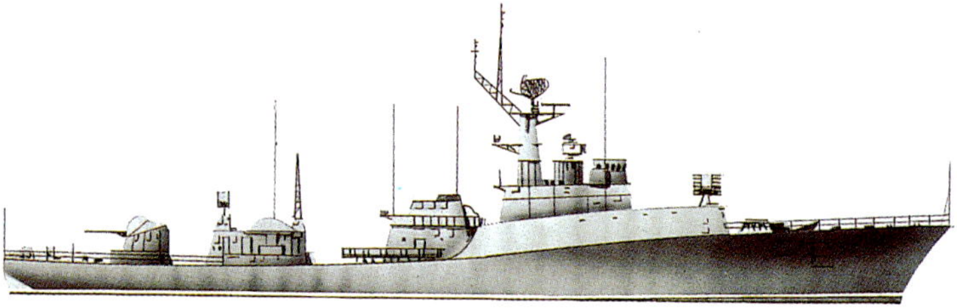

Die *Izumrud* (Smaragd) gehörte zu einer großen Gruppe von kleinen Anti-U-Boot-Fregatten, von denen drei pro Jahr gebaut wurden. Sie wurden je nach Ausrüstung in drei Untergruppen eingeteilt. Die *Izumrud* ist in der ersten Gruppe. Ihr 57-mm-Doppelgeschützturm ist achtern angebracht, die SA-N-4-SAM-Raketen liegen vor der Brücke und werden aufwärts durch eine kreisförmige Schiffsluke im Deck abgefeuert. Zwei Doppelraketenabschussrampen sind ebenfalls vor der Brücke angebracht, und 533-mm-Doppeltorpedorohre liegen mittschiffs. Die Turbinen der *Izumrud* entwickeln 24.000 PS, die Dieselaggregate 16.000 PS. Die Reichweite beträgt 1.800 km (972 sm) bei 27 Knoten und 8.550 km (4.616 sm) bei 10 Knoten. Das Schiff ist in erster Linie als Küstenpatrouille gegen Unterseeboote gedacht, wobei die Hauptziele kleine und sehr leise diesel-elektrische Boote wären.

Herkunftsland:	Sowjetunion
Typ:	Fregatte
Stapellauf:	1970
Besatzung:	250
Verdrängung:	1.219 t
Maße:	72 m x 10 m x 3,7 m
Reichweite:	8.550 km (4.608 sm)
Hauptbewaffnung:	zwei 57-mm-Kanonen; SAMs
Motorisierung:	dreifache Schrauben, eine Gasturbine, zwei Dieselmotoren
Leistung:	27 Knoten

Jacob van Heemskerck

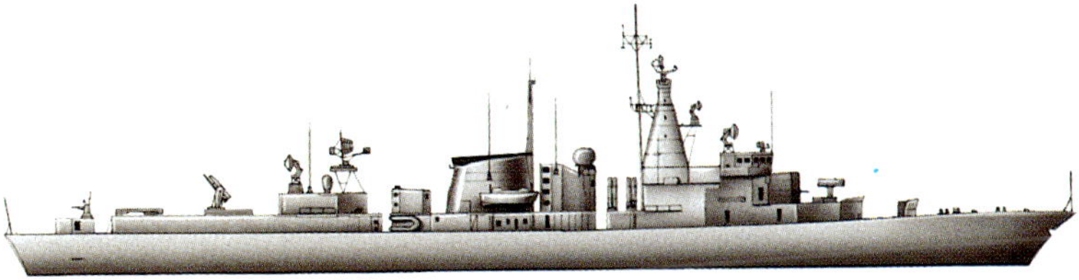

Die *Jacob van Heemskerck* ist das Führungsschiff einer Klasse mit zwei Schiffen; das andere ist die *Witte de With*. Sie wurden 1986 in Dienst gestellt, um sich als das Flaggschiff der 3. ASW-Jagdgruppe der niederländischen Marine abzuwechseln. Zu Kriegszeiten sind sie dem Ärmelkanalkommando der NATO zugeteilt. Die beiden Schiffe waren ursprünglich dazu bestimmt, zwei *Kortenaer*-Klasse-Fregatten zu ersetzen, die an Griechenland verkauft worden waren. Sie waren als eine Variante der Luftverteidigung gedacht. Zusätzlich zum Goalkeeper-CIWS sind sie mit Standard- und Sea-Sparrow-SAMs bewaffnet und können so einer Einheit eine wirksame Raumverteidigung bieten. Die Standard-SM-1MR-SAMs haben eine Reichweite von bis zu 46 km (25 sm) weit, die Raytheon-Sea-Sparrows bis zu 14,6 km (7,8 sm). Das Standardprojektil ersetzt den Tartar im NATO-Einsatz.

Herkunftsland:	Niederlande
Typ:	Fregatte
Stapellauf:	5. November 1983
Verdrängung:	3.810 t
Maße:	130,5 m x 14,6 m x 6,2 m
Reichweite:	7.560 km (4.082 sm)
Hauptbewaffnung:	ein 30-mm-Goalkeeper; zwei 20 mm-Kanonen; Harpoon SSM, Standard- und Sea-Sparrow-SAMs; vier 324-mm-Torpedorohre
Motorisierung:	zwei Getriebewellen, vier Gasturbinen
Leistung:	30 Knoten

Jebat

Am 31. März 1992 wurde bekannt, dass zwischen Yarrow Shipbuilders in Glasgow und der malaysischen Marine ein Vertrag über den Bau von zwei Korvetten geschlossen worden war. Die Schiffe wurden als leichte Fregatten klassifiziert. Sie wurden *Jebat* und *Lekiu* genannt, liefen 1994 und 1995 vom Stapel und wurden 1998 in Dienst gestellt. Die Auslieferungstermine waren aufgrund von Problemen mit der Integrierung des Waffensystems verzögert. Im Grunde sind die Schiffe ein GEC-Marinesystem des so genannten Fregatte-2000-Designs mit einem modernen Kampfdatensystem und automatischer Maschinenkontrolle. Die Raketenbewaffnung besteht aus der Aerospatiale-Exocet-MM40-Block-II-Sea-Skimmer und dem British-Aerospace-Senkrechtstarter Seawolf. Malaysias lange Küstenlinie macht starke Patrouillenkräfte unabdingbar. Das Land besitzt drei Fregatten und zwei Korvetten sowie etwa 40 Patrouillenschiffe unterschiedlicher Typen.

Herkunftsland:	Malaysia
Typ:	Fregatte
Stapellauf:	Mai 1995
Besatzung:	146
Verdrängung:	2.306 t
Maße:	105,5 m x 12,8 m x 3,6 m
Reichweite:	9.650 km (5.208 sm)
Hauptbewaffnung:	eine 57-mm- und zwei 30-mm-Kanonen; Exocet-SSM; Seawolf-SAM; sechs 324-mm-Torpedorohre
Motorisierung:	zwei Getriebewellen, vier Dieselmotoren
Leistung:	28 Knoten

Jianghu-Klasse

Die ersten drei oder vier Einheiten der späteren *Jianghu-I*-Klasse wurden zwischen 1973 und 1974 auf Stapel gelegt, liefen 1975 vom Stapel und wurden 1976 in Dienst gestellt. Die Schiffe waren Nachfolger der *Jiangdong*-Klasse, dem ersten Fregattenentwurf von China nach der Revolution. Eine zweite Schiffswerft, Tungmang in Shanghai, beteiligte sich am Programm. Ungefähr 20 Schiffe wurden gebaut. Eines von ihnen (Wimpel Nr. 544) wurde umgebaut und als *Jianghu II* bezeichnet. Das Heck wurde umgebaut, um einem Hangar und einem Flugdeck für einen Hubschrauber Platz zu bieten. Man erwartete den Umbau mehrerer Schiffe der Klasse, aber die 544 kann ein einmaliges Hubschrauberversuchsschiff für die verbesserten *Luhu*- und *Jiangwei*-Bauarten gewesen sein. Es gibt auch eine *Jianghu-III*-Klasse, die mit verbesserten Waffen und Elektronik ausgestattet ist.

Herkunftsland:	China
Typ:	Fregatte
Stapellauf:	1975 (erste Einheit: *Chang De*)
Besatzung:	195
Verdrängung:	1.900 t
Maße:	103,2 m x 10,2 m x 3,1 m
Reichweite:	7.408 km (4.000 sm)
Hauptbewaffnung:	zwei einzelne 100-mm-DP und sechs 37-mm-Zwillingsflugabwehrkanonen; Anti-Schiffsraketen
Motorisierung:	zwei Getriebewellen, zwei Dieselmotoren
Leistung:	30 Knoten

Jianghu III

Basierend auf der *Jianghu II* wurde mit der *Jianghu III*-Klasse wieder auf den rundlichen Aufbau der *Jianghu I* zurückgegriffen. Sie waren mit 57-mm-DP-Doppelgeschützen vorn und achtern plus sechs 37-mm-Doppelflugabwehrkanonen, vier RBU-1200-ASW-Raketenabschussrampen, vier BMB-2-Wasserbombenwerfern und zwei Wasserbombenträgern bestückt. Die ersten beiden Einheiten wurden 1984 und 1985 an Ägypten als *Najim az Zaffer* und *El Nasser* verkauft. Weitere vier gingen 1991–1992 nach Thailand. Zwei Einheiten sind zur Zeit in Diensten der chinesischen Flotte. Der erste ist die *Huangschi*, die im Dezember 1986 in Dienst gestellt wurde, und die andere ist die *Wuhu*. Noch zwei weitere, von denen eines als die *Zhoushan* (Anfang 1993 fertig gestellt) identifiziert wird, sind verbesserte *Typ IV*-Schiffe. Die Typen III und IV werden als „Neue Raketenfregatten“ bezeichnet.

Herkunftsland:	China
Typ:	Fregatte
Stapellauf:	1986 (erste Einheit: *Huangshi*)
Besatzung:	200
Verdrängung:	1.955 t
Maße:	103,2 m x 10,8 m x 3,1 m
Reichweite:	6.434 km (3.474 sm)
Hauptbewaffnung:	vier 100-mm-Kanonen; YJ-1-Eagle-Strike-SSMs; Wasserbomben; A/S-Mörser und Minen
Motorisierung:	zwei Getriebewellen, zwei Dieselmotoren
Leistung:	28 Knoten

Jiangwei-Klasse

Der Bau von vier *Jiangwei-I*-Fregatten begann 1988. Die Schiffe wurden zwischen 1991 und 1994 in Dienst gestellt. Sie wurden *Anquing, Huainan, Huaibei* und *Tongling* getauft und sind alle in der Ostmeerflotte in Dinghai stationiert. Ihnen folgten drei Schiffe der *Jiangwei-II*-Klasse, die zwischen 1997 und 1998 vom Stapel liefen. Diese Schiffe hatten ein verbessertes SAM-System, ein aktualisiertes Feuerkontrollradar und eine Neuanordnung der achtern angebrachten Flugabwehrkanonen. Sie haben auf dem Achterdeck einen Hangar und eine Hubschrauberplattform, um einen Harbin-Z-9A-(Dauphin)-Helikopter zum Anti-U-Booteinsatz und zu anderen Zwecken einzusetzen. Ebenso ist ein aktives Such-Angriffssonar Typ 5 mittlerer Frequenz am Rumpf angebracht. Das erste Schiff der Klasse begann seine Testfahrten aufgrund einiger Verzögerungen erst Anfang 1998.

Herkunftsland:	China
Typ:	Fregatte
Stapellauf:	gefertigt im Dezember 1991 (erste Einheit: *Anquing)*
Besatzung:	170
Verdrängung:	2.286 t
Maße:	111,7 m x 12,1 m x 4,8 m
Reichweite:	6.437 km (3.472 sm)
Hauptbewaffnung:	zwei 100-mm-Kanonen; Eagle-Strike- oder C-802 SSMs; RF-61-SAMs; A/S-Mörser
Motorisierung:	zwei Getriebewellen, zwei Dieselmotoren
Leistung:	25 Knoten

Kamikaze

Kamikaze bedeutet „göttlicher Wind“ und wurde historisch gesehen zuerst auf den Taifun bezogen, der die Flotte Kublai Khans bei dessen versuchtem Einfall in Japan 1281 zerstörte. Die neun Zerstörer der *Kamikaze*-Klasse, die 1921–1922 bestellt wurden, bildeten eigentlich die Gruppe II der vorherigen *Minekaze*-Klasse. Sie waren die ersten Zerstörer Japans, die mit einer durch Stahlplatten verstärkten Brücke gebaut wurden. Diese gab ihnen einen hohen Schwerpunkt, der durch eine erhöhte Verdrängung und einen etwas breiteren Schiffskörper ausgeglichen wurde. Vier der Schiffe wurden 1944 von amerikanischen Unterseebooten und ein fünftes bei einem Luftangriff auf Truk versenkt. Die *Kamikaze* überlebte den Krieg und ergab sich bei Singapur, aber als sie im Juni 1946 der *Kunaschiri* bei der Reparatur zu helfen versuchte, strandete sie auf demselben Riff und wurde an Ort und Stelle verschrottet.

Herkunftsland:	Japan
Typ:	Zerstörer
Stapellauf:	25. September 1922
Besatzung:	148
Verdrängung:	1.676 t
Maße:	102,6 m x 9 m x 2,89 m
Reichweite:	6.670 km (3.601 sm)
Hauptbewaffnung:	vier 120-mm-Kanonen; sechs 533-mm-Torpedorohre
Motorisierung:	Dampfturbinen mit zwei Getriebewellen
Leistung:	37,5 Knoten

Kapitan Saken

Die *Kapitan Saken* war ein mächtiges Schiff mit Doppelschornsteinen und einer betonten Bugramme. Sie hatte zwei Masten, von denen der vordere direkt vor dem ersten Schornstein lag. Fünf der Torpedorohre befanden sich an festen Positionen: zwei nach vorn gerichtet, eines an jeder Bugseite, eines am Heck und die anderen zwei Röhren auf Drehgestellen. Zusätzliche Torpedos wurden auf dem unteren Deck in Torpedoträgern gelagert. Sie wurden auf Eisenbahnspuren zu den Torpedorohren gebracht, die über die gesamte Schiffslänge zu Ladepositionen an der Rückseite der Rohre führten. Diese Anordnung sparte viel Arbeit. Die *Kapitan Saken* war eigentlich baugleich mit dem vorhergehenden Torpedokanonenboot, der *Leutnant Ilin*, sie hatte nur weniger Geschütze. Sie wurde 1907 ausrangiert. In dieser Zeit wurden Russlands Kanonenboote von den anderen europäischen Marinen als eine ernste Bedrohung betrachtet.

Herkunftsland:	Russland
Typ:	Torpedokanonenboot
Stapellauf:	12. Mai 1889
Besatzung:	125
Verdrängung:	610 t
Maße:	64 m x 7,3 m x 3,3 m
Reichweite:	unbekannt
Hauptbewaffnung:	vier 431-mm-Torpedorohre; vier 3-Pfünder Kanonen
Motorisierung:	Zwillingsschrauben, dreifache vertikale Expansionsmaschine
Leistung:	18,5 Knoten

Kaschin

Die *Kaschin*-Klasse war die erste größere Kriegsschiffklasse, die durch Gasturbinen angetrieben wurde. Sie wurde von 1959 bei der Zhdanow-Werft in Leningrad (fünf Einheiten 1962–1966) und bei der Kommune-61-Werft (Nord) in Nikolajew (15 Einheiten 1959–1972) gebaut. 1972 sank eines der in Nikolajew gebauten Schiffen, die *Otwzhnj*, im Schwarzem Meer nach einer Explosion und einem außer Kontrolle geratenen fünfstündigen Feuer. Mehr als 200 Mann verloren ihr Leben, was dies zum schlimmsten Marineunfall seit dem Ende des 2. Weltkrieges machte. Das letzte Schiff der Klasse, die *Sderzhannj*, wurde mit einem überarbeiteten Design ergänzt und als *Kaschin II* bezeichnet. Es wurden drei weitere Einheiten am Ende der 1970er Jahren für die indische Marine gebaut, die *Rajput*, die *Rana* und die *Ranjit*. Die *Kaschin*-Klasse wurde in der gesamten sowjetischen Marine eingesetzt.

Herkunftsland:	Sowjetunion
Typ:	Zerstörer
Stapellauf:	31. Dezember 1960 (erste Einheit: *Komsomolets Ukrainj)*
Besatzung:	280
Verdrängung:	4.572 t
Maße:	144 m x 15,8 m x 4,8 m
Reichweite:	15.750 km (8.504 sm)
Hauptbewaffnung:	zwei 76-mm-Zwillingskanonen; vier 533-mm-Torpedorohre; SA-N-1-SAMs; ASW-Raketen
Motorisierung:	zwei Getriebewellen, vier Gasturbinen
Leistung:	36 Knoten

Kaszub

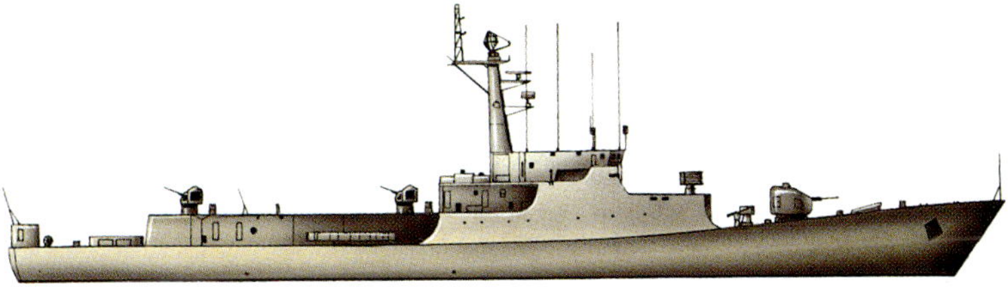

Der Entwurf der *Kaszub* basiert auf der russischen *Grischa*-Klasse, wies jedoch viele Veränderungen auf. Sie wurde von der Nord-Werft in Danzig gebaut. Der *Kaszub* sollte ein zweites Schiff folgen, das aber 1989 gestrichen wurde. Dennoch gibt es immer noch Pläne, eine Klasse von bis zu sieben weiteren Schiffen zu bauen, die auf dem Rumpf der *Kaszub* basieren. Sie sollen Spezialausrüstung zur U-Boot-bekämpfung haben. Die *Kaszub* wurde im März 1987 in Dienst gestellt, war aber bis 1991 nicht völlig ausgerüstet, als das 76-mm-Geschütz aufgesetzt wurde. Das Schiff hat dazu ein 23-mm-Geschütz achtern, aber es gibt Pläne, dies in Kürze durch ein vertikal startendes SAM-System zu ersetzen. Die *Kaszub* begann ihren Dienst 1990 und war zunächst beim Grenzschutz stationiert, wurde aber 1991 der polnischen Marine übergeben. Sie nimmt jetzt regelmäßig mit NATO-Kräften an Übungen in der Ostsee teil.

Herkunftsland:	Polen
Typ:	Fregatte
Stapellauf:	4. Oktober 1986
Besatzung:	67
Verdrängung:	1.202 t
Maße:	82,3 m x 10 m x 3,1 m
Reichweite:	5.629 km (3.038 sm)
Hauptbewaffnung:	eine 76-mm-Kanone; vier 533-mm-Torpedorohre
Motorisierung:	zwei Getriebewellen, vier Dieselmotoren
Leistung:	27 Knoten

Kelly

Die HMS *Kelly*, die im Oktober 1938 vom Stapel lief, markierte eine bedeutende Veränderung in britischen Zerstörerentwürfen als erste Klasse mit einem einzelnen Schornstein. Die *J*-, *K*- und *I*-Klassen übernahmen die Geschütze und Türme, die auch in den großen Schiffen der *Tribal*-Klasse genutzt wurden, jedoch auf einem leichteren Schiffsrumpf. Die sechs 119-mm-Mk-XII-Geschütze hatten einen Elevationswinkel von 40 Grad, die Luftverteidigung ging von vierfachen Zwei-Pfündern hinter dem Schornstein aus. Dies stellte sich als Schwäche heraus, die im Krieg zum frühen Verlust mehrerer Schiffe, einschließlich der *Kelly*, vor allem durch Sturzkampfbomber führte. Zu Kriegsende sollten die übrigen Schiffe mit bis zu zehn 20-mm-Kanonen bestückt werden, die eine viel wirksamere Luftverteidigung waren. Die *Kelly* und ihr Schwesterschiff, die *Kashmir*, wurden am 23. Mai 1941 vor Kreta von deutschen Sturzkampfbombern getroffen und versenkt.

Herkunftsland:	Großbritannien
Typ:	Zerstörer
Stapellauf:	25. Oktober 1938
Besatzung:	218
Verdrängung:	1.722 t
Maße:	108,7 m x 10,9 m x 2,75 m
Range:	4.444 km (2.400 sm)
Hauptbewaffnung:	sechs 119-mm-Kanonen
Motorisierung:	Turbinen mit zwei Getriebewellen
Leistung:	36 Knoten

Kidd

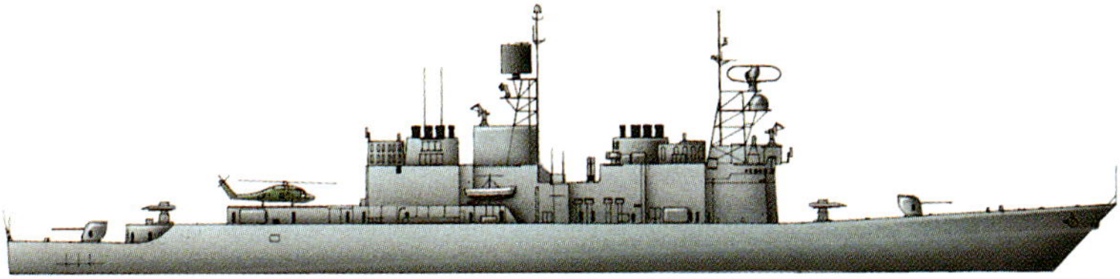

Die iranische Regierung bestellte 1974 sechs mit SAMs ausgestattete Zerstörer der *Spruance*-Klasse, die den Persischen Golf und den Indischen Ozean befahren sollten. Nach der Revolution im Iran 1979 wurden jedoch zwei gestrichen, während die restlichen vier im Bau befindlichen durch die US-Marine als *Kidd*-Klasse übernommen wurden. Diese waren zur Zeit ihrer Indienststellung die am stärksten bewaffneten Mehrzweckzerstörer der Welt, und wegen ihres Ursprungs waren sie in der US-Marine als die *Ayatollah*-Klasse bekannt. Die vier Schiffe waren die *Kidd*, die *Callaghan*, die *Scott* und die *Chandler*. Die *Kidd*-Klasse-Schiffe wurden zur Gebietsverteidigung optimiert, aber sie hatten auch eine starke Boden-Boden- und Anti-U-Bootbewaffnung. Die SAMs dieser starken Kriegsschiffe haben das Standardprojektil.

Herkunftsland:	USA
Typ:	Zerstörer
Stapellauf:	11. August 1979
Besatzung:	368
Verdrängung:	9.728 t
Maße:	171,6 m x 16,8 m x 9,1 m
Reichweite:	14.824 km (8.004 sm)
Hauptbewaffnung:	zwei 127-mm-DP Kanonen; Harpoon-SSMs; Standard-SAMs; sechs 324-mm-Torpedorohre
Motorisierung:	zwei Getriebewellen, vier Gasturbinen
Leistung:	32 Knoten

Kongo

Die *Kongo* wurde im März 1983 in Dienst gestellt. Ihr folgten weitere drei Schiffe dieser Klasse, die *Kirischima*, die *Myoko* und die *Choukai,* die im März 1998 in Dienst gestellt wurden. Die Schiffe sind vergrößerte und verbesserte Versionen des amerikanischen *Arleigh Burke*-Zerstörers und mit einer leichten Version des Aegis-Luftverteidigungssystems bewaffnet. Ebenso wie sie der Flotte Luftraumverteidigung bieten, tragen sie auch zur Luftverteidigung der japanischen Hauptinseln bei, wenn sie in Vorpostenposition stehen. Obgleich sie als Zerstörer bezeichnet werden, haben die Schiffe eigentlich Kreuzergröße. Ihr Eintritt in den japanischen Marinedienst wurde aus Kostengründen verzögert. Hinzu kam die Abneigung des US-Kongresses gegen die Weitergabe der Aegis-Technologie. Das hochentwickelte System ist das primäre Luftverteidigungssystem der US-Marine.

Herkunftsland:	Japan
Typ:	Zerstörer
Stapellauf:	26. September 1991
Besatzung:	307
Verdrängung:	9.637 t
Maße:	161 m x 21 m x 10m
Reichweite:	7.238 km (3.908 sm)
Hauptbewaffnung:	ein 127-mm-Geschütz; Harpoon-SSM; Standard-SAMs; sechs 324-mm-Torpedorohre; vertikale ASROC
Motorisierung:	zwei Getriebewellen, vier Gasturbinen
Leistung:	30 Knoten

Koni-Klasse

Obgleich die *Koni*-Fregattenklasse in der Sowjetunion auf der Zelenodolsk-Werft am Schwarzem Meer gebaut wurde, war sie ausschließlich für den Export bestimmt. Nur eine Einheit wurde von den Russen als Schulschiff für das Marinepersonal der Exportländer behalten. Es gab zwei verschiedene Unterklassen, die *Koni-Typ II*-Klasse, die sich von der *Typ I*-Klasse durch einen Zwischenraum zwischen dem Schornstein und dem Aufbau achtern unterschied. Hier befand sich ein Extra-Deckshaus, in dem wohl eine Klimaanlage für den Einsatz in den Tropen lag. Zwei nach Jugoslawien verkaufte Einheiten wurden vor Ort verändert, um SS-N-2B-Styx-Antischiffsmarschflugkörper aufzunehmen. Andere gingen nach Kuba und an die ehemalige Deutsche Demokratische Republik. Es scheint jedoch, dass die Verkaufszahlen niedriger lagen, als es sich die Sowjets erhofft hatten.

Herkunftsland:	Sowjetunion
Typ:	Fregatte
Stapellauf:	vollendet 1978 *(Delfin)*
Besatzung:	110
Verdrängung:	1.930 t
Maße:	95 m x 12,8 m x 4,2 m
Range:	4.076 km (2.200 sm)
Hauptbewaffnung:	zwei 76-mm-Zwillingskanonen und zwei 30-mm-Zwillingskanonen; SAMs
Motorisierung:	drei Getriebewellen, zwei Gasturbinen und ein Dieselmotor
Leistung:	27 Knoten

Knox-Klasse

Die *Knox*-Klasse ist in der Bauart der *Garcia* und der *Brooke* ähnlich, aus denen sie entwickelt wurde, nur ist sie etwas größer. Das Design stammt aus dem Beginn der 1960er Jahre. Die ersten Schiffe traten 1996 in den Dienst der US-Marine, die letzten Einheiten der 46 Schiffe starken Klasse wurden 1974 ausgeliefert. Es sind spezielle ASW-Schiffe, die wegen ihrer einzelnen Schraube und der Bewaffnung mit einem einzelnen 127-mm-Geschütz stark kritisiert wurden. Eine Klasse von fünf Schiffen, die auf dem Entwurf der *Knox*-Klasse basiert, aber mit einer Mk22-Raketenabschussvorrichtung für 16 SM-1MR-Standardgeschosse versehen ist, wurde für die spanische Marine gebaut. Die *Knox*-Fregatten wurden im Laufe der Jahre dazu genutzt, Waffenprototypen und Sensorsysteme, wie das Phalanx-Flugabwehrsystem, zu testen. Einige Einheiten wurden der US-Marinereserve als Ersatz für ältere Zerstörer zugeteilt.

Herkunftsland:	USA
Typ:	Fregatte
Stapellauf:	19. November 1966
Besatzung:	283
Verdrängung:	3.939 t
Maße:	133,5 m x 14,3 m x 4,6 m
Reichweite:	9.260 km (5.000 sm)
Hauptbewaffnung:	eine 127-mm-DP-Geschütz; SAMs; ASW- und Anti-Schiffsraketen
Motorisierung:	Dampfturbinen mit Getriebe
Leistung:	27 Knoten

Korietz

Die *Korietz* wurde 1885 in Stockholm auf Stapel gelegt. Sie war wie eine Barke betakelt und hatte zwei 203-mm-Kanonen, die von Aufbauten, die durch gepanzerte Schilde geschützt waren, nach vorne schossen. Die 152-mm-Geschütze waren achtern angebracht, und vier 107-mm-Kanonen lagen auf der Seite. Sie und ihr Schwesterschiff *Mandjur* waren für ihre Größe schwer bewaffnet und ideal für Patrouillenarbeit. Sie wurden jedoch als schlechte Segler angesehen, möglicherweise weil sie ein zu großes Gewicht an Segeltuch für ihre Größe hatten. Beide hatten einen Rammbug, der bei der *Korietz* noch ausgeprägter war als bei ihrem Schwesterschiff. Am 9. Februar 1904 wurde die *Korietz* bei Port Arthur bei Kämpfen mit einem japanischen Panzerkreuzerschwadron schwer beschädigt und anschließend vor Korea versenkt. 1905 wurde der Name *Korietz* einem Schiff der *Giljak*-Klasse gegeben.

Herkunftsland:	Russland
Typ:	Kanonenboot
Stapellauf:	August 1886
Besatzung:	179
Verdrängung:	1.290 t
Maße:	66,7 m x 10,6 m x 3,7 m
Reichweite:	unbekannt
Hauptbewaffnung:	eine 152-mm- und zwei 203-mm-Kanonen
Motorisierung:	Zwillingsschrauben, horizontaler Verbundmotor
Leistung:	13,3 Knoten

Kriwak-II-Klasse

Die erste Einheit der *Kriwak*-Klasse großer Anti-U-Bootkriegsschiffe trat 1970 in den Dienst der sowjetischen Marine. 1971–1982 wurden 21 Einheiten dieser Klasse auf der Zhdanow-Werft in Leningrad, der Kaliningrad-Werft und der Kamisch-Burun-Werft in Kerch gebaut. Die *Kriwak-II*-Klasse, von der 11 Schiffe bis 1981 in Kaliningrad gebaut wurden, stach zum ersten Mal 1976 in See. Sie unterschied sich von der vorhergehenden Klasse darin, dass für die 76-mm-Zwillingstürme der früheren Version ein einzelnes 100-mm-Geschütz eingesetzt wurde und sie ein stärkeres Tiefensonar am Heck besaß. Beide Klassen wurden Ende der 1970er Jahre wieder in den Status von Patrouillenschiffen versetzt, möglicherweise wegen Leistungsmängeln bei ASW-Operationen in offenem Gewässern. Nichtsdestotrotz verursachte die *Kriwak II* bei der NATO zunächst einige Besorgnis.

Herkunftsland:	Sowjetunion
Typ:	Fregatte
Stapellauf:	1975 *(Rezwji)*
Besatzung:	220
Verdrängung:	3.759 t
Maße:	123,5 m x 14 m x 4,7 m
Reichweite:	5.188 km (2.800 sm)
Hauptbewaffnung:	zwei einzelne 100-mm-DP-Kanonen; SAMs; ASW-Raketen; acht 533-mm-Torpedorohre
Motorisierung:	zwei Getriebewellen, vier Gasturbinen
Leistung:	32 Knoten

Leberecht Maaß

Die *Typ 34*- oder *Maaß*-Klasse war die erste deutsche Zerstörerklasse nach dem 1. Weltkrieg. Mit einer herkömmlichen Auslegung war ihr Hauptproblem zu wenig Freibord, was in schwerer See unangenehm war. Alle 16 Schiffe liefen 1937–1939 vom Stapel. Fünf wurden von Zerstörern der britischen Marine in der zweiten Schlacht von Narvik im April 1943 versenkt. Von den restlichen Schiffen trafen die *Leberecht Maaß* und die *Max Schulz* am 22. Februar 1940 in der Nordsee auf Minen und sanken. Die *Hermann Schömann* wurde vom britischen Kreuzer HMS *Edinburgh* am 2. Mai 1942 in arktischen Gewässern versenkt. Die *Bruno Heinemann* wurde im Ärmelkanal am 25. Januar 1942 durch Minen und die *Friedrich Eckoldt* in der Barentssee von den britischen Kreuzern *Jamaika* und *Sheffield* am 31. Dezember 1942 versenkt. Ein Schiff wurde nach dem Krieg in Großbritannien abgewrackt, zwei gingen 1946 an die Sowjetunion.

Herkunftsland:	Deutschland
Typ:	Zerstörer
Stapellauf:	18. August 1935
Besatzung:	315
Verdrängung:	3.211 t
Maße:	119 m x 11,3 m x 3,8 m
Reichweite:	8.135 km (4.393 sm)
Hauptbewaffnung:	fünf einzelne 127-mm-Kanonen; zwei vierfache 533 mm-Torpedorohre; bis zu 60 Minen
Motorisierung:	zwei Turbinen mit Getriebewellen
Leistung:	30 Knoten

Lupo

Die vier Schiffe der *Lupo*-Klasse – die *Lupo*, die *Sagittario*, die *Perseo* und die *Orsa* – wurden zwischen September 1977 und März 1980 in Dienst gestellt und ursprünglich als modifizierte *Alpino*-Klasse bezeichnet. 1991–1994 wurden sie modernisiert. Dies beinhaltete die Installation eines CORA-SPS-702-Suchradars für geringe Höhe, neue Kompasssysteme und neue Kommunikationssysteme einschließlich eines SATCOM. Ähnliche Schiffe wurden für Peru (4), Venezuela (6), und den Irak (4) gebaut, aber die irakischen Schiffe wurden lange nicht ausgeliefert und von der italienischen Marine als die *Artigliere*-Klasse übernommen. Dies sind die *Artigliere* (der irakische Name war *Hittin*), die *Aviere (Thi Qar)*, die *Bersagliere (Al Yarmouk)* und die *Granatiere (Al Qadsiya)*. Die Schiffe werden offiziell Flottenpatrouillenschiffe genannt. Zwei sind bei Augusta und zwei bei Brindisi stationiert. Sie halten regelmäßig mit der sechsten US-Flotte Übungen ab.

Herkunftsland:	Italien
Typ:	Fregatte
Stapellauf:	29. Juli 1976
Besatzung:	185
Verdrängung:	2.565 t
Maße:	113,2 m x 11,3 m x 3,7 m
Reichweite:	6.997 km (3.778 sm)
Hauptbewaffnung:	ein 127-mm-Geschütz; OTO-Melara-Taseo-SSM; Sea-Sparrow-SAM; sechs 324-mm-Torpedorohre, ein Helikopter
Motorisierung:	zwei Getriebewellen, zwei Gasturbinen, zwei Dieselmotoren
Leistung:	35 Knoten

Lütjens

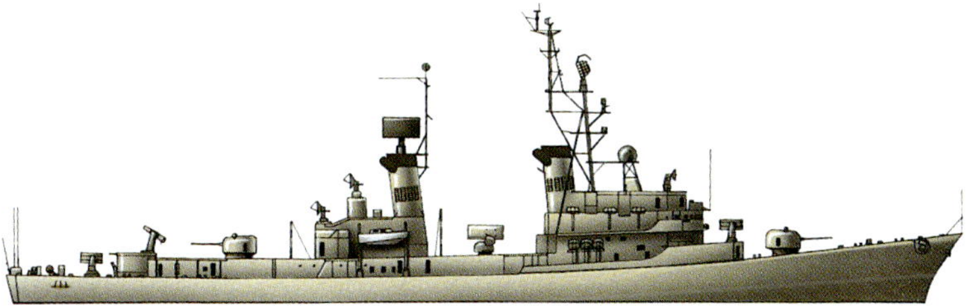

Die drei Schiffe der *Lütjens*-Klasse – die *Lütjens*, die *Mölders* und die *Rommel* – sind modifizierte *Charles F. Adams*-Klasse Zerstörer, die an deutsche Anforderungen angepasst waren. Die *Mölders* (benannt nach Major Werner Mölders, einem Fliegerass der Luftwaffe) wurde im März 1984 fertig gestellt. Die *Rommel* (benannt nach Feldmarschall Erwin Rommel) und die *Lütjens* selbst, benannt nach Admiral Günther Lütjens wurden im Juli 1985 vollendet. Alle drei Schiffe durchliefen zu Beginn der 1990er Jahre ein erhebliches Aufrüstungsprogramm. Die Schiffe zeigen einige Unterschiede zur *Charles F. Adams*-Klasse in den Umrissen, besonders in der Gestalt der Schornsteine. Sie sollten mindestens 30 Jahre lang Dienst leisten, aber die *Rommel* wurde im September 1999 ausgemustert.

Herkunftsland:	USA/Deutschland
Typ:	Zerstörer
Stapellauf:	11. August 1967
Besatzung:	337
Verdrängung:	4.572 t
Maße:	132,2 m x 14,3 m x 6,1 m
Reichweite:	7.238 km (3.908 sm)
Hauptbewaffnung:	zwei 127-mm-Kanonen; Harpoon-SSM; Standard-SAM; sechs 324-mm-Torpedorohre
Motorisierung:	zwei Getriebewellen; zwei Turbinen
Leistung:	32 Knoten

Madina-Klasse

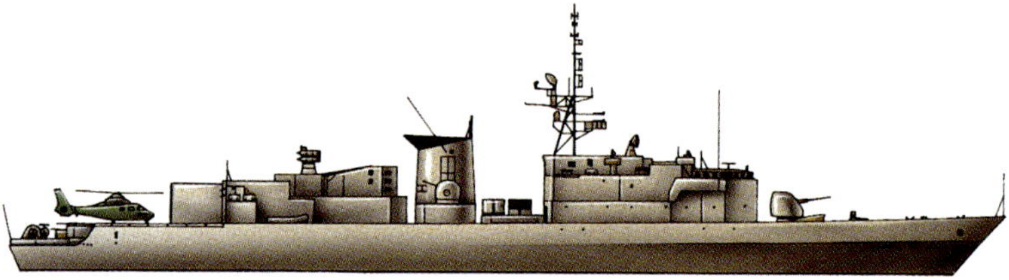

Fregatten bilden den Kern von Saudi-Arabiens Marine, die auch einige Korvetten und ein mit Raketen bewaffnetes Schnellboot besitzt. Die vier Fregatten der Madina-Klasse – *Madina*, *Hofouf*, *Abha* und *Taif* – wurden 1980 in Frankreich im Rahmen des Sawari-I-Programms bestellt. Das Lieferabkommen stellte zudem sicher, dass Frankreich neben der baulichen Ausführung auch Versorgung und technische Hilfe bereitstellen sollte. Die Schiffe wurden alle zwischen 1985 und 1986 geliefert und während der 1990er Jahre ständig auf den neusten Stand gebracht. Die Arbeiten an der *Madina* begannen im Dezember 1995 und wurden im April 1997 beendet, an der *Hofouf* begannen sie im Oktober 1996, beendet wurden sie 1998. Die anderen beiden Schiffe kamen erwartungsgemäß 1999 bzw. 2000 zurück. Die Schiffe haben einen Dauphin-2-Hubschrauber an Bord, der SSM-lenkfähig ist.

Herkunftsland:	Frankreich/Saudi-Arabien
Typ:	Fregatte
Stapellauf:	1997
Besatzung:	179
Verdrängung:	2.906 t
Maße:	115 m x 12,5 m x 4,9 m
Reichweite:	12.867 km (6.947 sm)
Hauptbewaffnung:	eine 100-mm-Kanone; vier 40-mm-AA; OTO-Melara/Matra; Otomat-SSM; Crotale-SAM; vier 533-mm-Torpedorohre
Motorisierung:	zwei Antriebswellen, vier Dieselmotoren
Leistung:	30 Knoten

Maestrale-Klasse

Das erste von sechs *Maestrale*-Klasse Schiffen wurde 1976 bestellt und 1980 vervollständigt. Alle außer einem (der *Grecale*) wurden in Rio Trigoso gebaut. Die *Maestrale*-Klasse ist im Grunde eine gedehnte Version des *Lupo*-Typs, mit weniger Waffen und einer größeren Betonung auf U-Bootbekämpfung. Die Zunahme an Länge und Breite gegenüber den früheren *Lupo*-Schiffen diente dazu, eine feste Flugzeughalle und ein variables Tiefensonar am Heck aufzunehmen. Aus den Verbesserungen ergaben sich auch eine bessere Seetüchtigkeit, Bewohnbarkeit und zusätzlich mehr Raum, um einen zweiten leichten Hubschrauber aufzunehmen. Zum Ausgleich trägt die Klasse vier SSMs weniger, und wegen der besonderen Tonnage hat die Höchstgeschwindigkeit um rund drei Knoten gelitten. Es gibt acht Schiffe in der Klasse: die *Maestrale*, die *Grecale*, die *Libeccio*, die *Schirocco*, die *Aliseo*, die *Euro*, die *Espero* und die *Zeffiro*.

Herkunftsland:	Italien
Typ:	Fregatte
Stapellauf:	2. Februar 1981
Besatzung:	224
Verdrängung:	3.251 t
Maße:	122,7 m x 12,9 m x 8,4 m
Reichweite:	8.334 km (4.500 sm)
Hauptbewaffnung:	eine 127-mm-DP-Kanone; zwei 40-mm-Zwillings-CIWS; zwei dreifache 324-mm-Torpedorohre
Motorisierung:	zwei Antriebswellen, zwei Gasturbinen und zwei Dieselmotoren
Leistung:	32 Knoten

MAS 9

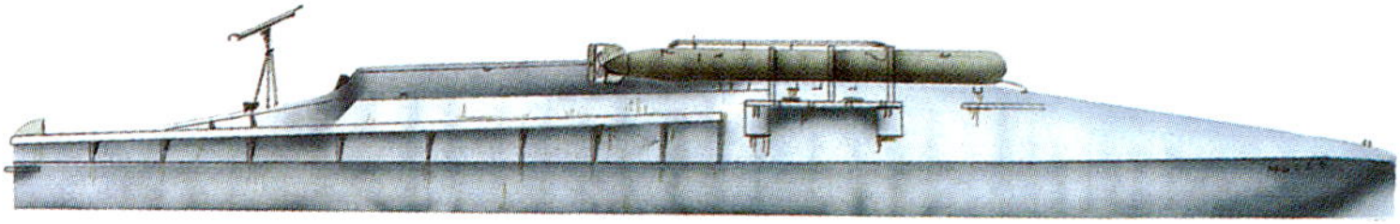

Die *MAS 9* lief 1916 vom Stapel. Sie war ein außergewöhnliches Schiff, das vom Ingenieur Bisio für den schnellen Angriff entworfen und von SVAN in Venedig gebaut wurde. Die Mannschaftsstärke jedes Schiffes der Gruppe lag bei acht. Die geringe Größe machte sie zu sehr schwierigen Zielen für den Gegner, besonders bei hoher Geschwindigkeit. Das Schiff hatte Torpedos mittschiffs auf jeder Seite und auf dem Vordeck. In einer Nacht im Dezember 1917 drang die *MAS 9* erfolgreich in den Hafen von Triest ein und versenkte das österreichische Schlachtschiff *Wien*. Die *Wien* war ein älteres, zweitklassiges Schlachtschiff, 1895 vom Stapel gelaufen und während der frühen Jahre des 1. Weltkriegs ein Artillerie-Schulschiff. Die *MAS 9* wurde 1922 ausgemustert. Ein weiteres Boot dieser Klasse, die *MAS 15*, torpedierte und versenkte den österreichisch-ungarischen Dreadnought *Szent Istwan* vor der Insel Premuda am 10. Juni 1918.

Herkunftsland:	Italien
Typ:	Torpedoboot
Stapellauf:	1916
Besatzung:	8
Verdrängung:	16 t
Maße:	16 m x 2,6 m x 1,2 m
Reichweite:	unbekannt
Hauptbewaffnung:	eine 47-mm-Kanone; zwei 450-mm-Torpedorohre
Motorisierung:	Zwillingsschrauben, Verbrennungsmotoren
Leistung:	25,2 Knoten

MEKO-140A16-Klasse

Als Teil der Modernisierungspläne der argentinischen Marine wurde im Oktober 1980 ein Vertrag mit Blohm & Voss unterschrieben, sechs *MEKO-140A16*-Schiffe bei der AFNE-Werft in Rio Santiago, Ensenada, unter Lizenz zu bauen. Sie sollten leichte Fregatten basierend auf der portugiesischen *Joao Coutinho*-Klasse werden und wurden als die *Espora*-Klasse bekannt. Das Führungsschiff *Espora* wurde 1983 bei der argentinischen Marine in Dienst gestellt. Ein Trio mit der *Rosales*, der *Spiro* und der *Parker* folgte 1985, das letzte Paar mit der *Robinson* und der *Seaver* 1986 und 1987. Die ersten drei unterschieden sich von den letzten drei Einheiten darin, dass sie von Anfang an mittschiffs eine Hubschrauber-Plattform hatten. Die anderen hatten eine teleskopische Flugzeughalle, um ständig einen leichten Hubschrauber an Bord zu haben. Obwohl sie zuallererst für den Küsteneinsatz geplant waren, verfügt die Klasse auch über eine starke Angriffskraft.

Herkunftsland:	Deutschland/Argentinien
Typ:	Fregatte
Stapellauf:	23. Januar 1982 (erste Einheit: *Espora*)
Besatzung:	93
Verdrängung:	1.727 t
Maße:	91,2 m x 12,2 m x 3,3 m
Reichweite:	5.559 km (3.000 sm)
Hauptbewaffnung:	eine 76-mm-DP- und zwei 40-mm-AA-Kanonen; zwei dreifache 324-mm-Torpedorohre
Motorisierung:	Zwillingsantriebswellen, zwei Dieselmotoren
Leistung:	27 Knoten

Minekaze

Am Ende des 1. Weltkriegs wandten die Japaner das Konzept von Erste- und Zweite-Klasse-Zerstörern an. Zuvor hatten die Japaner entweder britische Schiffe gekauft oder kopiert, aber mit den 21 *Momi*-Klasse-, den 13 *Minekaze*-Klasse-sowieso den Zweite- und Erste-Klasse-Zerstörern bauten sie ihre eigenen Schiffe. Sie erhielten 533-mm-Torpedorohre (Zwillingsrohre bei den *Momis* und dreifache bei den *Minekazes*). Beide Typen trugen 120-mm-Kanonen auf den Decksaufbauten und dem Vorschiff, mit denen sie auch bei schlechten Wetterbedingungen kämpfen konnten, wenn das Wetterdeck überspült wurde. Nach den Standards des 2. Weltkriegs waren die Schiffe der *Minekaze*-Klasse eher alt und klein, und trotz ihrer hohen Geschwindigkeit fielen viele amerikanischen Unterseebooten zum Opfer. Acht von ihnen wurden während des Krieges verloren. Die *Minekaze* wurde vom U-Boot USS *Pogy* im ostchinesischen Meer am 10. Februar 1944 versenkt.

Herkunftsland:	Japan
Typ:	Zerstörer
Stapellauf:	8. Februar 1919
Besatzung:	148
Verdrängung:	1.676 t
Maße:	unbekannt
Reichweite:	6.657 km (3.595 sm)
Hauptbewaffnung:	vier einzelne 120-mm-Kanonen; zwei dreifache 533-mm-Torpedorohre; bis zu 20 Minen
Motorisierung:	zwei Dampfturbinen mit Getriebewellen
Leistung:	39 Knoten

Minsk

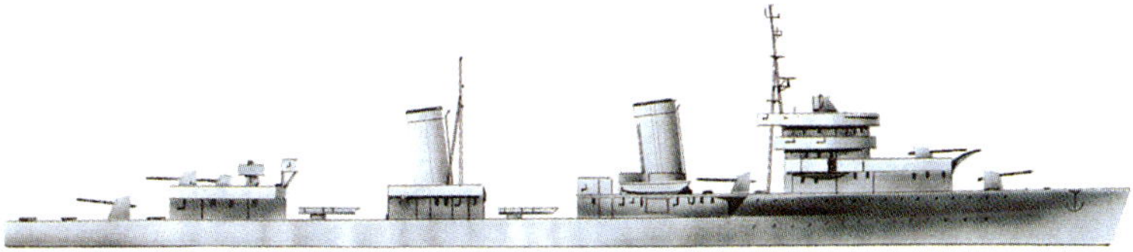

Im 1. Weltkrieg unternahm die russische Marine einige erfolgreiche Operationen mit dem großen und schnellen Zerstörer *Novik*. Dieser Typ wurde später wieder aufgelegt, jedoch mit einer geringeren Verdrängung. In den frühen 1930er Jahren entschied die sowjetische Marine, dass eine Art von Super-Zerstörer ideal für Angriffsunternehmen in der Ostsee wäre. Die *Minsk* wurde 1932–1934 mit technischer Unterstützung von Italien und Frankreich gebaut. Sie stand früh als Flottillenführer einer Artillerieeinheit im Dezember 1939 im Kampf, als sie sich mit einer finnischen Küstenbatterie ein Kanonenduell lieferte. Im August 1941 unterstützte sie die Verteidigung von Tallinn und deckte den folgenden Rückzug nach Kronstadt. Die *Minsk* wurde bombardiert und im September 1941 bei einem Stuka-Angriff auf den Hafen von Kronstadt versenkt. Sie wurde aber gehoben und 1942 als Schulschiff wieder flott gemacht.

Herkunftsland:	Sowjetunion
Typ:	Zerstörer
Stapellauf:	6. November 1935
Besatzung:	160
Verdrängung:	2.623 t
Maße:	127,5 m x 11,7 m x 4 m
Reichweite:	4.076 km (2.200 sm)
Hauptbewaffnung:	fünf 130-mm- und zwei 76-mm-Kanonen
Motorisierung:	dreifache Schrauben, Turbinen
Leistung:	33 Knoten

Mirka-Klasse

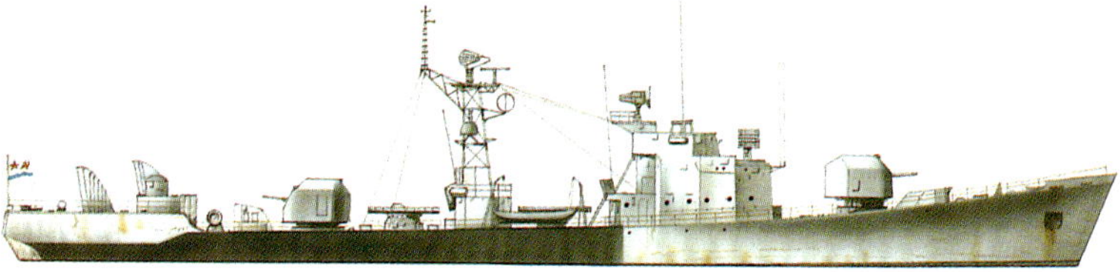

Die neun *Mirka*-Schiffe wurden 1964–1965 in Kaliningrad gebaut. Ihnen folgten in der zweiten Hälfte von 1965 und 1966 neun *Mirka-IIE*-Klasse-Einheiten. Die Schiffe der *Mirka*-Klassen dienten nur bei den sowjetischen Ostsee- und Schwarzmeerflotten, wo sie nach Eindringlingen suchen sollten. Der späteren *Mirka-IIE*-Einheiten hatten das Strut-Curve-Luftsuch-Radar anstatt der Slim-Net-Reihe der früheren Schiffe. Fast alle Einheiten beider Klassen waren mit dem Tauchsonar anstelle des üblichen Wasserbombengestells auf der Backbordseite am Heck ausgerüstet, um ihre Anti-U-Boot-Fähigkeiten zu verbessern. Dies war besonders wichtig in der Ostsee, wo die Meeresbedingungen Operationen gegen Unterseeboote sehr schwierig machen. Die *Mirka*-Klasse war 1990 auf fünf Einheiten reduziert worden, die alle bis 1998 stillgelegt oder verschrottet waren.

Herkunftsland:	Sowjetunion
Typ:	Fregatte
Stapellauf:	1964 (erste Einheit)
Besatzung:	98
Verdrängung:	1.168 t
Maße:	82,4 m x 9,1 m x 3 m
Reichweite:	6.300 km (3.400 sm)
Hauptbewaffnung:	zwei 76-mm-Zwillingskanonen; fünf oder zehn 533-mm-Torpedorohre; ASW-Raketenwerfer
Motorisierung:	zwei Antriebswellen, zwei Gasturbinen und zwei Dieselmotoren
Leistung:	35 Knoten

Moon

Die *Moon* war eines von vier Spezialschiffen, die von Yarrow gebaut wurden. Sie bildeten einen Teil des Notprogramms der britischen Marine im 1. Weltkrieg, das im September 1914 einsetzte. Dabei wurden in großer Zahl *M*-Klasse Schiffe aufgelegt. Die *Moon* und ihre drei Schwesterschiffe hatten eine größere Länge gegenüber dem Rest der *M*-Klasse, geneigte Vordersteven und ein abgeschrägtes Heck zur Verbesserung der Seetüchtigkeit. Die mittlere Kanone war auf einer erhöhten Plattform angebracht, was eine bessere Kontrolle im Nahkampf bot. Zudem gab es zwei 533-mm-Zwillingstorpedorohre. Der Bau der Schiffe verzögerte sich wegen eines Mangels an Zink. Die *Moon* wurde 1921 als Schrott verkauft. Viele dieser Schiffe gehörten zur Harwich-Force, die ständig Vorstöße in die deutsche Bucht machte.

Herkunftsland:	Großbritannien
Typ:	Zerstörer
Stapellauf:	23. April 1915
Besatzung:	160
Verdrängung:	910 t
Maße:	114 m x 8 m x 2,9 m
Reichweite:	2.594 km (1.400 sm)
Hauptbewaffnung:	drei 102-mm-Kanonen
Motorisierung:	Zwillingsschrauben, Turbinen
Leistung:	35 Knoten

Mourad Rais

Obwohl die *Koni*-Fregattenklasse in der Sowjetunion auf der Zelenodolsk-Werft am Schwarzen Meer gebaut wurde, war sie einzig und allein für den Export bestimmt. Nur eine Einheit wurde von den Russen als Schulschiff für das Marinepersonal der Exportländer behalten. Algerien kaufte drei Schiffe, die *Mourad Rais*, die *Rais Kellik* und die *Rais Korfou*. Die libyische Regierung interessierte sich auch für den Kauf von *Koni*-Klasse Schiffen aus dem Bestand der ehemaligen Deutschen Demokratischen Republik, aber der Verkauf wurde von der bundesdeutschen Regierung abgelehnt. Die algerischen Schiffe machten 1992–1994 kleinere Veränderungen durch. 1999 waren alle noch im aktiven Dienst, wobei die *Rais Korfou* zu Ausbildungsfahrten genutzt wurde. Trotz großer Bemühungen der ehemaligen Sowjetunion, mit der *Koni*-Klasse den Bedürfnissen kleinerer Nationen zu entsprechen, lagen die Verkaufszahlen weit unter den Erwartungen.

Herkunftsland:	Sowjetunion/Algerien
Typ:	Fregatte
Stapellauf:	1978 (*Delfin* gefertigt)
Besatzung:	130
Verdrängung:	1.930 t
Maße:	95 m x 12,8 m x 4,2 m
Reichweite:	4.076 km (2.200 sm)
Hauptbewaffnung:	zwei 76-mm-und zwei 30-mm-Zwillingskanonen; SAMs
Motorisierung:	drei Antriebswellen, zwei Gasturbinen und ein Dieselmotor
Leistung:	27 Knoten

Murasame

Die *Murasame* lief im August 1994 vom Stapel und wurde im März 1996 in Dienst gestellt. Sie gehört zu einer geplanten Klasse von neun Schiffen. Deren Bau genießt Priorität, da aufgrund hoher Kosten bei der Installation des Aegis-Systems die *Kongo*-Klasse auf vier Schiffe reduziert wurde. Die *Murasame* ähnelt ein wenig einer *Mini-Kongo*-Klasse mit einem senkrechten Raketenabschuss-System und einer stark reduzierten Besatzung, obwohl sie als vergrößerte Version der *Asagari*-Klasse geplant war. Die Tarnkappen-Merkmale sind in den abgeschrägten Seiten und im gerundeten Überbau offensichtlich. Die bis heute fertig gestellten Schwesterschiffe der *Murasame* sind die *Harusame*, die *Yuudachi* und die *Kirisame*. Das letztere wurde im März 1999 in Dienst gestellt. Die anderen fünf noch unbenannten Schiffe wurden für März 2000 bis März 2002 für den Dienst eingeplant.

Herkunftsland:	Japan
Typ:	Zerstörer
Stapellauf:	September 1994
Besatzung:	166
Verdrängung:	5.182 t
Maße:	151 m x 17,4 m x 5,2 m
Reichweite:	15.195 km (8.200 sm)
Hauptbewaffnung:	eine 76 mm-Kanone; Harpoon-SSM; Sea-Sparrow-SAM; sechs 324-mm-Torpedorohre
Motorisierung:	zwei Antriebswellen, vier Gasturbinen
Leistung:	30 Knoten

Nanutschka-I-Klasse

Die 17 Einheiten der *Nanutschka*-Klasse wurde von den Russen als so genannte MRK oder kleine Raketenschiffe eingestuft. Sie und die folgende modifizierte Variante der *Nanutschka II* wurden 1969–1974 bei Petrowski in Leningrad gebaut. Von westlichen Beobachtern wurden die Schiffe der *Nanutschka*-Klasse als Küsten-Raketen-Korvetten eingestuft, obwohl die Tatsache, dass sie oft ziemlich weit von heimatlichen Gewässern gesehen wurden, eher dafür spricht, sie mehr als leichte Fregatte zu bezeichnen – besonders hinsichtlich ihrer Feuerkraft. Spätere Klassen der *Nanutschkas* wurden in mehrere Länder exportiert, darunter Indien, Libyen und Algerien. Die Schiffe Libyens hatten gelegentliche Konfrontationen mit der amerikanischen Marine im Mittelmeer zu verzeichnen. In der Nacht vom 24. auf den 25. März 1986 wurde die *Ean Mara* von einem amerikanischen Flugzeug versenkt, ein weiteres Schiff wurde schwer beschädigt.

Herkunftsland:	Sowjetunion
Typ:	Fregatte
Stapellauf:	1969 (erste Einheit fertig gestellt)
Besatzung:	70
Verdrängung:	914 t
Maße:	59,3 m x 12,6 m x 2,4 m
Reichweite:	2.779 km (1.500 sm)
Hauptbewaffnung::	zwei dreifache Werfer für SS-N-9-Siren-Antischiffsraketen; eine 157-mm-Flugabwehr- oder eine 76-mm-DP-Kanone
Motorisierung:	drei Antriebswellen, drei gepaarte Dieselmotoren
Leistung:	32 Knoten

Navigatori-Klasse

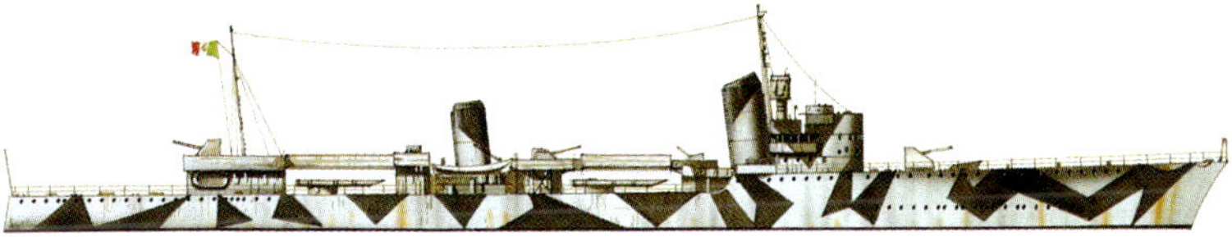

Die *Navigatori*-Klasse war 1928–1930 vom Stapel gelaufen. Die Zerstörer wurden zu einer Zeit produziert, als die Italiener von hoher Geschwindigkeit fasziniert waren. Die Schiffe dieser Klasse waren sehr leicht gebaut, nur ihre Seetüchtigkeit ließ etwas zu wünschen übrig. Diese wurde später durch eine Erhöhung des Freibords verbessert. Elf der zwölf Schiffe der Klasse wurden im 2. Weltkrieg versenkt. Sechs dieser Verluste waren das Ergebnis britischer Angriffe und einer Mine; zwei wurden im September 1943 im Kampf mit Deutschen versenkt; ein Schiff wurde aus Versehen von einem italienischen Unterseeboot versenkt. Die *Leone Pancaldo* wurde gleich zweimal versenkt, das erste Mal im Juli 1940 von einem Flugzeug der HMS *Ark Royal*. Sie wurde gehoben, repariert und reaktiviert, nur um bei einem Luftangriff vor Kap Bon im April 1943 wieder versenkt zu werden.

Herkunftsland:	Italien
Typ:	Zerstörer
Stapellauf:	12. August 1928 (erste Einheit: *Nicolo Zeno*)
Besatzung:	225
Verdrängung:	2.622 t
Maße:	107,75 m x 10,2 m x 3,5 m
Reichweite:	1.816 km (980 sm)
Hauptbewaffnung::	drei 120-mm-Zwillings- und drei einzelne 37-mm-Kanonen; zwei doppelte oder dreifache 533-mm Torpedorohre; bis zu 54 Minen
Motorisierung:	zwei Dampfturbinen mit Getriebewellen, zwei Antriebswellen
Leistung:	38 Knoten

Neustraschimj

Es waren ursprünglich drei Fregatten der *Neustraschimj*-Klasse beabsichtigt, aber das dritte Schiff lief im Juli 1993 nur mit gefertigtem Rumpf vom Stapel und wurde Mitte 1997 in genau diesem Zustand verschrottet. Die *Neustraschimj* lief im Mai 1988 vom Stapel, begann im Dezember 1990 ihre Versuchsfahrten und wurde im Januar 1993 in Dienst gestellt. Die zweite Einheit, die *Yaroslawl Mudry*, wurde 1998 in Dienst gestellt. Beide Schiffe wurden in Kaliningrad gebaut. Sie sind etwas größer als die *Kriwak*-Klasse. Jedes hat einen Hubschrauber an Bord und folgt dem Vorbild westlicher U-Boot-Jagd-Fregatten. Die Schiffe haben den gleichen Antrieb wie die *Udaloj-II*-Klasse. Beide wurden 1999 der baltischen Flotte zugewiesen. Es sind Versuche mit der Tarnkappentechnologie unternommen worden, das Ergebnis ist jedoch nicht bekannt.

Herkunftsland:	Sowjetunion
Typ:	Fregatte
Stapellauf:	Mai 1988
Besatzung:	210
Verdrängung:	4.318 t
Maße:	131,2 m x 15,5 m x 4,8 m
Reichweite:	7.238 km (3.908 sm)
Hauptbewaffnung:	kombiniertes 30-mm-Kanonen- und SA-N-11 SAM-System; ausgerüstet für SS-25-SSM; SA-N-9 SAM; sechs 533-mm-Torpedorohre; A/S-Mörser
Motorisierung:	zwei Antriebswellen, vier Gasturbinen
Leistung:	30 Knoten

Nibbio

Die *Nibbio* lief 1878 vom Stapel und war Italiens erstes Torpedoboot. Sie wurde von Thorneycroft gebaut, die solch kleine Hochgeschwindigkeitsschiffe schon für Norwegen, Frankreich, Dänemark, Schweden und Österreich konstruiert hatten. Ihre Motoren entwickelten 250 PS, die von einem einzelnen Dampfkessel geliefert wurden. Zwei Torpedos lagen mittschiffs, und die Schiffe waren zudem mit einer 1-Pfünder-Kanone bewaffnet. Sie hatte maximal 10 Mannschaftsmitglieder. Die *Nibbio* wurde 1881 in Dienst gestellt und 1886 neu klassifiziert. 1904 wurde sie ausgemustert, aber später als Schiff für allgemeine Aufgaben in Häfen eingesetzt und als *PE44* neu bezeichnet. Die *Nibbio* war kein hervorragendes Schiff, aber sie brachte dem italienischen Marinepersonal wertvolle Erfahrungen in der Handhabung von Schiffen ihrer Art. Das erste in Italien gebaute Torpedoboot war 1882 die *Clio*.

Herkunftsland:	Italien
Typ:	Torpedoboot
Stapellauf:	1878
Besatzung:	10
Verdrängung:	26 t
Maße:	24,3 m x 3 m x 1 m
Reichweite:	unbekannt
Hauptbewaffnung:	zwei 355-mm-Torpedorohre
Motorisierung:	einzelne Schraube, dreifache Kolbenexpansionsmaschine
Leistung:	18 Knoten

Niels Juel

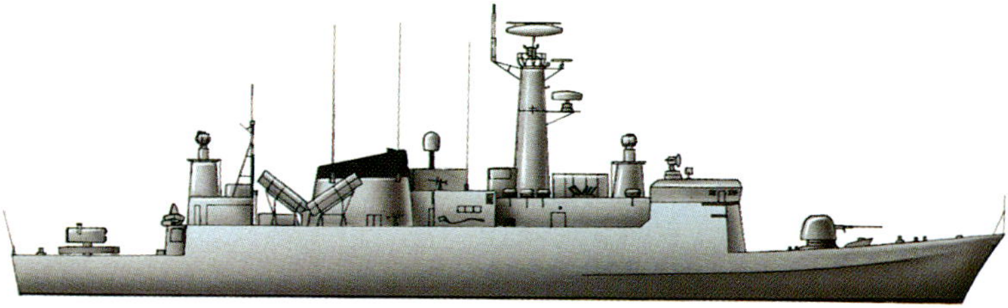

Die *Niels Juel* wurde in Großbritannien von Yarrow entworfen, bei Aalborg in Dänemark gebaut und im August 1980 in Dienst gestellt. Ihr folgten zwei weitere Fregatten, die *Olfert Fischer* und *Peter Tordenskiold*. 1996–1999 wurden die Schiffe aktualisiert. Dies schloss die Installation des senkrecht startenden NATO-Sea-Sparrow-Systems (VLS) und neue Kommunikationsausrüstung ein. Das ursprüngliche Plessey-Luftsuch-Radar wurde durch ein modernes TRS-3D ersetzt. Weitere Ausrüstung schließt ein aktives Such-Angriffssonar und ein Ericsson-Kampfdatensystem ein. Satellitenkommunikationsausrüstung kann hinter dem Schornstein hinzugefügt werden. Wie alle hochseetüchtigen Kriegsschiffe Dänemarks ist die *Niels Juel* für die Bedingungen in arktischen Gewässern optimiert. Die Schiffe werden wahrscheinlich von einer neuen Mehrzweck-Klasse ersetzt.

Herkunftsland:	Dänemark
Typ:	Fregatte
Stapellauf:	17. Februar 1978
Besatzung:	94
Verdrängung:	1.341 t
Maße:	84 m x 10,3 m x 3,1 m
Reichweite:	4.021 km (2.170 sm)
Hauptbewaffnung:	eine 76-mm-Kanone; Harpoon-SSM; Sea-Sparrow-SAM; Wasserbomben
Motorisierung:	zwei Antriebswellen, eine Gasturbine, ein Dieselmotor
Leistung:	28 Knoten

Niteroi

Von den sechs Schiffen in der *Niteroi*-Klasse, wurden vier (die *Niteroi*, die *Defensora*, die *Constituicao* und die *Liberal*) in Großbritannien von Vosper Thorneycroft gebaut. Die anderen zwei, die *Independencia* und die *Uniao*, wurden bei Arsenal de Marinha in Rio de Janeiro gebaut. Die Schiffe basierten auf dem Vosper-Mk10-Fregatten-Entwurf, der mit einer kombinierten Diesel- oder Gasturbinenmaschine als außergewöhnlich wirtschaftlich in Hinsicht auf Mannschaftsstärke gesehen wird, wenn man sie mit vorherigen Kriegsschiffen dieser Größe vergleicht. Die Klasse wurde in den späten 1990er Jahren aktualisiert. Das Seacat-System wurde durch das Aspide-SAM-System ersetzt. Die Schiffe haben den Westland-Super-Lynx-Hubschrauber an Bord, der mit dem Sea-Skua-ASM bewaffnet ist. Alle sind bei Niteroi stationiert und bilden das Erste Fregattengeschwader der brasilianischen Marine.

Herkunftsland:	Brasilien
Typ:	Fregatte
Stapellauf:	8. Februar 1974
Besatzung:	217
Verdrängung:	3.766 t
Maße:	129,2 m x 13,5 m x 5,5 m
Reichweite:	8.521 km (4.600 sm)
Hauptbewaffnung:	eine oder zwei 115-mm-Kanonen; Exocet-SSM; Seacat-SAM; Ikara-ASW-System
Motorisierung:	zwei Antriebswellen, zwei Gasturbinen, vier Dieselmotoren
Leistung:	30 Knoten

Oliver Hazard Perry

Die USS *Oliver Hazard Perry* war die erste einer Klasse von 51 Mehrzweckfregatten, die als Geleitschiffe von Handelsschiffen oder amphibischen Geschwadern entworfen wurden. Ihre Hauptaufgabe war die Gebietsverteidigung von Oberflächenverbänden gegen Angriffe von Flugzeugen und Kreuzer-Raketen. Die direkte Bekämpfung anderer Schiffe spielte eine sekundäre Rolle. Aus Kostengründen wurden die ersten 26 Schiffe nicht – wie ursprünglich geplant – mit zwei LAMPS-III-ASW-Hubschraubern nachgerüstet, sondern behielten die LAMP I. Die LAMP-Einrichtungen beinhalten das RAST-System, das Start und Bergung eines Sikorsky-SH-60-Hubschraubers erlaubt, auch wenn das Schiff bis zu 28 Grad rollt oder bis zu 5 Grad stürzt. Zwei Schiffe dieser Klasse, die *Stark* und die *Samuel B. Roberts*, wurden bei Raketenangriffen 1987 und 1988 beschädigt, als sie während des Golfkrieges den arabischen Golf überwachten.

Herkunftsland:	USA
Typ:	Fregatte
Stapellauf:	25. September 1976
Besatzung:	215
Verdrängung:	3.717 t
Maße:	135,6 m x 13,7 m x 4,5 m
Reichweite:	10.371 km (5.600 sm)
Hauptbewaffnung:	eine 76-mm-DP-Kanone; zwei dreifache 324-mm-Torpedorohre; Harpoon-SSMs und Standard-SAMs
Motorisierung:	eine Antriebswelle, zwei Gasturbinen
Leistung:	29 Knoten

Oslo

Die Schiffe der *Oslo*-Klasse der norwegischen Marine sind modifizierte Fregatten der *Dealey*-Klasse von Geleitschutzzerstörern, die in den 1950er Jahren in den USA gebaut wurden. Sie haben ein höheres Freibord vorn (den Meeresbedingungen Norwegens angepasst) und weitere in Europa gebaute Schiffssysteme. Die fünf Schiffe der *Oslo*-Klasse sind die *Oslo*, die *Bergen*, die *Trondheim*, die *Stavanger* und die *Narvik*. Sie wurde unter dem Fünfjahresplan von 1960 gebaut. Die Hälfte der Kosten trugen die USA. Die Klasse machte in den 1970er Jahren Modernisierungen durch, wobei Pinguin-Mk2-SSMs, ein NATO-Sea-Sparrow-Werfer und Mk32-ASW Torpedorohre angebracht wurden. Auf dem Höhepunkt des Kalten Krieges stellten die Schiffe der *Oslo*-Klasse eine bedeutende Anti-U-Boot-Waffe in den Nordmeeren dar. Die *Oslo* ging während einer Schleppfahrt am 24. Januar 1994 unter, nachdem sie gestrandet war und einen totalen Motorschaden erlitt.

Herkunftsland:	Norwegen
Typ:	Fregatte
Stapellauf:	17. Januar 1964
Besatzung:	150
Verdrängung:	1.880 t
Maße:	96,6 m x 11,2 m x 4,4 m
Reichweite:	8.338 km (4.500 sm)
Hauptbewaffnung:	zwei 76-mm-DP-Zwillingskanonen; zwei dreifache 324-mm-Torpedorohre; Sea-Sparrow-SAM; ASW-Raketenwerfer
Motorisierung:	eine Antriebswelle, Dampfturbinen mit Getriebewellen
Leistung:	25 Knoten

PC Type

Die amerikanische Marine musste trotz der enormen Küstenlänge die wichtigen Routen in der Karibik und den Panamakanal schützen. Die Verwundbarkeit von Schiffen, die nicht in Konvois fuhren, wurde 1942 von deutschen U-Booten an der Ostküste unbarmherzig offengelegt, aber es wurde erwartet, dass drei Patrouillenboot-Prototypen (Typ PC) noch vor dem Kriegseintritt der USA fertig sein würden. Es waren schlanke Schiffe von etwas über 53 m Länge mit Dieselmotoren, die zwar relativ gut bewaffnet waren, aber wegen ihrer Größe auf den küstennahen Einsatz beschränkt waren. Ein großes Bauprogramm wurde begonnen, und über 350 Schiffe dieses Typs wurden hergestellt. Fünfzehn dienten der britischen Marine als *Kil*-Klasse, wie etwa die *Kilmarnock*, die an der Zerstörung des deutschen *U-731* im Mai 1944 vor Tanger teilnahm, der einzige U-Boot-Abschuss, der dieser Klasse zugeschrieben wurde.

Herkunftsland:	USA
Typ:	Eskorte
Stapellauf:	1938 (erste Einheit)
Besatzung:	100
Verdrängung:	864 t
Maße:	56,24 m x 10,05 m x 2,89 m
Reichweite:	6.485 km (3.500 sm)
Hauptbewaffnung:	eine 76-mm-Kanone; drei 40-mm- und vier 20-mm-Flugabwehrkanonen; Wasserbomben
Motorisierung:	zwei Antriebswellen, zwei Dieselmotoren
Leistung:	16 Knoten

Pegaso

Die *Pegaso* war das Führungsschiff von fünf in einer Klasse, die später auf 27 Einheiten anstieg. Ihr Entwurf war sehr erfolgreich und erwies sich als stark und seetüchtig. Die *Pegaso* wurde im August 1904 bei Pattison auf Kiel gelegt, lief ein Jahr später vom Stapel und wurde in September 1905 vervollständigt. Ihre Motoren entwickelten 3.200 PS, und ihre Reichweite bei maximaler Geschwindigkeit lag beinahe bei 646 km (348 sm). Sie wurde 1908 auf Ölfeuerung umgestellt und diente später im 1. Weltkrieg. Sie wurde im März 1923 ausgemustert. Ihr Name wurde im 2. Weltkrieg einem Geleitschutz-Zerstörer der *Orsa*-Klasse gegeben. Dieses Schiff lief 1938 vom Stapel und wurde in der Pollensa-Bucht auf Mallorca am 11. September 1943 als Folge von Italiens Waffenstillstand mit den Alliierten versenkt. Die anderen Schiffe in der *Pegaso*-Klasse von 1905 waren die *Perseo*, die *Procione* und die *Pallade*. Sie wurden als Hochsee-Torpedoboote eingestuft.

Herkunftsland:	Italien
Typ:	Torpedoboot
Stapellauf:	August 1905
Besatzung:	50
Verdrängung:	210 t
Maße:	50,3 m x 5,3 m x 1,7 m
Reichweite:	2.224 km (1.200 sm)
Hauptbewaffnung:	zwei 57-mm-Kanonen; drei 450-mm-Torpedorohre
Motorisierung:	Zwillingsschrauben, dreifache vertikale Expansionsmaschine
Leistung:	23 Knoten

Pellicano

Im April 1899 lief die *Pellicano* vom Stapel und wurde 1900 als ein erstklassiges Torpedoboot mit einer geplanten Geschwindigkeit von 25,7 Knoten in Dienst gestellt, die aber wegen unzulänglicher Maschinerie nie erreicht wurde. Die vertikalen Dreifach-Expansionsmotoren der *Pellicano* wurden von drei Blechynden-Kesseln angetrieben und lieferten 2.740 PS. Dennoch war sie ein ausgezeichnetes Seeschiff und diente einer späteren Gruppe hochseetüchtiger Schiffe als Prototyp, die 1905–1906 vom Stapel liefen. 1920 wurde sie ausgemustert. Die *Pellicano* und andere ihrer Ära legten die Fundamente für die italienische Torpedoboot-Taktik, mit der sich die Marine bis zum 2. Weltkrieg auszeichnete. Torpedoboote erwiesen sich als ideal für Angriffsoperationen in der Adria während des 1. Weltkriegs, wo hohe Geschwindigkeit und Manövrierbarkeit Schlüsselfaktoren in den Kämpfen gegen die österreichisch-ungarische Flotte waren.

Herkunftsland:	Italien
Typ:	Torpedoboot
Stapellauf:	April 1899
Besatzung:	25
Verdrängung:	183 t
Maße:	48,7 m x 5,7 m x 1,5 m
Reichweite:	unbekannt
Hauptbewaffnung:	zwei 37-mm-Kanonen; zwei 355-mm-Torpedorohre
Motorisierung:	vertikale Dreifach-Expansionsmotoren
Leistung:	21 Knoten

Perth

Australiens drei Lenkwaffenzerstörer der Perth-Klasse (die anderen sind die *Hobart* und die *Brisbane*) sind modifizierte Schiffe der amerikanischen *Charles F. Adams*-Klasse. Alle wurden Mitte der 1960er Jahre in Dienst gestellt. Die Schiffe haben inzwischen mehrere Aktualisierungen erfahren. Die *Perth* wurde zuerst 1974 in den USA modernisiert, wobei die üblichen Raketen, Ersatzkanonenaufbauten, ein neues Kampfdatensystem und moderne Radaranlagen hinzugefügt wurden. Die *Hobart* und die *Brisbane* wurden bis 1978/79 in Sydney auf den gleichen Stand gebracht. Eine weitere Aktualisierung geschah 1987–1991, als alle Schiffe das Phalanx-CIWS, ein neues Such- und Feuerkontroll-Radar, ECM-Ausrüstung und den neuen Mk13-Raketenwerfer für die Harpoon-SSM erhielten. Das frühere Ikara-ASW-System wurde zur Zeit dieser Aktualisierungen entfernt.

Herkunftsland:	USA/Australien
Typ:	Zerstörer
Stapellauf:	26. September 1963
Besatzung:	310
Verdrängung:	4.692 t
Maße:	134,3 m x 14,3 m x 6,1 m
Reichweite:	9.650 km (5.210 sm)
Hauptbewaffnung:	zwei 127-mm-Kanonen; Phalanx-CIWS; Harpoon SSM; Standard-SAM; sechs 324-mm-Torpedorohre
Motorisierung:	zwei Antriebswellen, zwei Dampfturbinen mit Getriebewellen
Leistung:	über 30 Knoten

Petja-Klasse

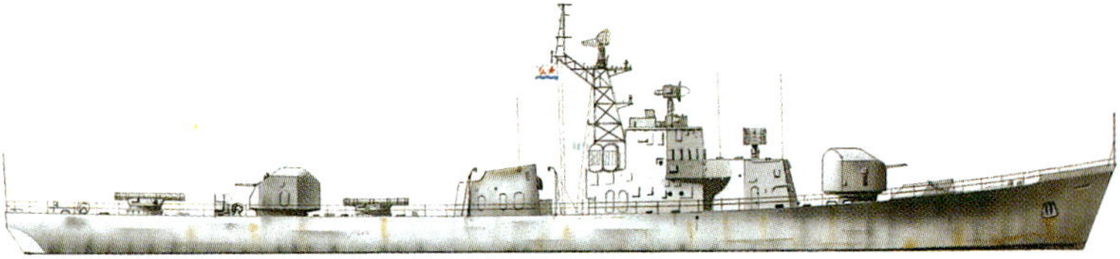

Die 18 Einheiten der *Petja I*-Klasse wurden auf den Werften in Kaliningrad und Komsomolsk 1961–1964 gebaut. 1964–1969 stellten die beiden Werften um und bauten 27 *Petja II*-Klasse-Einheiten, die sich von ihren Vorgängern durch einen zusätzlichen fünffachen 606-mm-ASW-Torpedorohr-Aufbau anstatt der zwei hinteren ASW-Raketenwerfer unterschied. Von 1973 an wurden acht *Petja I*-Schiffe modifiziert und wurden damit zur *Petja I-(Mod)*-Unterklasse. Zur Umwandlung gehörte ein variables Mittelwellen-Tiefensonar in einem neuen Aufbau am Heck. Weitere drei Einheiten wurden zu Versuchsschiffen umgerüstet. Während des Kalten Krieges wurde die *Petja*-Klasse zu Beobachtungszwecken genutzt, insbesondere bei Übungen von NATO-Kriegsschiffen in nördlichen Gewässern, vor dem Nordkap und im Norden der norwegischen See.

Herkunftsland:	Sowjetunion
Typ:	Fregatte
Stapellauf:	31. Dezember 1970 (erste Einheit)
Besatzung:	98
Verdrängung:	1.168 t
Maße:	81,8 m x 9,1 m x 2,9 m
Reichweite:	2.779 km (1.500 sm)
Hauptbewaffnung:	eine 76-mm-DP-Zwillingskanone; 533-mm-Rampe für fünf oder zehn AS-Torpedos; ASW-Raketenwerfer
Motorisierung:	drei Antriebswellen, zwei Gasturbinen, zwei Dieselmotoren
Leistung:	33 Knoten

Prat

Die chilenische Marine verwendet traditionell britische Kriegsschiffe. Die vier chilenischen Zerstörer der ehemaligen britischen *County*-Klasse, die *Prat* (ehemals *Norfolk*), die *Cochrane* (ehemals *Antrim*), die *Latorre* (ehemals *Glamorgan)* und die *Blanco Encalada* (ehemals *Fife*) wurden von Großbritannien von April 1982 bis August 1987 geliefert. Danach fand eine umfangreiche Neuausstattung statt. Alle sind nach hohen Offizieren benannt, nur die Titel Almirante und Capitan werden in Chile nicht dafür verwendet. 1988 wurde die *Blanco Encalada* als Hubschrauberträger für zwei Super-Pumas umgebaut, 1994 auch die *Cochrane*. Die zwei übrigen Schiffe dienen als Flaggschiffe. Alle vier Schiffe sind mit dem israelischen Barak-I-Kurzstrecken-SAM-System ausgerüstet. Die Schiffe unterscheiden sich sehr in ihrem Erscheinungsbild, da die Hubschrauberträger ein stark vergrößertes Flugdeck haben, das sich direkt achtern fortsetzt.

Herkunftsland:	Großbritannien/Chile
Typ:	Zerstörer
Stapellauf:	16. November 1967
Besatzung:	470
Verdrängung:	6.299 t
Maße:	158,7 m x 16,5 m x 6,3 m
Reichweite:	5.620 km (3.038 sm)
Hauptbewaffnung:	zwei 115-mm-Kanonen; Exocet-SSM; Seaslug- and Barak-SAM; sechs 324-mm-Torpedorohre
Motorisierung:	zwei Antriebswellen, zwei Dampfturbinen mit Getriebewellen, vier Gasturbinen
Leistung:	30 Knoten

Rattlesnake

Die *Rattlesnake* war eines der ersten Torpedo-Kanonenboote der Welt und das erste in der britischen Marine. Sie war das zweite Schiff mit dem Namen *Rattlesnake*. Das erste war eine Korvette mit Holzschraube der *Jason*-Klasse, die 1861 vom Stapel lief. Sie wurde gebaut, um den expandierenden Flotten von Torpedobooten anderer Länder etwas entgegenzusetzen. Dies meinte auch Russland, von dem eine Kriegsdrohung über Afghanistan ausging und das die britischen Großkampfschiffe ernsthaft bedrohte. Die früher gebauten Schiffe zu diesem Zweck, wie die britische 1.605-Tonnen-*Scout* und die französischen 1.300-Tonnen-*Condor* hatten sich als zu groß und unhandlich erwiesen. So wurde beschlossen, ein kleineres Schiff zu bauen, das mit hoher Geschwindigkeit fahren konnte. Die Motoren der *Rattlesnake* entwickelten 2.700 PS. Das Schiff hatte einen 19 mm starken Deckschutz. Es wurde 1910 verkauft.

Herkunftsland:	Großbritannien
Typ:	Torpedokanonenboot
Stapellauf:	11. September 1886
Besatzung:	66
Verdrängung:	558 t
Maße:	60,9 m x 7 m x 3 m
Reichweite:	unbekannt
Hauptbewaffnung:	eine 102-mm-Kanone; vier 355-mm-Torpedorohre
Motorisierung:	Zwillingsschrauben, Dreifach-Expansionsmaschine
Leistung:	19,2 Knoten

Riga-Klasse

Auf Werften in Kaliningrad, Nikolajew und Komsomolsk wurden 64 Einheiten der *Riga*-Klasse gebaut, acht davon für den Export. Im Entwurf folgten sie den sechs etwas älteren *Kola*-Klasse Zerstörern. Das Design der Klasse erwies sich als ausgezeichnet bei der Küstenverteidigung und folgte der sowjetischen Praxis in den 1950er Jahren, Rümpfe mit flachem Deck und einem stark angehobenen Vorschiff zu bauen. Die *Riga*-Schiffe wurden mit dem Haymarket-Suchradar ausgestattet. Über die Jahre bildete die *Riga*-Klasse eine der größeren sowjetischen Kriegsschiffklassen, und einige wurden exportiert. Zwei gingen an Bulgarien, fünf an die ehemalige DDR (eins davon brannte kurz nach der Übernahme bei einem Unfall aus), zwei gingen an Finnland und acht an Indonesien. Diese Einheiten sind inzwischen verschrottet. Alle *Riga*-Klasse Einheiten der russischen Marine, die zuletzt als Schulschiffe genutzt wurden, sind inzwischen dauerhaft auf Kiel gelegt.

Herkunftsland:	Sowjetunion
Typ:	Fregatte
Stapellauf:	30. Juli 1952 (erste Einheit: *Gornostay*)
Besatzung:	175
Verdrängung:	1.534 t
Maße:	91,5 m x 10,1 m x 3,2 m
Reichweite:	4.632 km (2.500 sm)
Hauptbewaffnung:	drei einzelne 100-mm-DP-Kanonen, zwei 37-mm-Zwillings oder 25-mm- Flugabwehrkanonen; Anti-Schiffstorpedos; ASW-Raketen
Motorisierung:	zwei Antriebswellen, Dampfturbine mit Getriebewelle
Leistung:	28 Knoten

River

Mit den Einschränkungen der *Flower*-Klasse-Korvette vor Augen entwarf die britische Admiralität eine größere Korvette mit Zwillingsschraube, die als *River*-Klasse bekannt wurde (der Begriff „Fregatte" wurde in der britischen Marine offiziell bis 1942 nicht wieder eingeführt). Insgesamt waren sie 28,3 m länger als die Schiffe der späteren *Flower*-Klasse, und dies machte einen sehr großen Unterschied in den Seequalitäten, der Bunker-Kapazität, der eingebauten Maschine und ihrer Bewaffnung. 1941–1944 liefen 57 in Großbritannien vom Stapel, 70 in Kanada und 11 in Australien. Die *River*-Klasse war sehr erfolgreich, aber die meisten der überlebenden Schiffe (sieben wurden im Krieg versenkt) wurden Mitte der 1950er Jahre verschrottet. Weitere *River*-Klasse Schiffe wurden von den Amerikanern in einem etwas modifizierten Design als PF-Typ gebaut. 21 davon dienten als *Colony*-Klasse in der britischen Marine.

Herkunftsland:	Großbritannien
Typ:	Fregatte
Stapellauf:	20. November 1941 (erste Einheit: HMS *Rother*)
Besatzung:	107
Verdrängung:	1.392 t
Maße:	91,9 m x 11,12 m x 3,91 m
Reichweite:	12.945 km (6.990 sm)
Hauptbewaffnung:	zwei 102-mm-Kanonen; zwei 2-Pfünder-Kanonen; Wasserbomben
Motorisierung:	zwei Antriebswellen, dreifache Expansionsdampfmaschinen
Leistung:	20 Knoten

Salisbury

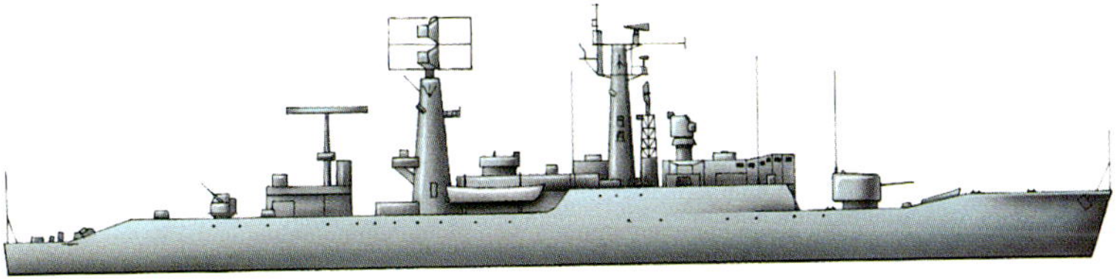

Die einzige Fregatte der ehemaligen *Salisbury (Art 61)*-Klasse in der Marine von Bangladesch hieß ehemals HMS *Llandaff* und war im April 1958 fertig gestellt. Die *Salisbury*-Klasse war in erster Linie als richtungsweisendes Schiff für Flugzeuge von Trägern und von Küstenbasen gedacht, konnte aber auch als leichter Zerstörer bei Angriffen dienen. Alle Schiffe wurden nach Kathedralen-Städten benannt. Die *Salisbury* durchlief 1962 eine ausgedehnte Aufrüstung, und die *Llandaff* folgte 1966. Vier Schiffe der Klasse wurden fertig gestellt. Ein fünftes sollte *Exeter* heißen. Das sechste sollte den Namen *Coventry* tragen, wurde als *Panther* bestellt, aber schließlich als Fregatte *Penelope* der *Leander*-Klasse gebaut. In ihrer Rolle als Leitschiff wurden die *Salisburies* in das Luftverteidigungssystem Großbritanniens integriert. Bei der britischen Marine wurde die Klasse durch die *Typ-21-Amazon*-Klasse ersetzt.

Herkunftsland:	Großbritannien/Bangladesch
Typ:	Fregatte
Stapellauf:	25. Juni 1953
Besatzung:	207
Verdrängung:	2.447 t
Maße:	103,6 m x 12,2 m x 4,7 m
Reichweite:	12.056 km (6.510 sm)
Hauptbewaffnung:	zwei 115-mm-Kanonen; zwei 40-mm-AA-Kanonen; A/S Mörser
Motorisierung:	zwei Antriebswellen, acht Dieselmotoren
Leistung:	24 Knoten

Saumarez

Nach einem Kriegsnotprogramm entstanden 112 Flottenzerstörer für die britische Marine, jedoch nur durch einen hohen Grad von Vereinheitlichung und eine Verringerung der Minimalstandards zu Friedenszeiten. Die zwei so genannten mittleren Klassen – die *O*- und *P*-Klassen – mit acht Kanonen kamen zuerst. Ihnen folgten Schiffe der *Q*-Klasse, die ersten in einer langen Reihe von Standardeinheiten und basierend auf dem sehr erfolgreichen *J*-Klasse-Entwurf. Alle *Q*-Klassen wurden gut angenommen, und acht *R*-Klasse Zerstörer waren fast identisch. Mit der *S*-Klasse – ebenfalls acht Schiffe – kam eine Veränderung der Buglinien. Sie hatten als erstes 40-mm-Flugabwehrkanonen und eine komplette Ergänzung von 20-mm-Oerlikons. Die HMS *Saumarez* wurde im November 1942 vom Stapel gelassen. Alle Schiffe in der Klasse überlebten den Krieg. Die *Saumarez* wurde 1946 von einer Mine im Kanal von Korfu beschädigt und 1950 verschrottet.

Herkunftsland:	Großbritannien
Typ:	Zerstörer
Stapellauf:	20. November 1942
Besatzung:	225
Verdrängung:	1.758 t
Maße:	109,19 m x 10,87 m x 2,9 m
Reichweite:	8.690 km (4.692 sm)
Hauptbewaffnung:	vier 119-mm-Kanonen; zwei 40-mm-Flugabwehrkanonen; acht oder zwölf 20-mm-Flugabwehrkanonen; acht 533-mm-Torpedorohre
Motorisierung:	zwei Antriebswellen, Turbinen mit Getriebewellen
Leistung:	36 Knoten

Sokol

Die *Sokol* war Russlands erster Zerstörer. Sie wurde von Yarrow entworfen, 1894 auf Stapel gelegt und 1895 gefertigt. Ihre 12-Pfünder-Kanonen waren oben auf dem Kommandoturm am Ende des gepanzerten Vorderdecks angebracht. Zwei der 3-Pfünder-Kanonen lagen hinter dem ersten Schornstein, eine dritte zwischen den beiden hinteren Schornsteinen. Ihre Bewaffnung wurde weiter verändert, eine 12-Pfünder-Kanone sowie sechs Torpedorohre wurden hinzugefügt. Um Gewicht zu sparen, wurde in der Rumpfkonstruktion Nickel benutzt und bei weiteren Anbauten auch Aluminium. Umbenannt in *Prjtki* diente sie als Minensuchboot im 1. Weltkrieg und wurde 1922 verschrottet. Obwohl die russische Marine zu dieser Zeit einige ausgezeichnete Zerstörer zur Verfügung hatte, ließ die Kampftaktik viel zu wünschen übrig, und Schiffsbesatzungen waren schlecht ausgebildet.

Herkunftsland:	Russland
Typ:	Zerstörer
Stapellauf:	1895
Besatzung:	54
Verdrängung:	224 t
Maße:	57,9 m x 5,6 m x 2,2 m
Reichweite:	1.482 km (800 sm)
Hauptbewaffnung:	drei 3-Pfünder- und eine 12-Pfünder Kanone; zwei 380-mm-Torpedorohre
Motorisierung:	Zwillingsschraube, dreifache vertikale Expansionsmaschine
Leistung:	29 Knoten

Soldati-Klasse

Die *Soldati*-Klasse Zerstörer waren alle nach Soldatenrängen benannt (z. B. *Lanciere* für Lanzenreiter). Sie waren die letzte Entwicklung in einer Reihe, die mit den vier Schiffen der *Dardo*-Klasse 1930–1932 angefangen hatte. Sie nutzten den Raum auf Deck sehr wirksam, indem sie erfolgreich alle Kesselabzüge in einer beträchtlichen Schornsteinführung vereinten. Es gab vier 120-mm-Kanonen, die aber anders als auf britischen Zerstörern in zwei Zwillingsaufbauten lagen. Ein Zwilling war auf dem Vorschiff und einer auf gleicher Höhe auf einem Aufbau am Heck, was sowohl Raum auf Deck als auch Höchstgewicht sparte. Die italienischen Schiffe waren etwas kleiner als ihre britischen Gegenstücke, wesentlich stärker angetrieben und hatten nur Schwächen ihre Torpedos betreffend. Die Italiener schätzten den Wert von Waffen nie sehr hoch ein. Ihre Zerstörer wurden selten zu direkten Angriffsoperationen genutzt.

Herkunftsland:	Italien
Typ:	Zerstörer
Stapellauf:	8. August 1937 (erste Einheit:: *Camicia Nera*)
Besatzung:	219
Verdrängung:	2.499 t
Maße:	106,75 m x 10,15 m x 3,6 m
Reichweite:	7.412 km (4.000 sm)
Hauptbewaffnung:	vier oder fünf 120-mm- und eine 37-mm-Flugabwehrkanone; zwei dreifache 533-mm-Torpedorohre; bis zu 48 Minen
Motorisierung:	Zwillingsschrauben, zwei Dampfturbinen mit Getriebewellen
Leistung:	39 Knoten

SP1- oder Z40-Klasse

Vor dem 2. Weltkrieg war die deutsche Marine um die potentielle Feuerkraft von Frankreichs großen Zerstörern sehr besorgt. Man verlangte nach einem eigenen Schiff, das unabhängig operieren konnte und initiierte den Spähkreuzer oder das „SP"-Konzept. Zu Beginn des 2. Weltkriegs aber wurde die geplante Anzahl der Zerstörer angesichts anderer Prioritäten eingeschränkt. Von den fünf gestrichenen des Typ36A-Programms wurden drei – *Z40* bis *Z42* – zu Beginn des Jahres 1941 als ein vergrößertes Trio wiederhergestellt, dem noch ein weiteres mit einer unbestimmten Rumpfnummer folgen sollte. Der Entwurf machte mehrere Phasen durch und wurde zum so genannten „Zerstörer 1941" umgebaut. Diese Konstruktion wurde jedoch 1942 wieder aufgeschoben. Die unvollständigen Rümpfe wurden bei der Germaniawerft in Kiel 1943 abgebrochen, obwohl diese Schiffe im Kampf sehr wirksam gewesen wären.

Herkunftsland:	Deutschland
Typ:	Zerstörer
Stapellauf:	nicht vom Stapel gelaufen
Besatzung:	321
Verdrängung:	4.613 t
Maße:	152 m x 14,6 m x 4,6 m
Reichweite:	22.250 km (12.014 sm)
Hauptbewaffnung:	drei 150-mm-Zwillingskanonen; eine 88-mm-DP-Zwillingskanone; zwei fünffache 533-mm-Torpedorohre; bis zu 140 Minen
Motorisierung:	drei Antriebswellen, zwei Dampfturbinen mit Antriebswellen, ein Dieselmotor
Leistung:	36 Knoten mit Dampfkraft

Spica

Die italienische Marine favorisierte den Bau kleiner zerstörerartiger Geleitschiffe, die normalerweise als Torpedoboote bezeichnet wurden. Obwohl eine Reihe ähnlicher Klassen bis Mitte der 1920er Jahre gebaut wurden, wurde diese Art erst ein Jahrzehnt später mit den 32 Schiffen der *Spica*-Klasse wieder aufgegriffen. Diese Klasse wurde 1934–1937 auf Kiel gelegt. Der Entwurf war von den *Maestrale*-Klasse Zerstörern beeinflusst, die zu der Zeit gerade gefertigt wurden, aber sie ähnelten sich nur oberflächlich im Profil. Dem einzelnen Schornstein fehlte die massive Führung der größeren Schiffe, und er war nur für einen Kesselraum gemacht. Nach dem Kriegsbauprogramm war eine verbesserten *Spica*-Klasse geplant. Von den 32 *Spica*-Schiffen wurden 23 zu Kriegsverlusten, und zwei wurden an Schweden verkauft.

Herkunftsland:	Italien
Typ:	Zerstörereskorte
Stapellauf:	11. März 1934
Besatzung:	116
Verdrängung:	1.036 t
Maße:	83,5 m x 8,1 m x 2,55 m
Reichweite:	6.670 km (3.600 sm)
Hauptbewaffnung:	drei 100-mm-Kanonen; vier 450-mm-Torpedorohre
Motorisierung:	zwei Antriebswellen, Dampfturbine mit Getriebewelle
Leistung:	34 Knoten

Spruance

Die 31 Schiffe der *Spruance*-Klasse wurden als Ersatz für die zahlreiche *Gearing*-Klasse-Zerstörer gebaut und gelten als die wohl fähigsten Anti-Unterseeboot-Kriegsschiffe. Sie wurden in Modulbauweise konstruiert, wobei große Teile des Rumpfes an verschiedenen Orten der Werft gebaut und auf einer Helling zusammengeschweißt werden. Sie waren die ersten großen US-Kriegsschiffe mit Gasturbinenantrieb. Das erfolgreiche Rumpfdesign der *Spruance*-Klasse-Zerstörer wurde mit Modifikationen auch bei zwei anderen Klassen amerikanischer Kriegsschiffe genutzt. Es reduzierte die Roll- und Schlingerbewegungen und bot so eine bessere Waffenplattform. Alle Schiffe in der *Spruance*-Klasse machten im Lauf der Jahre bedeutende Waffenveränderungen durch. Mindestens neun Schiffe der Klasse unterstützten die verschiedenen Kampfgruppen im Golfkrieg 1991.

Herkunftsland:	USA
Typ:	Torpedoboot
Stapellauf:	10. November 1973
Besatzung:	15
Verdrängung:	31 t
Maße:	29 m x 3,5 m x 0,9 m
Reichweite:	unbekannt
Hauptbewaffnung:	keine bei der ersten Fertigstellung
Motorisierung:	einzelne Schraube, vertikale Verbundmaschine
Leistung:	18,2 Knoten

Stiletto

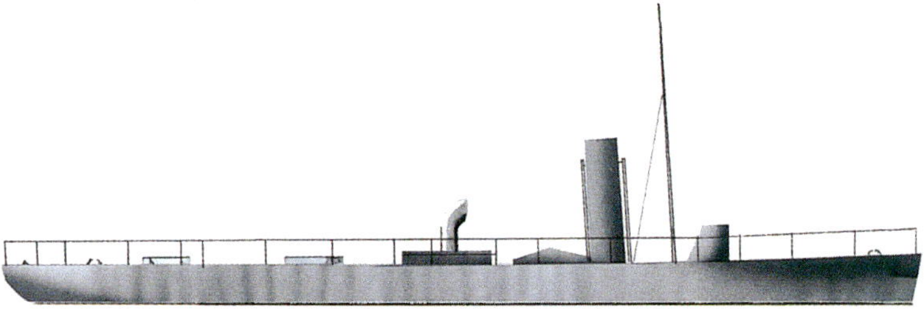

Im Jahr 1881 empfahl ein amerikanischer Planungsbeirat zur Hafen- und Küstenverteidigung den Bau einer Anzahl von Torpedobooten des *Herreshoff*-Typs. Bis 1888 wurde nichts weiter unternommen, dann kaufte man die *Stiletto*, eine schnelle Jacht mit Holzrumpf, von Herreshoff zu Versuchsfahrten. Ursprünglich war sie privat finanziert bei Herreshoff in Bristol, Rhode Island, auf Kiel gelegt und 1887 in Dienst gestellt worden. 1898 wurden an der *Stiletto* zwei Howell-Torpedorohre angebracht, und einige Jahre lang war sie mit verschiedenen taktischen Versuchen mit dieser neuen Torpedoart beschäftigt. Die Versuche 1897 mit Öl als Brennstoff blieben unbefriedigend. Im Frühjahr 1911 wurde sie von der Liste der amerikanischen Marine entfernt und im Juli des gleichen Jahres verkauft. Die *Stiletto* hatte einen beträchtlichen Anteil an der Entwicklung wertvoller, taktischer Abläufe für die US-Marine.

Herkunftsland:	USA
Typ:	Torpedoboot
Stapellauf:	1886
Besatzung:	15
Verdrängung:	31 t
Maße:	29 m x 3,5 m x 0,9 m
Reichweite:	unbekannt
Hauptbewaffnung:	keine bei der ersten Fertigstellung
Motorisierung:	einzelne Schraube, vertikale Verbundmaschine
Leistung:	18,2 Knoten

Swift

Die HMS *Swift* war der erste zu diesem Zweck gebaute Flottillenführer der Welt. Der Entwurf war jedoch sehr ehrgeizig, und das Schiff scheiterte an der geplanten Geschwindigkeit von 36 Knoten. Nach vielen Änderungen der Schrauben und einer Erhöhung des Schornsteins machte sie schließlich gerade über 35 Knoten und wurde 1910 nach zwei Jahren Versuchsarbeit von der britischen Marine akzeptiert. Am 15. Oktober 1914 konnte sie mit Glück einem Angriff des deutschen *U9* entfliehen, das gerade den Zerstörer HMS *Hawke* in der Nordsee versenkt hatte. Obwohl die *Swift* von den Torpedos des Unterseeboots knapp verpasst wurde, blieb der Kapitän im Gebiet und nahm einen Offizier und 20 Mann von der *Hawke* auf. Die *Swift* versenkte am 21. April 1917 das deutsche Schiff *TBD G42* bei der Verteidigung von Dover. Die *Swift* wurde 1921 abgewrackt.

Herkunftsland:	Großbritannien
Typ:	Flottillenführer
Stapellauf:	7. Dezember 1907
Besatzung:	160
Verdrängung:	2.428 t
Maße:	107,8 m x 10,4 m x 3,2 m
Reichweite:	4.032 km (2.500 sm)
Hauptbewaffnung:	vier 102-mm-Kanonen; zwei 457-mm-Torpedorohre
Motorisierung:	vierfache Schrauben, Turbinen
Leistung:	35 Knoten

Tachikaze

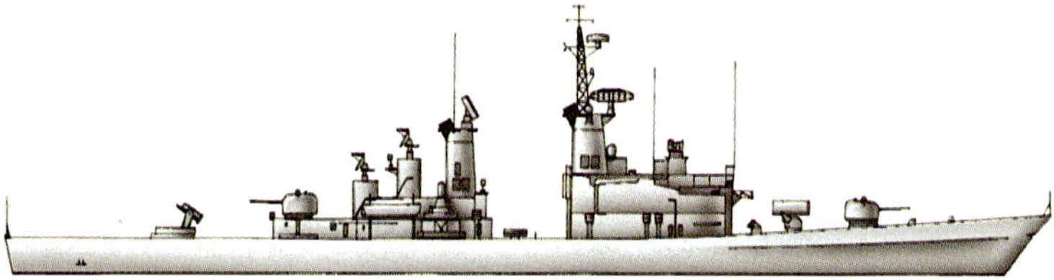

Anfang der 1970er Jahre musste die japanische Marine die Verteidigungsmöglichkeiten mittlerer Reichweite verbessern und legte deshalb von 1973 an drei *Tachikaze*-Klasse Schiffe in Abständen von je drei Jahren auf Kiel. Die Schiffe sind die *Tachikaze*, die *Asakaze* und die *Swakaze*, die 1976, 1979, und 1982 in Dienst gestellt wurden. Sie haben alle einen einfachen Mk13-Werfer für die Standard-SM-1MR-Raketen. Es gab keinerlei Hubschraubervorrichtungen, und die Anti-U-Boot-Bewaffnung war auf ASROC-Raketen und Mk46-Torpedos begrenzt. Um Produktionskosten zu sparen, übernahm man für die Klasse den Antrieb und die Maschinerie der *Haruna*-Klasse von ASW-Zerstörern mit Hubschrauber. 1999 war die *Tachikaze* das Flaggschiff der japanischen Geleitschiffgruppe zur Seeverteidigung, die auch einen wichtigen Bestandteil der Luftverteidigung darstellten.

Herkunftsland:	Japan
Typ:	Zerstörer
Stapellauf:	12. Dezember 1974
Besatzung:	250
Verdrängung:	3.912 t
Maße:	142 m x 14,3 m x 4,6 m
Reichweite:	9.265 km (5.000 sm)
Hauptbewaffnung:	zwei 127-mm-Kanonen; Harpoon-SSM; Standard-SAM; ASROC; sechs 324-mm-Torpedorohre
Motorisierung:	zwei Antriebswellen, zwei Dampfturbinen mit Getriebewellen
Leistung:	32 Knoten

Thetis

Die vier Fregatten der *Thetis*-Klasse (*Thetis*, *Triton*, *Vaedderen*, *Hvidbjornen*) wurden alle 1991–1992 in Dienst gestellt. Ihre wichtigste Rolle ist der Fischereischutz. Die *Thetis* wird auch für mehrere Monate im Jahr zu ozeanografischen und seismologischen Arbeiten vor Grönland genutzt. Dies ist eine lebenswichtige Aufgabe, da dieses Gebiet ständig von vulkanischer Aktivität bedroht wird. Mit dem verstärkten Rumpf können die Schiffe ein Meter dickes Eis durchbrechen. Es gab Bestrebungen, durch Anbringen von Anker-Ausrüstung, Pollern und Winden unter dem Oberdeck die Tarnkappen-Technologie einzubauen. Das Flugdeck ist verstärkt, um einen Sea-King- oder Merlin-Helikopter aufzunehmen. Ein aufblasbares Landungsboot ist neben dem Hubschrauberhangar angebracht. Es gibt Pläne für die Installation eines neuen Luft-Suchradars und einer Boden-Luft-Rakete unbekannten Typs.

Herkunftsland:	Dänemark
Typ:	Fregatte
Stapellauf:	14. Juli 1989
Besatzung:	60
Verdrängung:	3.556 t
Maße:	112,5 m x 14,4 m x 6 m
Reichweite:	13.672 km (7.378 sm)
Hauptbewaffnung:	eine 76-mm-Kanone; eine 20-mm-Kanone; Wasserbomben
Motorisierung:	einzelne Antriebswelle, drei Dieselmotoren
Leistung:	20,8 Knoten

Tribal-Klasse

Die *Tribal*-Klasse gehört zu den besten Zerstörern der britischen Marine. Die 16 Schiffe wurden ursprünglich lediglich als Entgegnung auf ähnliche Schiffsentwürfe potentieller Gegner gebaut und hatten keine klar ersichtliche Rolle innerhalb der Flotte. Sie wurden als Superzerstörer mit Kanonen betrachtet, und es gab viel Widerspruch über ihre korrekte Klassifizierung. Nach allen Standards waren sie großartig aussehende Schiffe. Ihr ausgeglichenes Profil harmonierte mit dem Rumpf mit großem Freibord, was ihre Kampfqualitäten bei schlechtem Wetter verbesserte. Die Klasse wurde 1937 eingeführt, aber nur vier der 16 waren Ende 1942 noch flott. Alle fuhren viele Einsätze. Die HMS *Kosak* wurde berühmt, weil sie britische Handelsseeleute vom Versorgungsschiff *Altmark* in norwegischen Gewässern rettete.

Herkunftsland:	Großbritannien
Typ:	Zerstörer
Stapellauf:	8. Juni 1937 (erste Einheit: HMS *Afridi*)
Besatzung:	190
Verdrängung:	2.007 t
Maße:	115,1 m x 11,13 m x 2,74 m
Reichweite:	10.523 km (5.682 sm)
Hauptbewaffnung:	vier 119-mm-Zwillingskanonen; ein vierfaches 533-mm-Torpedorohr
Motorisierung:	zwei Dampfturbinen mit Getriebewellen
Leistung:	36 Knoten

Tromp

Die *Tromp* und ihr Schwesterschiff *Jacob van Heemskerck* waren eher „Westentaschenkreuzer“ als Zerstörer. Das Paar hatte eine echte Zerstörer-Abstammung, war jedoch als Führungsschiff klassifiziert. Ihr Entwurf war vergrößert. Dabei wurde durch Schweißarbeit und die Verwendung von Aluminium viel Gewicht gespart. Eine interessante Verwendung der *Tromp* war die Zusammenarbeit mit einem Fokker-Wasserflugzeug im Gebiet von Niederländisch-Ostindien. Die *Tromp* wurde im August 1938 weiter ergänzt und bei Ausbruch des Krieges nach Fernost geschickt. Beim japanischen Angriff auf Bali wurde sie schwer beschädigt. Sie überlebte den Krieg und nahm an der Wiederbesetzung Ostindiens im September 1945 teil. Die *Heemskerck* diente neben britischen Marinekräften im Indischen Ozean und im Mittelmeer.

Herkunftsland:	Niederlande
Typ:	Zerstörer
Stapellauf:	24. Mai 1937
Besatzung:	unbekannt
Verdrängung:	4.979 t
Maße:	131,9 m x 12,41 m x 5,41 m
Reichweite:	unbekannt
Hauptbewaffnung:	drei 150-mm-Zwillings- und vier einzelne 75-mm-Kanonen
Motorisierung:	Zwillingsantriebswellen, zwei Dampfturbinen mit Antriebswellen
Leistung:	32,5 Knoten

Turbine

Die acht *Turbine*-Klasse Zerstörer stammten aus 1927 und 1928. Sie waren beinahe identisch mit dem Quartett der vorhergehenden *Sauro*-Klasse. Der wesentliche Unterschied war eine 3 m größere Länge der *Turbine*-Klasse, um eine stärkere Maschine unterzubringen. Ein Merkmal von beiden war ein massiver, gepanzerter Kommandoturm, der auf der abgeschlossenen Brücke lag. Die vier *Sauro*-Klasse Schiffe wurden als Teil des Geschwaders im Roten Meer zerstört, und sechs Schiffe der *Turbine*-Klasse wurden 1940 versenkt. Das erste Opfer war die *Espero*, die vom australischen Kreuzer HMAS *Sydney* am 28. Juni 1940 versenkt wurde. Die *Turbine* selbst wurde von den Deutschen übernommen und von einem amerikanischen Flugzeug vor Salamis 1944 zerstört. Sie war mit 39 Knoten wahrscheinlich das schnellste Schiff der Klasse.

Herkunftsland:	Italien
Typ:	Zerstörer
Stapellauf:	21. April 1927
Besatzung:	180
Verdrängung:	1.727 t
Maße:	92,65 m x 9,2 m x 2,9 m
Reichweite:	3.890 km (2.100 sm)
Hauptbewaffnung:	zwei 120-mm-Zwillingskanonen; sechs 533-mm-Torpedorohre
Motorisierung:	zwei Dampfturbinen mit Getriebewellen
Leistung:	36 Knoten

Typ 36A

Die *Typ-36A*-Zerstörer wurden im Krieg gebaut und liefen 1940–1942 vom Stapel. Die anfängliche Reihenfolge für die Klasse umfasste *Z23* bis *Z30*. Sieben weitere – *Z31* bis *Z34* und *Z37* bis *Z39* (mit einem etwas veränderten Design) – kamen später hinzu. Diese Schiffe wurden, obwohl sie offiziell namenlos waren, als *Narvik*-Klasse bekannt und verbrachten die meiste Zeit in arktischen Gewässern, wo sie die deutschen Kampfgeschwader unterstützten, die in den Häfen in Nord-Norwegen stationiert waren. Etwas überraschend gingen nur sechs der 15 *Typ-36A*-Zerstörer während des Kriegs verloren. Zwei der Übriggebliebenen standen über ein Jahrzehnt nach dem Krieg im Dienst der französischen Marine. Ein weiteres, die *Z38*, wurde in der britischen Marine als HMS *Nonsuch* für eine Vielzahl von Versuchen genutzt. Die *Z37* war im Krieg sehr aktiv und wurde schließlich im August 1944 versenkt.

Herkunftsland:	Deutschland
Typ:	Zerstörer
Stapellauf:	14 . Dezember 1939 (erste Einheit: *Z23*)
Besatzung:	321
Verdrängung:	3.658 t
Maße:	127 m x 12 m x 3,9 m
Reichweite:	10.935 km (5.904 sm)
Hauptbewaffnung:	drei einzelne und eine 150-mm-Zwillingskanonen; zwei vierfache 533-mm-Torpedorohre; bis zu 60 Minen
Motorisierung:	Zwillingsantriebswellen, zwei Dampfturbinen mit Getriebewellen
Leistung:	36 Knoten

Typ 82 und Typ 42

Der Zerstörer HMS *Bristol* aus der *Typ 82*-Klasse war eines der im Falklandkrieg eingesetzten Schiffe. Ursprünglich war es das Führungsschiff von insgesamt vier Zerstörern, die für die neue *CVA-01*-Klasse britischer Flugzeugträger eine Gebietsverteidigung bieten sollten. Dieser Träger und die anderen drei *Typ 82*-Schiffe wurden jedoch abgesagt. Mit dem Planungsstopp der Flugzeugträger Mitte der 1960er Jahre wurde bei der Marine Personalbedarf für eine kleine Flotteneskorte zur Gebietsverteidigung angemeldet. Dies ergab die *Typ 42*-Klasse. Der Entwurf litt während der Bauphase an Finanzkürzungen des Schatzamtes, was sich auf die Dimensionen des Schiffes auswirkte. Den Schiffen fehlte es an einem Luftabwehrsystem für den Nahkampf, es hatte eine reduzierte Reichweite und ein kurzes Vorschiff, was die vordere Sektion oft sehr nass werden ließ. Zur Hauptbewaffnung gehörte das Sea-Dart-SAM-System.

(Beschreibungen beziehen sich auf Typ 42)

Herkunftsland:	Großbritannien
Typ:	Zerstörer
Stapellauf:	30. Juni 1969
Besatzung:	300–312
Verdrängung:	4.851 t
Maße:	141 m x 14,9 m x 508 m
Reichweite:	5.188 km (2.800 sm)
Hauptbewaffnung:	eine 114-mm-Kanone; Mk44-Torpedos vom Helikopter gefeuert; zwei dreifache Rampen für Mk46-AS-Torpedos; ein Sea-Dart-SAM-Werfer
Motorisierung:	Zwillingsschrauben, Gasturbinen
Leistung:	30 Knoten

Type F2000

Obwohl die Fregatten der führenden Seestreitkräfte für den Krieg gegen U-Boote optimiert wurden, sind sie in den kleineren Ländern eher Arbeitsschiffe, die für allgemeine Aufgaben genutzt werden. Frankreich zeigte einiges Geschick in Exporten in den Mittleren Osten. Ein gutes Beispiel dafür ist Saudi-Arabien, das in den 1980er Jahren die *Typ-F2000*-Klasse-Fregatten von Frankreich kaufte. Hinsichtlich der Fähigkeiten übertrafen diese Schiffe zur Zeit ihrer Auslieferung viele Fregatten in Diensten der NATO und des Warschauer Paktes gerade bezüglich ihrer elektronischen Ausrüstung, die auf dem neuesten Stand der Technik war. Die Waffensysteme sind vorwiegend französischen Ursprungs. Zur U-Boot-Jagd wird ein Dauphin-Hubschrauber eingesetzt.

Herkunftsland:	Frankreich/Saudi-Arabien
Typ:	Fregatte
Stapellauf:	23. April 1983
Besatzung:	179
Verdrängung:	2.652 t
Maße:	115 m x 12,5 m x 4,7 m
Reichweite:	9.265 km (5.000 sm)
Hauptbewaffnung:	eine 100-mm-DP- und zwei 40 mm-AA Kanonen; Otomat-SSMs; Crotale SAMs; vier 533-mm- und zwei 324-mm-Torpedorohre
Motorisierung:	Zwillingsantriebswellen, vier Dieselmotoren
Leistung:	30 Knoten

Udaloj

Die *Udaloj*-Klasse großer U-Boot-Zerstörer wurde ursprünglich von der NATO als BalCom 3 (Baltic Combatant Nr. 3) bezeichnet. Die eigentlichen sieben Schiffe, die alle ab 1987 in Betrieb waren, hießen *Udaloj*, *Vitse Admiral Kulakow*, *Marschall Wasiliewsky*, *Admiral Zakorow*, *Admiral Spiridinow*, *Admiral Tributs* und *Marschall Schaposchnikow*. Die *Udaloj* selbst erreichte ihre Erstschlag-Fähigkeit 1981. Die Schiffe der *Udaloj*-Klasse sind den amerikanischen *Spruance*-Zerstörern sehr ähnlich, sie hatten ebenfalls einen Gasturbinenantrieb. Die *Udaloj*-Schiffe konnten als erste russische Zerstörer zwei Ka-27-Helix-Hubschrauber aufnehmen. Alle *Udaloj*-Einheiten wurden entweder auf der Yantar-Werft in Kaliningrad oder der Zhdanow-Werft in Leningrad gebaut. Die Schiffe sind angeblich ausgesprochen leistungsfähig.

Herkunftsland:	Sowjetunion
Typ:	Zerstörer
Stapellauf:	5. Februar 1980
Besatzung:	300
Verdrängung:	8.332 t
Maße:	162 m x 19,3 m x 6,2 m
Reichweite:	23,162 km (12,500 sm)
Hauptbewaffnung:	zwei 100-mm-Kanonen; SS-N-14-ASW-Raketen; SA-N-9-SAMs; acht 533-mm-Torpedorohre
Motorisierung:	zwei Antriebswellen, vier Gasturbinen
Leistung:	34 Knoten

Ugolini Vivaldi

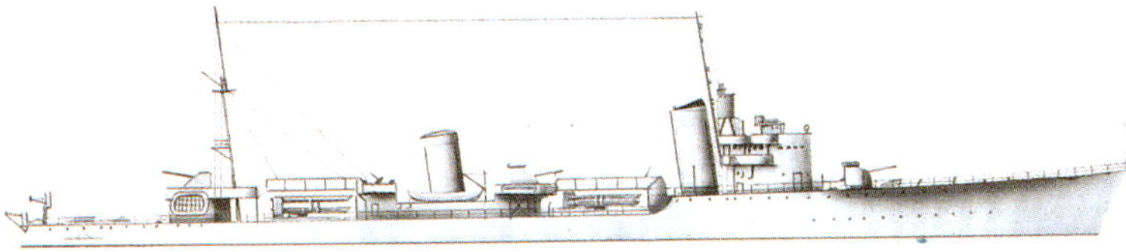

Die *Ugolini Vivaldi* war Teil einer Gruppe mächtiger Zerstörer, deren Bau 1926 befohlen wurde und die 1927–1928 auf Stapel gelegt wurden. Die italienischen Schiffe waren etwas kleiner als ihre französischen Gegenstücke, die *Chacal*-Klasse, hatten aber die gleiche Bewaffnung und waren mehrere Knoten schneller. Einige Schiffe in der Klasse erreichten beträchtliche Geschwindigkeiten: Die *Alvise da Mosto* entwickelte z. B. 70.000 PS und erreichte 45 Knoten. Die *Ugolini Vivaldi* diente bis zum Waffenstillstand im September 1943, als sie sich zusammen mit dem Zerstörer *Da Noli* aufmachte, um sich zu ergeben. Als die zwei Schiffe durch die Meerenge von Bonifacio kamen, wurden sie von deutschen Ufer-Batterien beschossen. Die *Da Noli* wurde durch Minen versenkt. Die *Ugolini Vivaldi* wurde durch Granatbeschuss beschädigt und ging einige Stunden später nach deutschen Luftangriffen unter.

Herkunftsland:	Italien
Typ:	Zerstörer
Stapellauf:	9. Januar 1929
Besatzung:	225
Verdrängung:	2.621 t
Maße:	107,3 m x 10,2 m x 3,4 m
Reichweite:	6.485 km (3.500 sm)
Hauptbewaffnung:	sechs 120-mm-Kanonen
Motorisierung:	Zwillingsschrauben, Turbinen
Leistung:	38 Knoten

Ulsan

Die neun Fregatten der *Ulsan*-Klasse wurden 1981–1993 bei der südkoreanischen Marine in Dienst gestellt. Die letzte war die *Chung Ju*. Zusammen mit der *Che Ju* unternahm dieses Schiff während einer viermonatigen Tour von September 1991 bis Januar 1992 den ersten Einsatz der südkoreanischen Marine in europäischen Gewässern. Die letzten vier Schiffe kennzeichnete eine Kanonen-Plattform achtern. Sie haben eine Kombination von Ziel-Such- und Navigationsradar. Drei Schiffe der Klasse haben eine Küstendatenverbindung und fungieren als örtliche Kommandoschiffe zur Kontrolle von Schnellbooten des Küstengrenzschutzes. Die neuesten fünf Schiffe sind mit einem *Ferranti*-Kampfdatensystem ausgestattet, den anderen haben das Litton-System-Link 11. Die Schiffe überwachten nordkoreanische Marinebewegungen bei Zunahme der Spannungen zum Ende der 1990er Jahre.

Herkunftsland:	Republik Korea
Typ:	Fregatte
Stapellauf:	8. April 1980
Besatzung:	150
Verdrängung:	2.215 t
Maße:	102 m x 11,5 m x 3,5 m
Reichweite:	6.434 km (3.474 sm)
Hauptbewaffnung:	zwei 76-mm-Kanonen; Harpoon-SSM; sechs 324-mm-Torpedorohre; Wasserbomben
Motorisierung:	zwei Antriebswellen, zwei Gasturbinen; zwei Dieselmotoren
Leistung:	34 Knoten

Uragan

Die *Uragan* (Orkan) wurde 1927 auf Stapel gelegt und war das Führungsschiff im ersten größeren Bauprogramm der neuen sowjetischen Marine. 18 Schiffe wurden bestellt, aber nur 12 wurden auf Stapel gelegt. Die übrigen sechs wurden über fünf Jahre zurückgehalten. Ihre Motoren entwickelten 6.300 PS, und die geplante, aber nie erreichte Geschwindigkeit lag bei 29 Knoten. Vor dem 2. Weltkrieg wurden zusätzliche Flugabwehrkanonen hinzugefügt. Die Mannschaftsstärke wurde von 70 auf 108 zur Bedienung der zusätzlichen Waffen aufgestockt. Die Schiffe kämpften während des Krieges vorwiegend in der Ostsee und im Schwarzen Meer, wo sie zu Truppen- und Versorgungstransporten genutzt wurden. In beiden Meeren gab es schwere Gefechte, die jedoch viele Schiffe der Klasse überstanden. Nach dem Krieg diente die *Uragan* als Schulschiff und wurde 1959 ausgemustert.

Herkunftsland:	Sowjetunion
Typ:	Torpedoboot
Stapellauf:	1929
Besatzung:	70
Verdrängung:	629 t
Maße:	71,5 m x 7,4 m x 2,6 m
Reichweite:	1.524 km (1.500 sm)
Hauptbewaffnung:	drei 102-mm-Kanonen
Motorisierung:	Zwillingsschrauben, Turbinen
Leistung:	24 Knoten

Van Speijk

Im Juni 1964 wurde die *Van Speijk* auf Stapel gelegt. Sie war eine von fünf Fregatten, die Mitte der 1960er Jahre für die niederländische Marine gebaut wurden. Die anderen waren die *Tjerk Hiddes*, die *Van Galen*, die *Van Nes*, die *Evertsen* und die *Isaac Sweers*. Obwohl die Schiffe im Allgemeinen auf dem Entwurf der verbesserten britischen *Typ-12-Leander*-Klasse basierten, wurden eine Reihe von Veränderungen durchgeführt, um den Anforderungen der niederländischen Besatzungen zu entsprechen. Zudem wurde nach Möglichkeit holländische Ausrüstung installiert, was den Aufbau der Schiffe gegenüber der *Leander*-Klasse veränderte. In einigen Fällen wurde den Schiffen die gerade verfügbare Ausrüstung angepasst, um jegliche Verzögerung der Indienststellung zu vermeiden. Diese Ausrüstung war jedoch veraltet, so dass später erneut nachgerüstet werden musste. Die Schiffe ersetzten die Fregatten der *Van-Amstel*-Klasse (ehemalige US-Zerstörereskorten).

Herkunftsland:	Niederlande
Typ:	Fregatte
Stapellauf:	5. März 1965
Besatzung:	251
Verdrängung:	2.896 t
Maße:	113,46 m x 12,5 m x 5,5 m
Reichweite:	8.042 km (4.340 sm)
Hauptbewaffnung:	zwei 114-mm-Kanonen; Seacat-SAMs; Limbo-A/S-Mörser
Motorisierung:	Zwillingsschrauben, Turbinen mit Getriebewellen
Leistung:	28,5 Knoten

Viborg

Die *Viborg* war das größte Torpedoboot ihrer Zeit. Sie wurde in Schottland bei Thompson's gebaut, die sich auf die Konstruktion dieses Schiffstyps spezialisiert hatten. Die *Viborg* hatte zwei drehbare 37-mm-Hotchkiss-Kanonen nach vorn, die Seite an Seite mit den Schornsteinen lagen. Das dritte Torpedorohr befand sich auf einem beweglichen Gestell hinter den Doppelschornsteinen, die nebeneinander angebracht wurden. Der vordere Teil des gepanzerten Decks war vor dem Kommandoturm mit starken Platten überzogen. Nach der *Viborg*, die 1910 ausrangiert wurde, wandte sich die russische Marine für ihre Kanonenboote in wachsendem Maße an deutsche und französische Werften. Die nächsten beiden Klassen, die *Abo* und die *Jalta* (neun Boote insgesamt) wurden auf der deutschen Schichauwerft gebaut, während die folgende *Izmail*-Klasse von Normand gebaut wurde. Nach der Revolution suchten die Russen eher Hilfe bei Italien.

Herkunftsland:	Russland
Typ:	Torpedoboot
Stapellauf:	1886
Besatzung:	21
Verdrängung:	169 t
Maße:	43,4 m x 5 m x 2 m
Reichweite:	unbekannt
Hauptbewaffnung:	drei 381-mm Torpedorohre
Motorisierung:	Zwillingsschrauben, senkrechte Verbundmotoren
Leistung:	20 Knoten

Victoria

In den 1880er Jahren begann Australien, eine Marine für die eigene Verteidigung aufzubauen. Da es im Land keine geeigneten Werften gab, wurden die neuen Schiffe in Großbritannien gebaut. Die *Victoria* war ein Stahlrumpfschiff und mit einem einzelnen 254-mm-Geschütz bewaffnet, das nach vorn gerichtet hinter einem erhöhten Bollwerk stand. Das gesamte Schiff musste gewendet werden, um das Geschütz auf sein Ziel zu richten. Die Motoren entwickelten 800 PS, der Kohlevorrat lag bei 91 Tonnen. Die relativ kleinen Schiffe bewiesen, dass sie ein nützliches Abschreckungsmittel gegen Kreuzer waren, da diese nicht Gefahr laufen konnten, so weit von ihren Heimathäfen beschädigt zu werden. Zudem war ihr Aktionsradius durch fehlende Kohleversorgung eingeschränkt. Solche Zerstörer waren eine bedeutende Belastung für die europäischen Seemächte. Die *Victoria* wurde 1896 verkauft.

Herkunftsland:	Australien
Typ:	Kanonenboot
Stapellauf:	1884
Besatzung:	20
Verdrängung:	538 t
Maße:	42,6 m x 8,2 m x 3,3m
Reichweite:	nicht bekannt
Hauptbewaffnung	ein 254-mm-Geschütz
Motorisierung:	Zwillingsschrauben, Verbundmotoren
Leistung:	12 Knoten

Vincenzo Gioberti

Die im September 1936 vom Stapel gelaufene *Vincenzo Gioberti* war eine Einheit in einer Klasse von vier Schiffen als stärkere Neuauflage der *Maestrale*-Klasse. Die 120-mm-Geschütze standen auf Doppelplattformen, eine nach vorn und eine nach achtern auf dem erhöhten Überbau. Sechs 533-mm-Torpedorohre lagen auf dreifachen Laffetten unter der Mittellinie. Zudem hatte die Klasse acht 13,2-mm-Kanonen, die später durch 20-mm-Flugabwehrgeschütze ersetzt wurden. Die *Vincenzo Gioberti* wurde von Odero Terni-Orlando in Livorno im Januar 1936 aufgelegt und im Oktober 1937 fertig gestellt. Am 9. August wurde sie vom britischen Unterseeboot *Simoon* torpediert und versenkt. Die anderen Schiffe der Klasse waren die *Vittorio Alfieri*, die *Giosue Carducci* und die *Alfredo Oriani*; das letzte diente nach dem Krieg bei der französischen Marine als *d'Estaing* und wurde 1954 außer Dienst gestellt.

Herkunftsland:	Italien
Typ:	Zerstörer
Stapellauf:	19. September 1936
Besatzung:	207
Verdrängung:	2.326 t
Maße:	106,7 m x 10 m x 3,4 m
Reichweite:	4.074 km (2.200 sm)
Hauptbewaffnung	vier 120-mm-Kanonen; sechs 533-mm-Torpedorohre
Motorisierung:	Doppelgetriebewellen; Turbinen
Leistung:	39 Knoten

Vincenzo Giordano Orsini

Die *Vincenzo Giordano Orsini* war Teil eines Quartetts von schnellen Zerstörern der *Sirtori*-Klasse, die eine verbesserte Version der *Pilo*-Klasse darstellte. Sie erhielt ein größeres Kaliber und Zwillingstorpedo-Einbauten. Die Motoren waren 15.000 PS stark, und der Aktionsradius lag bei 3.800 km bei 14 Knoten Geschwindigkeit oder 760 km bei 29 Knoten. Alle Schiffe der Klasse wurden 1929 als Torpedoboote neu klassifiziert. Am 8. April 1941 wurde die *Orsini* bei Massawa in Eritrea zusammen mit anderen Torpedobooten und vielen Handelsschiffen versenkt, kurz bevor die Briten in den Hafen einliefen. Ein weiteres Schiff der Klasse, die *Giovanni Acerbi,* wurde bei einem britischen Bombardement am 4. April 1941 bei Massawa zerstört. Die *Giuseppe Sirtori* wurde von deutschen Bomben beschädigt und im September 1943 wie auch zur selben Zeit die *Francesco Stocco* versenkt.

Herkunftsland:	Italien
Typ:	Zerstörer
Stapellauf:	23. April 1917
Besatzung:	98
Verdrängung:	864 t
Maße:	73,5 m x 7,3 m x 2,8m (241ft x 24ft x 9ft)
Reichweite:	3.800 km (20.451 sm)
Hauptbewaffnung	sechs 102-mm-Kanonen; vier 500-mm-Torpedorohre
Motorisierung:	Zwillingsschrauben, Turbinen
Leistung:	33,6 Knoten

Viper

Die im September 1899 fertig gestellte *Viper* war das erste turbinenbetriebene Kriegsschiff der Welt. Das Prinzip der Turbine war zwar jahrhundertelang bekannt, aber erst in den 1880er Jahren konnte Charles Parsons erfolgreich eine Dampfturbine praktisch nutzbar machen. Er bewies dies 1897 auf spektakuläre Weise, indem er seinen dampfturbinen-angetriebenen Prototyp *Turbinia* mit voller Fahrt zwischen den Reihen von Kriegsschiffen fuhr, die für Königin Victorias Diamond Marineschau bei Spithead vor Anker lagen. Keines der Vorposten- oder Torpedoboote konnte die *Turbinia* einholen. Die *Viper* hatte acht Schrauben auf vier Wellen. Bei einem dreistündigen Test entwickelte sie 1.041 PS und erreichte 33,9 Knoten. Sie stand noch nicht lange im Dienst, als sie in dichtem Nebel im August 1901 vor den Kanalinseln auf Grund lief. Ein ähnliches Schiff, die von Armstrong gebaute *Kobra*, ging ebenfalls 1901 verloren.

Herkunftsland:	Großbritannien
Typ:	Zerstörer
Stapellauf:	6. September 1899
Besatzung:	65
Verdrängung:	350 t
Maße:	64 m x 6,4 m x 3,8 m
Reichweite:	nicht bekannt
Hauptbewaffnung	eine 12-Pfünder-Kanone; zwei 457-mm-Torpedorohre
Motorisierung:	acht Schrauben, Turbinen
Leistung:	37 Knoten

Vulcan

Die *Vulcan* war das erste Torpedodepotschiff der Welt, das auch zu diesem Zweck gebaut wurde. Sie wurde entworfen, um die Hauptflotte zu begleiten und ihre Schwadron von sechs Zweite-Klasse-Torpedobooten zu Wasser zu lassen. Ihre Boote wurden normalerweise auf gekreuzten Bäumen auf dem Oberdeck hinter den zwei Schornsteinen verstaut und von zwei großen Kränen bewegt. Wenn die Situation es erforderte, konnte sie auch als Versorgungsschiff für andere Torpedoboote fungieren. Sie hatte ein in voller Länge gepanzertes Deck, 64 mm stark in der Fläche und 128 mm an den Seitenneigungen und den Motorluken. Ihre Maschine hatte 12.000 PS von vier Doppelend-Dampfkesseln sowie einen weiteren Kessel, um der schiffseigenen Werkstatt Energie zu liefern. Die *Vulcan* wurde 1931 in *Defiance III* umbenannt und zu einem Schulungsrumpf. 1955 wurde sie schließlich abgewrackt.

Herkunftsland:	Großbritannien
Typ:	Torpedodepotschiff
Stapellauf:	13. Juni 1889
Besatzung:	432
Verdrängung:	6.705 t
Maße:	113,6 m x 17,6 m x 6,7m
Reichweite:	nicht bekannt
Hauptbewaffnung	acht 120-mm-Kanonen
Motorisierung:	Zwillingsschrauben, drei Expansionsmotoren
Leistung:	20 Knoten

Walker

Die *V*- und *W*-Klasse-Zerstörer waren sofort erkennbar durch ihre zwei dicken und zwei dünnen Schornsteine. Sie wurden 1916 geordert, um einer deutschen Konstruktion zu begegnen. Die Klasse hatte als erste Schnellfeuergeschütze, die beide nach vorn und achtern gerichtet waren, und zeichnete sich durch besondere Länge für bessere Seetüchtigkeit aus. Als sich die Bauart bewiesen hatte, wurde die *V*-Klasse und dann die *W*-Klasse auf je 25 erweitert. Die meisten wurden mit dem Waffenstillstand wieder abgesagt, aber die Übriggebliebenen bildeten das Rückgrat der Zerstörerflotte zwischen den Kriegen bis 1939 und in den 2. Weltkrieg hinein. Die HMS *Walker* war einer der erfolgreichsten U-Boot-Jäger. Sie versenkte *U99* (unter Kpt. Ltn. Kretschmer) am 17. März 1941 und nahm an der Zerstörung von *U100* (unter Kpt. Ltn. Schepke) teil, nachdem diese von der HMS *Vanoc* gerammt worden war. Im März 1946 wurde die *Walker* bei Troon in Schottland verschrottet.

Herkunftsland:	Großbritannien
Typ:	Zerstörer
Stapellauf:	29. November 1917
Besatzung:	134
Verdrängung:	1.529 t
Maße:	95,1 m x 8,99 m x 3,28m
Reichweite:	6.426 km (3.470 sm)
Hauptbewaffnung	vier 119-mm- und ein 76-mm-Geschütz; sechs 533-mm-Torpedorohre
Motorisierung:	zwei Wellen, zwei übersetzte Dampfturbinen
Leistung:	34 Knoten

Weapon-Klasse

Kriegserfahrungen hatten die Grenzen von Flottenzerstörern als Anti-Unterseebootwaffe offen gelegt. Aber die Flotte brauchte einen schnellen Schiffsverband gegen U-Boote. Sie sollten nicht nur sich selbst verteidigen können, sondern auch zur Flugabwehr eines Verbandes beitragen, damit die Flugzeuge eines Trägers sich eher dem Angriff als der Verteidigung widmen konnte. Aus diesen Gründen wurden die *Weapon*-Klasse-Zerstörer gebaut. Die Wahl eines 102-mm-Weitwinkelgeschützes für die Hauptbatterie war eine logische Folge. Dessen 14-kg-Projektil ermöglichte schnelles Arbeiten und einen maximalen Winkel von 80 Grad. Aufgrund beschränkter Liegeplätze zum Bau konnten nur zwei Zwillingsaufbauten an Bord genommen werden. Die Luftabwehr wurde von zwei stabilisierten 40-mm-Zwillingsaufbauten achtern zusammen mit einzelnen Geschützen entlang der Brückenstruktur gewährleistet.

Herkunftsland:	Großbritannien
Typ:	Zerstörer
Stapellauf:	12. Juni 1945 (erste Einheit HMS *Battleaxe*)
Besatzung:	255
Verdrängung:	2.870 t
Maße:	111,2 m x 11,58 m x 3,2 m
Reichweite:	4.447 km (2.400 sm)
Hauptbewaffnung	zwei 102-mm-DP-Kanonen; zwei fünffache 533-mm-Torpedorohre
Motorisierung:	zwei Wellen, zwei übersetzte Dampfturbinen
Leistung:	35 Knoten

Wielingen

Belgien besitzt drei *Wielingen*-Klasse-Fregatten (*Wielingen, Westdiep* und *Wandelaar*), die alle in den späten 1970er Jahren in Dienst gestellt wurden. Sie wurden von der belgischen Marine entworfen und auf belgischen Werften gebaut. Die Schiffe sind kompakt und gut bewaffnet. Pläne, einen CIWS zu installieren, wurden 1993 wieder fallen gelassen, aber das Sea-Sparrow-SAM-System wurde aktualisiert. Außerdem wurde das WM25-Search/Fire-Kontrollradar des Schiffes auf den neusten Stand gebracht, um das elektronische Gegenmaßnahmensystem (ECCM) zu verbessern. Neue Sonareinrichtungen kamen 1998 dazu. Zwei der Schiffe sind immer betriebsbereit, das Dritte liegt gemäß Rotation auf Stapel. Das Haupteinsatzgebiet der belgischen Marine innerhalb der NATO sind der Ärmelkanal und die Nordsee, und die Schiffe dienen dabei auch als Flugüberwachung.

Herkunftsland:	Belgien
Typ:	Fregatte
Stapellauf:	30. März 1976
Besatzung:	159
Verdrängung:	2.469 t
Maße:	106,4 m x 12,3 m x 5,6m
Reichweite:	9.650 km (5.186 sm)
Hauptbewaffnung	ein 100 mm-Geschütz; Exocet-SSM; Sea-Sparrow-SAM; zwei 533-mm-Torpedorohre
Motorisierung:	zwei Wellen, eine Gasturbine, zwei Dieselmotoren
Leistung:	26 Knoten

Wilmington

Die *Wilmington* wurde 1894 auf Kiel gelegt und im Mai 1897 fertig gestellt. Sie und ihr Schwesterschiff *Helena* waren Patrouillen-Kanonenboote für die Gewässer um Florida. Sie hatten einen großen Schornstein und einen abgeschnittenen Rumpf, um ein langes Heck zu bilden. Zwei der 102-mm-Kanonen waren auf dem Vordeck angebracht, zwei weitere achtern und je zwei längsschiffs hinter einer 38-mm-Panzerung. Die Schiffe hatten einen geringeren Tiefgang als andere amerikanische Kanonenboote, was sie auch ideal für die Einfahrt in Flüsse machte. Die Motoren der Wilmington leisteten 1.900 PS. Sie diente 1898 im Krieg gegen Spanien, später als Schulungsschiff. Zusammen mit anderen ehemaligen Kampfschiffen blieb sie auf der Liste der Marine als unklassifiziert, wurde aber als Ausbildungsschiff oder zu anderweitiger Verwendung behalten. Sie wurde in *Dover* umbenannt, und ihr wurde die Zahl IX30 zugeteilt. Sie wurde 1947 versenkt.

Herkunftsland:	USA
Typ:	Kanonenboot
Stapellauf:	19. Oktober 1895
Besatzung:	80
Verdrängung:	1.716 t
Maße:	76,4 m x 12,4 m x 2,7 m
Reichweite:	unbekannt
Hauptbewaffnung	acht 102-mm-Kanonen
Motorisierung:	Zwillingsschrauben, Dreifach-Expansionsmaschinen
Leistung:	12 Knoten

Yubari

Die *Yubari*-Fregattenklasse ist im Grunde eine verbesserte und vergrößerte Variante der *Ishikari*-Baureihe. Sie wurde zwischen 1977 und 1978 bewilligt. Die größere Länge und Breite verbesserten die Seetüchtigkeit und das interne Raumangebot des früheren Entwurfs. Ursprünglich sollten drei gebaut werden, dies wurde auf zwei reduziert (*Yubari* und *Yubetsu*), als die japanische Regierung in den frühen 80er Jahren Geldmittel des Marinehaushalts strich. Obwohl sie nicht schwer bewaffnet sind und über keinerlei Hubschrauber-Einrichtungen verfügen, sind die Schiffe der *Yubari*-Klasse ideal für die Gewässer um Japan, wo sie mit küstenstationierter Luftunterstützung operieren. Die meisten ihrer Waffen, Sensoren und Maschinen wurden unter Lizenz von Fremdherstellern gebaut. Es wurde auch geplant, Phalanx zu installieren, was jedoch nicht mehr wahrscheinlich ist.

Herkunftsland:	Japan
Typ:	Fregatte
Stapellauf:	22. Februar 1982
Besatzung:	95
Verdrängung:	1.717 t
Maße:	91 m x 10,8 m x 3,6 m
Reichweite:	7.412 km (4.002 sm)
Hauptbewaffnung	ein 76-mm-Geschütz; Harpoon-SSM; sechs 324-mm-Torpedorohre A/S-Mörser
Motorisierung:	zwei Wellen, eine Gasturbine, ein Diesel
Leistung:	25 Knoten

Yukikaze

Im Haushaltsjahr 1953 wurden die *Yukikaze* (Schneewind) und ihre Schwester *Harukaze* (Frühlingswind) bewilligt und 1956 fertig gestellt. Sie waren die ersten Schiffe mit einem Zerstörerrumpf, die in Japan seit dem 2. Weltkrieg gebaut werden sollten. In ihrer Rumpfkonstruktion wurde ausgiebig elektrisches Schweißen eingesetzt; noch eine Neuheit war die Entwicklung und die Verwendung von hohem Spannungs-Stahl im Rumpf und von einer leichten Legierung in den Aufbauten. Beinahe alle Waffen wurden von den USA geliefert und im März 1959 verändert, als Zielsuchtorpedo-Rohre hinzugefügt wurden und die Tiefenangriffs-Ausrüstung dementsprechend abgebaut wurde. Die *Harukaze* wurde bei Ngasaki und Yukizake in Kobe gebaut. Die anderen japanischen Zerstörerklassen aus dieser Zeit hießen Wolke, Mond, Regen, Fluß, Donner, Dämmerung und Regen.

Herkunftsland:	Japan
Typ:	Zerstörer
Stapellauf:	20. August 1955
Besatzung:	240
Verdrängung:	2.378 t
Maße:	106 m x 10,5 m x 3,7 m
Reichweite:	9.636 km (5.203 sm)
Hauptbewaffnung	drei 127-mm-DP Kanonen; acht 40-mm-AA; A/S-Mörser
Motorisierung:	zwei Wellen, zwei übersetzte Dampfturbinen
Leistung:	30 Knoten

Z37

Der deutsche Zerstörer *Z37* war eines von sieben modifizierten Typ-36A-Schiffen, allgemein bekannt als Narviks, weil sie die meisten ihrer Operationseinsätze in arktischen Gewässern fuhren. Die *Z*-Klasse Zerstörer waren vorzügliche Kampfschiffe, aber zwischen 1943 und 1944 waren sie leichte Beute für die alliierte Luftübermacht, obwohl ihre Flugabwehrstärke ständig erhöht wurde. Drei wurden durch Luftangriffe versenkt und mehrere schwer beschädigt. Sie anzugreifen war ein riskantes Unternehmen; am 28. März 1943 begleiteten vier *Z*-Klasse Schiffe, einschließlich der *Z37*, den italienischen Blockadebrecher *Pietro Orseleo* auf seiner Fahrt von der Gironde nach Japan, als sie einen Angriff von britischen Beaufighter-Torpedo-Bombern zurückschlugen und fünf Flugzeuge abschossen. Die *Z37* wurde im August 1944 in Bordeaux versenkt.

Herkunftsland:	Deutschland
Typ:	Zerstörer
Stapellauf:	24. Februar 1941
Besatzung:	321
Verdrängung:	3.658 t
Maße:	127 m x 12 m x 3,9 m
Reichweite:	10.935 km (5.904 sm)
Hauptbewaffnung	vier 150-mm-Kanonen; zwei vierfach 533-mm-Torpedorohre
Motorisierung:	zwei Wellen, zwei übersetzte Dampfturbinen
Leistung:	36 Knoten

Zieten

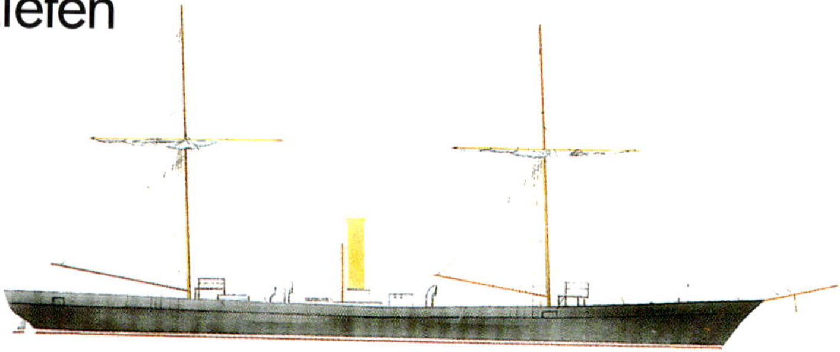

Deutschlands erstes größeres Torpedoschiff, die *Zieten*, wurde von Thames Ironworks in London entworfen und gebaut. Sie war ein elegantes Schiff mit einem Scheren-Bogen und hatte für ihre Zeit eine gute Geschwindigkeit. Dank ihrer guten Qualitäten als Seeschiff und der Anzahl an Torpedos – sie konnte 10 Runden nachladen – hätte sie wahrscheinlich auch trotz fehlender Geschütze eine gute Figur abgegeben. Sie wurde anfangs mit einem Torpedorohr unter Wasser an Bug und Heck bewaffnet. Später wurden sechs 50-mm-Kanonen hinzugefügt, welche das Schiff zu einem wirksamen Torpedo-Kanonenboot machten. Von 1899 an diente sie dem Fischereischutz, und 1914 wurde sie zum Küstenpatrouillenschiff, eine Pflicht, die sie mit den alten Torpedobooten *D3, T61, T62* und der Schaluppe *Schwalbe* teilte. Sie wurde 1921 verschrottet. Beinahe alle folgenden Klassen deutscher Torpedoboote wurden von Schichau gebaut.

Herkunftsland:	Deutschland
Typ:	Torpedokanonenboot
Stapellauf:	9. März 1876
Besatzung:	94
Verdrängung:	1.170 t
Maße:	79,4 m x 8,5 m x 4,6 m
Reichweite:	nicht bekannt
Hauptbewaffnung	zwei 380-mm-Torpedorohre
Motorisierung:	Zwillingsschrauben, horizontale Verbundmaschinen
Leistung:	16 Knoten

Register